JN222516

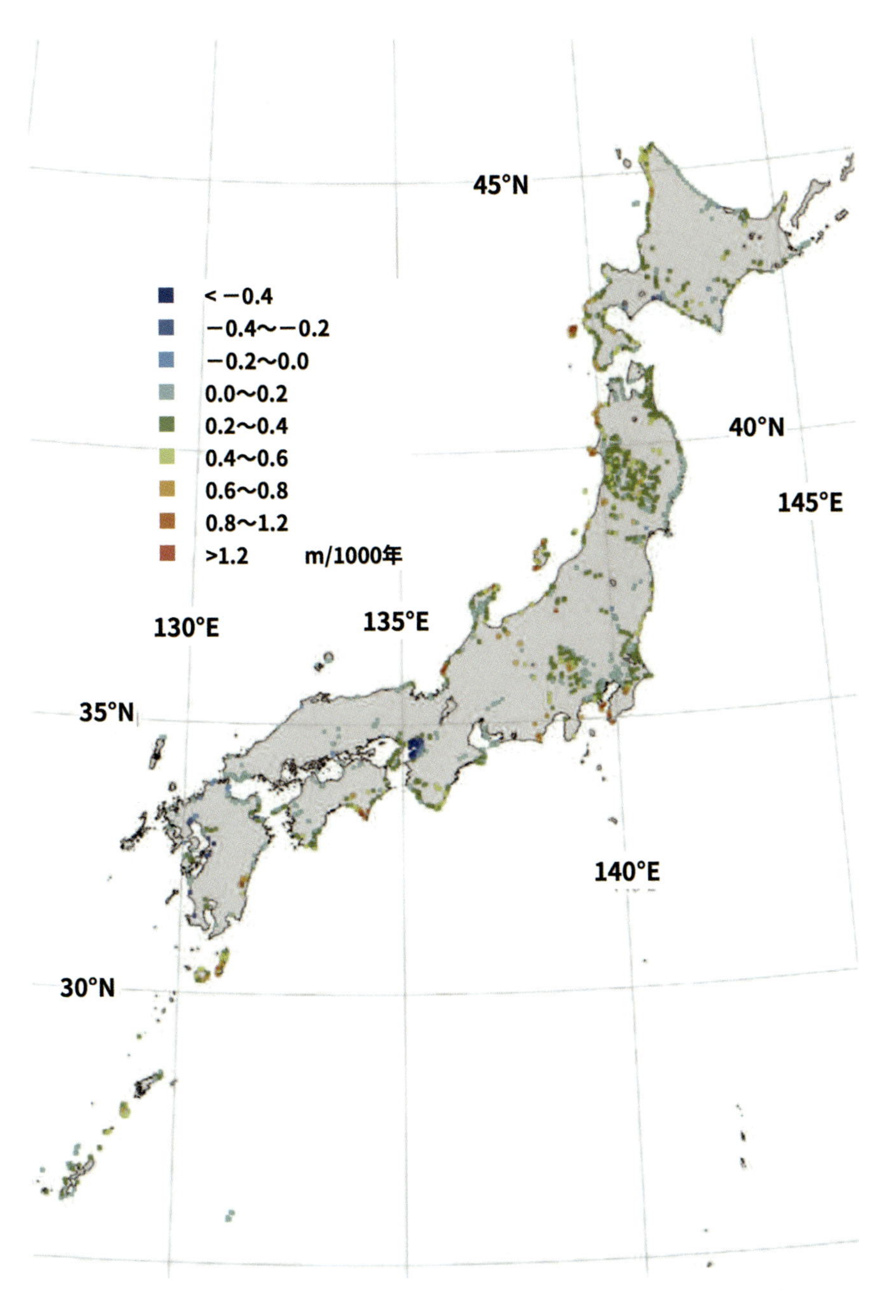

口絵 1：約 12.5 万年前から 2000 年代まで（2011 年東北地震以前）の隆起沈降速度の分布（野村ほか，2017）

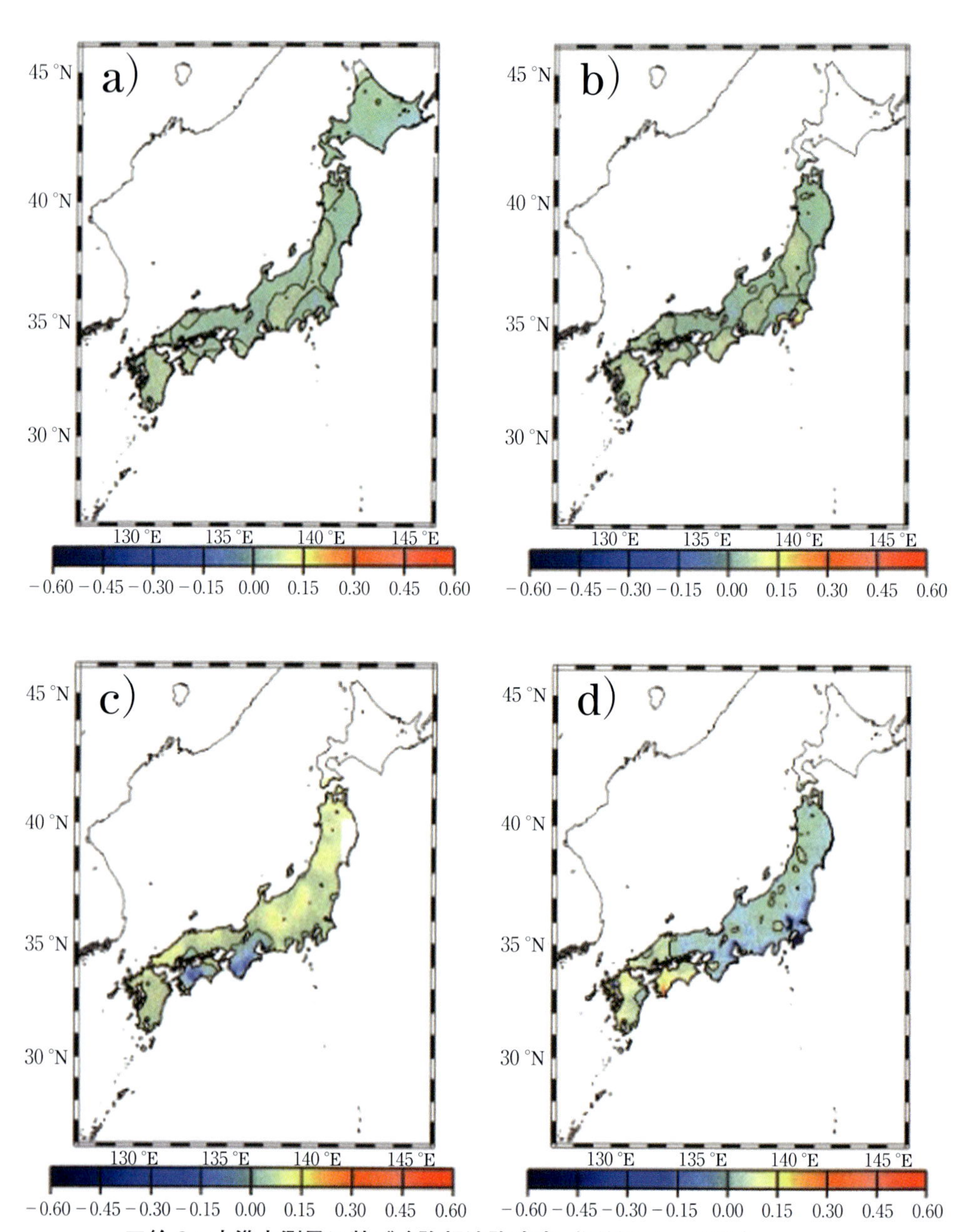

口絵２：水準点測量に基づく隆起沈降速度（国見ほか，2001）

a）1883～1999年，b）1923年関東地震を含む期間，

c）1945年南海地震を含む期間，d）1950年代から1970年代

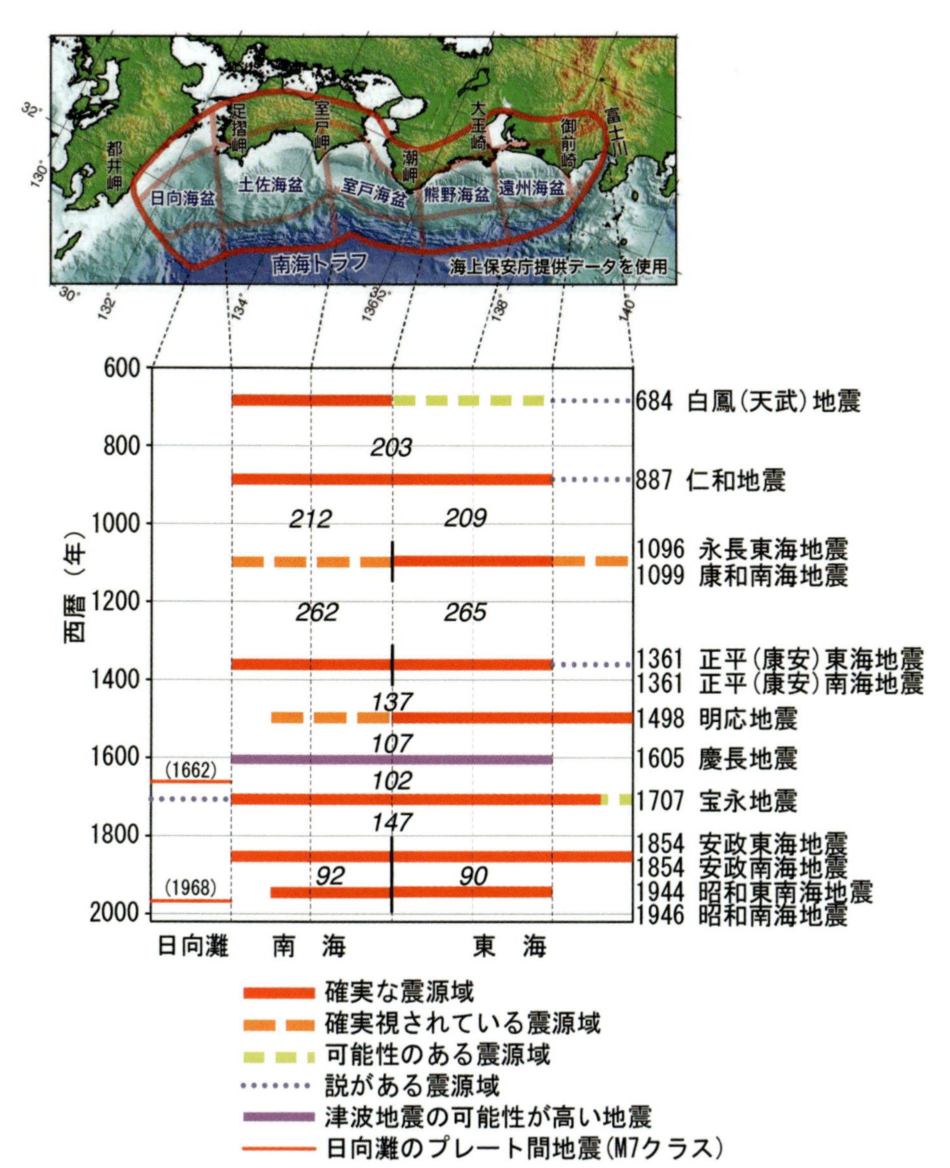

口絵3：南海トラフで過去に起きた大地震の震源域の時空間分布（地震調査委員会「南海トラフの地震活動の長期評価（第二版）」（石橋, 2002を基に編集）

白鳳（天武）地震（684年）以降の地震を示している。イタリック体で表した数字は、地震の発生間隔（年）を示す。黒の縦棒は、南海と東海の地震が時間差（数年以内）をおいて発生したことを示す。

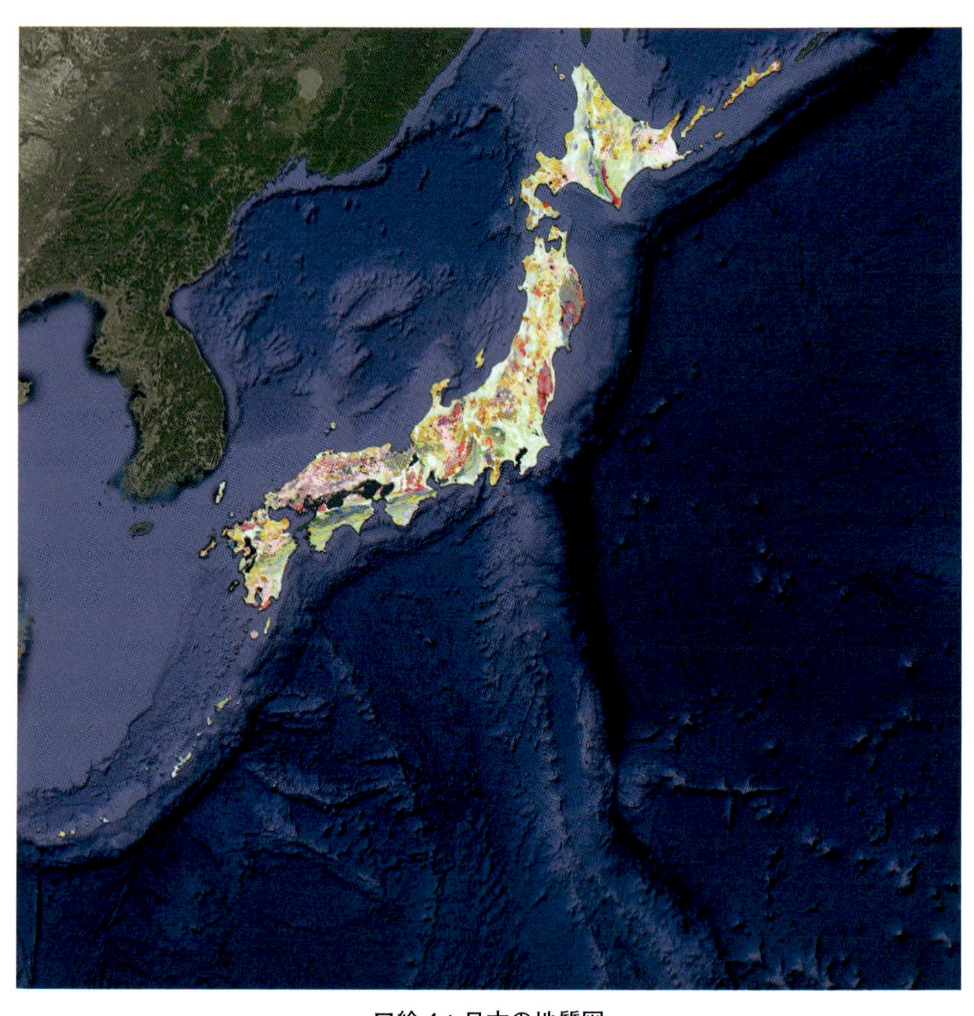

口絵４：日本の地質図

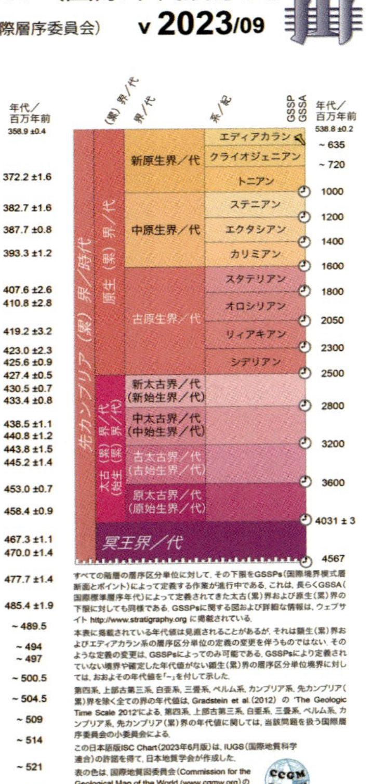

口絵５：地質年代表
（最新版は，日本地質学会，『地質年代表』を検索してください）

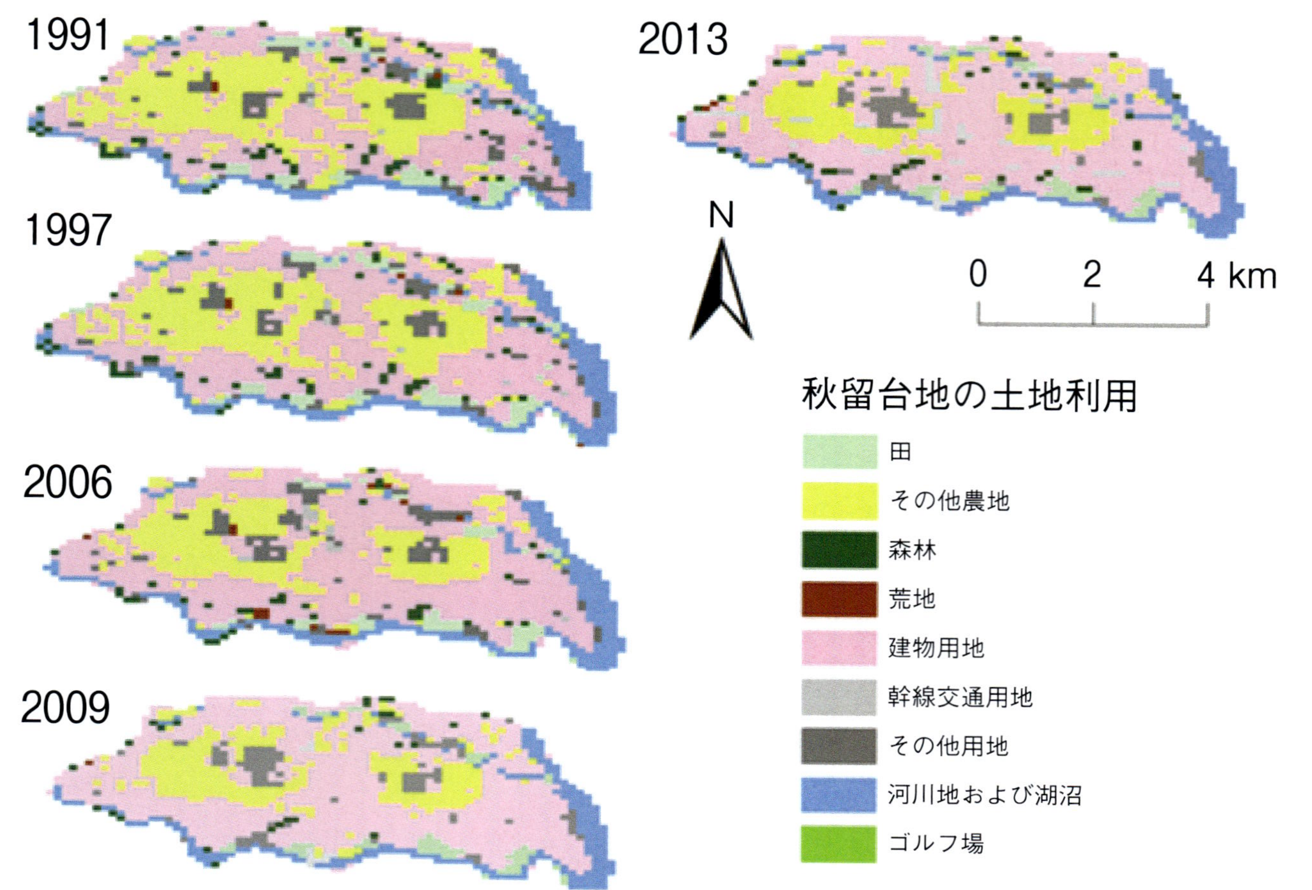

口絵 6：秋留台地における土地利用の経年変化（第 13 章を参照）

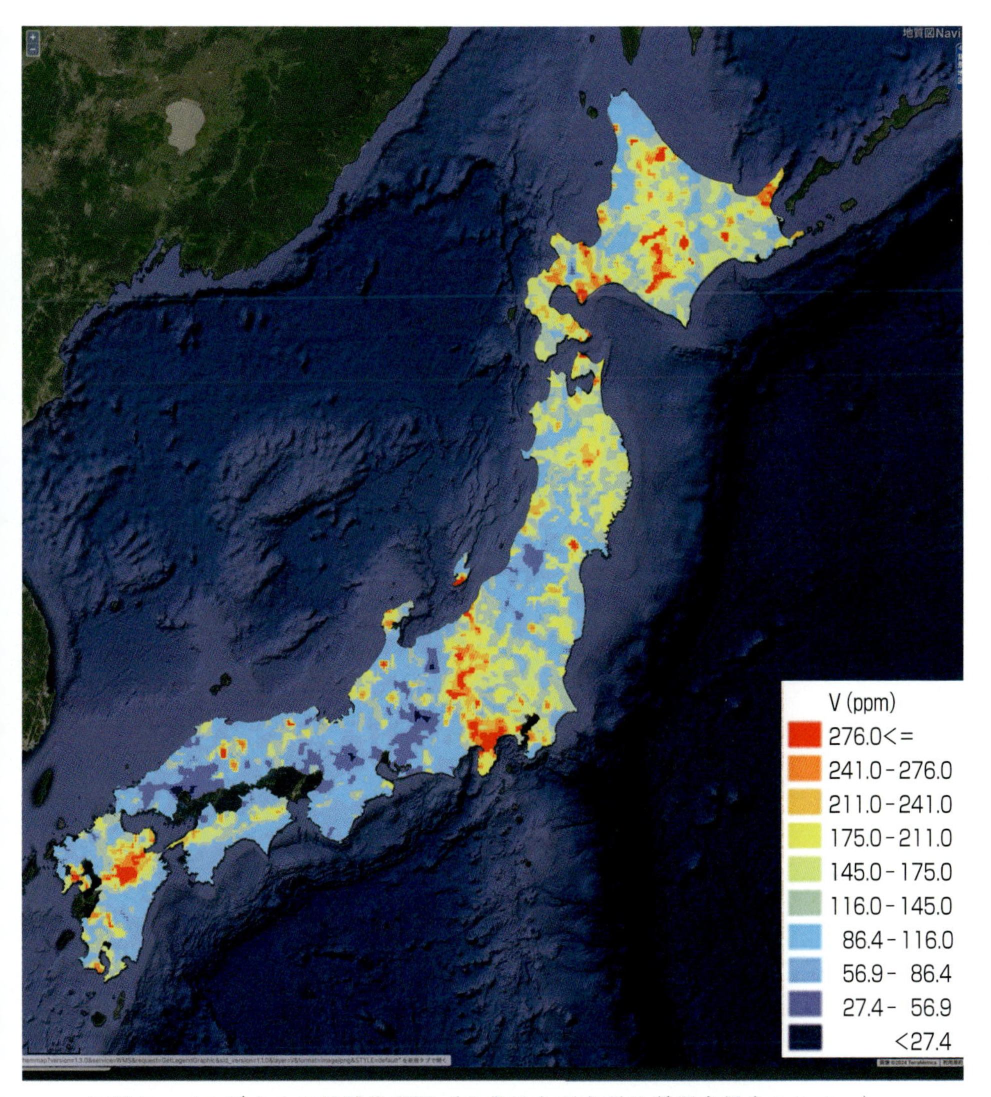

口絵７：バナジウムの地球化学図（産業総合研究所地質調査総合センター）

地球化学図は，河床の堆積物の化学組成を分析して作成されている。河川の堆積物は上流域の岩石組成を反映しているので，その分析値から地域の地表の平均化学組成を推定することができる。

ジオストーリー

ジオストーリー（'25）

装丁デザイン：牧野剛士
本文デザイン：畑中　猛

s-62

まえがき

本書は，放送大学，総合科目「ジオストーリー」の印刷教材です。総合科目は，履修案内上では，基盤，導入，専門と積み上げてきて最後に受講する位置づけになっていますが，この科目から入って，興味を持った方面を学習してゆくという入り口の科目としても受講可能と思います(初見の用語などは検索して調べるなどして下さい)。

それにしても「ジオストーリー」とは聞き慣れない語である，と感じられる方も多いかと思います。この科目では,「ジオストーリー」を「大地と私たちの暮らしを結ぶ物語」と定義します。私たち，というのは人でもあるし，私たちの暮らし，社会，という意味も含まれています。この科目では，ジオストーリーについて，豊かに安全に生きるための教養として学んでいただきたいと思っています。これが大目標です。

ジオストーリーは特別な場所だけでなく，生活の場のどこにでも存在します。日本列島は地質多様性（ジオダイバーシティ）に富む地域であるため，ジオストーリーの多様性も高く，生活の数だけジオストーリーが存在するともいえます。よって，教科書的な内容だけではなくて，この科目の学びの後で，自らジオストーリーを見つける方向へ発展することも考慮して，情報や知識の取得法を意識して教材を作成しています。

ジオストーリーの自然科学的な要素の１つが，地球と生命の歴史を研究する「ジオロジー」という分野です。この科目では，ジオロジーが自然を扱う際に用いる，視覚言語や複合構造をもつ帰納的な理論構造についても説明します。野外における観察で，視覚言語を用いて地層を読み解く過程を紹介します。

この科目では，ジオロジーの他に，自然地理学，水文学，地震学，および資源科学の分野からもジオストーリーを考えます。それぞれ，暮らしの場所，水，災害，文明の礎として，私たちの暮らしと密接に関わっている地球システムの要素を扱っています。国連による SDGs（持続可能な開発目標）への対応が求められ，日本のどこかで地震災害が数年に一度程度で発生している現状では，あまり楽しくない要素も含めて，ジオストーリー理解の重要性が高いと考えています。

科目の構成は以下の通りです。

第１章では，ジオストーリーとは何かを定義して説明します。私たちの暮らしと地球を結びつけるということは，人類文明のシステムを中心に地球システムの異なるサブシステム間のつながりを，過去，現在，未来にわたり４次元的に読み解くことになります。別のシステムとのつながりを探る面白さと注意点をジオパークのジオストーリーを例に紹介します。

第２～４章では，自然地理学の視点から，生活の場である平野や台地の形成と歴史，気候変動や人為起源の地盤沈下など，複数のシステムに渡る現象から，私たちの暮らしとの関わりを読み解きます。また地形の高低を作る作用の１つである，隆起と沈降の仕組みと観測例を紹介します。

第５，６章では，隆起と沈降の原動力でもある地震について，特に地震災害の特性や予測に注目して解説します。天気予報は実用化されているのに，なぜ地震予報のコーナーがないのか？地震という現象の特性から説明していきます。また，著者の１人が地震予測の鍵ではないかと考える地震と水の関係についても紹介します。

第７，８章では，「石」から読み取ることができるジオストーリーを扱います。「石」は，道具，石材，建材，および権威の象徴などとして，縄文以前の日本列島に住む人々に利用されてきました。それらの岩石が，太平洋型造山帯である日本列島のジオロジーと密接に関係することを説明します。石ころは地球のかけらであることを実感してみて下さい。

第9，10章では，複合階層構造をもつ自然科学としての資源科学と日本列島の地下資源について紹介します。現在の日本は，わずかな資源以外は自給できていませんが，歴史的には日本列島は地下資源に富んだ国土でした。古来，日本列島に住む人は，豊かな地下資源を活用して生活してきたのです。地下資源が日本の歴史や文化に与えた影響について考えます。

第11章では，神奈川県の生田緑地における地質観察を例に，視覚言語を用いて露頭からストーリーを読み取り，ジオストーリーを構成する方法について考えます。

第12～14章では，水を扱います。水資源としての利用が最も多い地下水を取り上げ，実際に地下水が地表に表れた湧水を観測した例を紹介しながら，水のジオストーリーを考えます。また，地球のさまざまな水についても説明し，近年注目されている水がつくる資源と私たちの暮らしの関連を紹介します。

第15章は，随筆などでも知られる地球物理学者寺田寅彦の著作から，ジオストーリーと日本に住む人の自然観との関わりについて考えます。

図は，私たちの暮らしを支える要素に関する考え方の一例です。この科目の講師陣の専門は，図の楕円で示された領域にあたります。この講義でお話しするジオストーリーは，この専門領域を中心にして，上の方の，私たちの暮らしに近い方の要素とのつながりを説明する，そのようなスタイルになっています。また，場合によっては，必要に応じて，それを支える基礎科学との関係について説明する場合もあります。ぜひ，皆さんの専門や興味のある領域からのつながりを探し出してみて下さい。

少し長い時間スケールで地球を眺めることも，今生きている私たちにとって必要だし，地球で生きている以上，あらゆる点で人と地球の関わりは避けて通れない，ジオストーリーはどこにでもある，ということを，科目の終わりに実感していただけるとよいなと思っています。

2025 年 1 月
著者一同

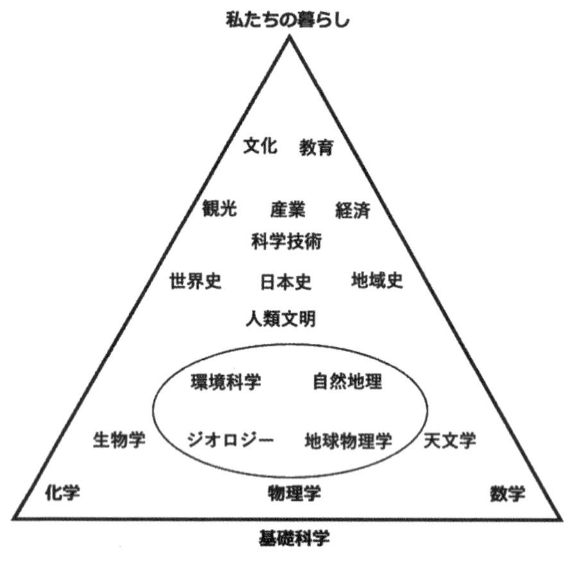

図　私たちの暮らしを支える要素

目次

1 大地と私たちの物語

大森聡一

《**目標＆ポイント**》 本書で扱う「ジオストーリー」を定義する。私たちの暮らしが地球システム中のサブシステムで営まれていることを理解する。人間生活と地球システムをつなげるためには，時間の概念も重要である。人間生活につながる4次元的なシステムの関わりを理解し記述することが，本書で扱う「ジオストーリー」である。
《**キーワード**》 ジオストーリー，地球システム，人間圏，地球史

1．はじめに

まず，本書の書名になっている「ジオストーリー（geostory）」という語について述べよう。本書では，「ジオストーリー」を「大地と私たちの暮らしを結ぶ物語」と定義する。しかし，これが一般的な定義というわけではない。この章では，まず「ジオストーリー」という語の背景を説明したのち，本書における定義を「システム」の考え方で説明し，以降の章を読み進めるための前提を明らかにしたい。

ジオ（geo）は，ギリシャ語を起源とする大地や地球を意味する接頭語で，例えば，地質学（geology），地理学（geography），地球物理学（geophysics）などのように用いられている。ストーリー（story）は物語と訳されるので,「ジオストーリー」を直訳すれば「大地物語」や「地球物語」ということになる。一般名詞としての「ジオストーリー」の意味はこの訳に沿った意味となるだろう。

近年になって，「ジオストーリー」は，「ジオパーク」において，固有

の意味をもつ用語として，しばしば用いられるようになった。単なる地球史としての意味ではなく，学際的，複合的仕組みである「ジオパーク」の重要なキーワードの1つとなっている。「ジオパーク」的な「ジオストーリー」の意味は,「ジオパーク」の理念と深く関係している。そこで，次節では「ジオパーク」と「ジオストーリー」の関係について取り上げることにしよう。

2. ジオパークのジオストーリー

ジオパークについては，地質ニュースや地学雑誌の特集号で文献（岩松，2007；渡辺，2011 など）を得ることができるので，そちらも参照されたい。ジオパークとは，ジオとパークの合成語で，「大地の公園」と訳すことができる。ジオパークは，地質学的・地形学的・自然環境的な魅力をもつ地域を保護・活用し，地域振興や観光産業の発展を図るための取り組みである。ある地域とその地域における活動の両方に対してジオパークの名称が用いられている。

現在は，ユネスコ世界ジオパークネットワーク（GGN）や日本ジオパーク委員会（JGC），および各国のジオパーク機関などによる認証の仕組みが存在している。2024 年 10 月現在，ユネスコ世界ジオパークには, 48 ヶ国, 213 地域が認定されている。日本にはユネスコ世界ジオパーク 10 地域，日本ジオパーク 47 地域が認定されている（**図 1-1**）。認証の機関は異なるが，日本のジオパークも，およそユネスコ世界ジオパークの考え方に準拠して認証され，活動を行っている。

ジオパークでは，以下を活動の 3 つの柱としている。

- **保全**：大地の遺産を保護し，将来世代に引き継ぐ。
- **教育**：大地の遺産について学び，理解を深める。
- **持続可能な開発**：地域の経済発展と環境保全の両立を目指す。

これらの活動の柱の中で，ユネスコ世界ジオパークでは，自然資源，自然災害，気候変動，教育，科学，文化，女性，持続可能な開発，地域と先住民の知恵，地質保全の10分野に焦点を当てていて，これらのテーマは国連のSDGsの達成とも関連付けられている（UNESCO Global Geopark Network, https://www.globalgeoparksnetwork.orghttps://www.unesco.org/en/iggp/geoparks/about（2025年1月閲覧））。

ジオパークに認定されて活動を行うことで，地域には，以下のようなメリットがあるとされている。

- **地域の活性化**：観光客の増加や地域特産品の開発などにより，地域の経済発展につながる。
- **教育の充実**：地域の子供たちが地域の自然や文化について学ぶ機会が増える。

図1-1　日本ジオパーク（2024年10月現在，日本ジオパークネットワーク）

- **環境保全**：地質遺産の保全活動を通じて，環境意識が高まる。
- **地域住民の誇りの向上**：地域の貴重な資源を活かした活動を通じて，地域住民の誇りが向上する。

国立公園や世界自然遺産と比較して，地域の人間社会との関わりの要素が前面に出されていて，地球科学関連以外の自然遺産や文化遺産の全てを含み，これらを維持しつつ地域の振興に活用することを目指していることが特徴であるといえる。

ジオパークに関連してしばしば用いられる特有の用語が，ジオサイト，ジオツーリズム，およびジオストーリーである。ジオサイトは，主に地球科学的な価値や歴史的な重要性をもつ地点や景観を指すが，遺跡や災害遺構などの文化的要素も含まれる。ジオツーリズム（またはジオツアー）は，ジオパークのジオサイトを訪れて知識や体験を楽しみ学ぶ観光のことを指す。ジオツーリズムは自然と文化を組み合わせたものであり，地域の歴史や地球科学的な特徴を学びながら楽しむ観光を提供し，地域の経済発展や環境保全，および自然災害への理解を促進することを目的とする。

ジオパークにおけるジオストーリーは，ジオサイトをめぐるジオツーリズムの基本となる物語であるとされている。その地域の地質や地形，生物，文化などさまざまな要素を織り交ぜて，その地域の形成や変遷を物語るストーリーがジオパークでは期待されている。そのストーリーは，「ジオ」だけが中心となるわけではなく，ジオロジーをはじめ，生物学，文化（人々と自然との共存），および地域の歴史などが含まれる。

このように，ジオパークにおけるジオストーリーは，地球科学に関する物語だけではなくて，人々の営みとの関連を重視するのが特徴である。また，ジオパークの目的を鑑みるに，その物語に持続可能な地域振興につながる要素を含むことも求められている。ジオストーリーを提供することで，ゲストの興味を喚起するとともに，地域の住民自身の理解を深めるという役割も期待されている。従来観光地ではなかった地域に，新たにジオサイトを設定し，ジオストーリーにより観光で訪れる動機を提供したり，既存の観光情報にジオの情報を加え，その価値を向上させるなどの運用法が考えられている（大野，2011）。

3. 大地と私たちの暮らしを結ぶ物語

（1）システムをつなげるジオストーリー

冒頭で述べたが，本書におけるジオストーリーの定義は「大地と私たちの暮らしを結ぶ物語」である。この定義はジオパークのそれに近いが，明確なジオサイトの定義や組織化がなされていなくても，そこに存在するであろう地球の営みを私たちの暮らしに結びつける物語を意図している。

一方で，この物語が，さまざまな要素の関わりを語るものであるという点では，地球史としてのジオストーリーやジオパークのジオストーリーとも共通している。地球の歴史は，私たちが暮らす地球表面の出来事だけでは語ることができない，地球内部や宇宙からの影響が地球表面の環境におよんでいることは，これまでの地球史研究で明らかになった重要な物語である。生命も，そのような地球や地球外の影響を受けながら，一方では表層環境に影響を与えながら進化してきた。その46億年の歴史の先端の地球の表面で，現在，私たちは暮らしている。かつての人類は，環境の影響を受けながら暮らす生命の1つであったが，現在では，人類による環境の改変が顕在化するまでになり，人類から地球への影響が無視できなくなっている。

さまざまな要素が互いに関係し合って地球と生命が進化してきた歴史や，その結果誕生した，現在の地球に暮らす私たちと環境との関係などを扱うに当たって，地球全体を大きなシステムとしてとらえて理解しようという概念が，地球システムという考え方である。システムというと，何か機械的な仕組みがイメージされるかもしれないが，もともとは複雑な成り立ちのものごとを，その要素と要素の間の関連に注目して理解しようという，柔軟で適用範囲の広い概念である。科学の世界では，システムは，例えば「互いに作用し合う要素の集合体」などと定義されている。システムの考え方は，社会科学，生命科学，心理学などの分野で発展してきた。複雑な仕組みを，要素に分解して個別の役割について解析するが，しかし，常にその要素とほかの要素との関わりについても注意を払う。これが，システム的な物事の見方である。

多くの場合で，システムは，さらに小さなシステムで構成されている。この小さなシステムはサブシステムとよばれている。サブシステムもシステムであるから，その中にさらに小さなサブシステムの集合が存在することになる。このような階層性（あるシステムは，大きなシステムに含まれ，小さなシステムを含む）と並列性（あるシステムには，隣のシステムが存在する）は，システムの重要な特徴である。

地球システムを空間的視点で見ると，中心核，固体地球圏，表層環境圏，大気圏，および地磁気圏のサブシステムに分けることができる。それぞれのサブシステムは，物質とエネルギーの流れで互いに関連している（**図 1-2**）。この地球システムは，太陽系という大きなシステムのサブシステムであり，太陽系は銀河系というシステムに含まれている。

図 1-2 のような地球システムのとらえ方は，現在の地球の成り立ちや地球史を考える場合にしばしば用いられている。私たちの暮らしは表層環境圏で営まれているので，ジオストーリーを念頭に，表層環境圏内のシステムも考えてみよう。**図 1-3** は，私たちの暮らしを含む表層環境圏のサブシステムの関係を示す１つのモデルである。

このモデルでは，表層環境圏を，その空間的配置から，陸圏，水圏，および大気圏に分けている。私たちが暮らす空間は，この3つのサブシステムにまたがっている。この領域を，生命が作るサブシステムである生態系として定義する。人間も生態系を構成する生命の一種（サブシステム）であるが，ある時期から他の生命に比べて大きな影響を生態系に与えるようになった。

(a)

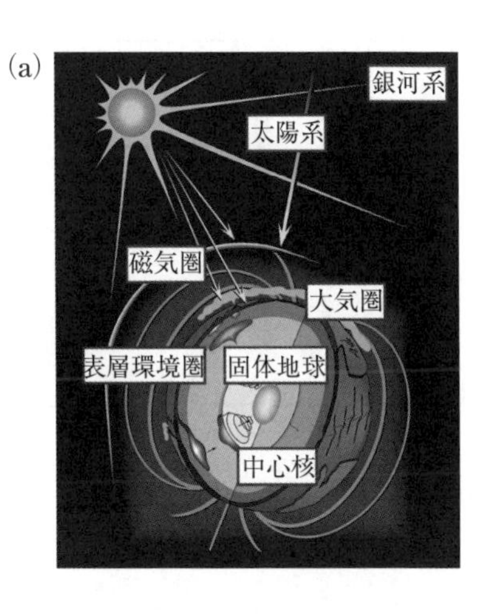

(b)

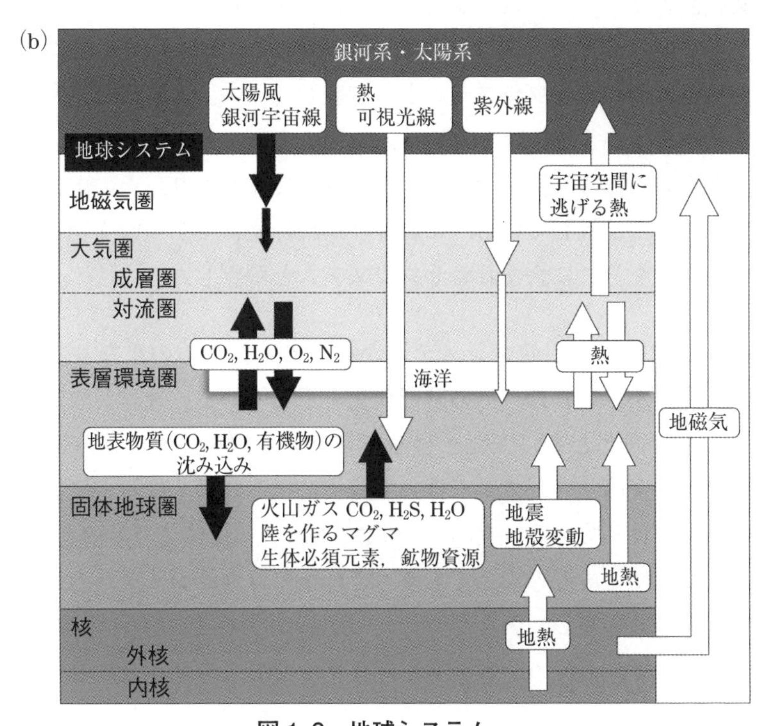

図1-2　地球システム
(a)　地球システムの構成，(b)　サブシステム間の関係（大森，2021）

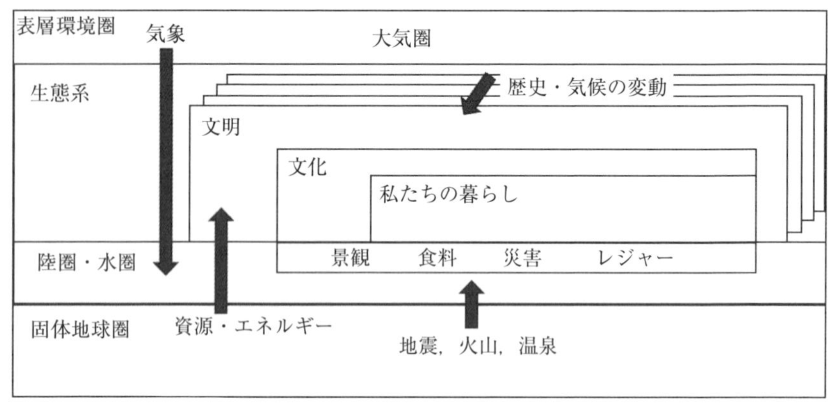

図 1-3　表層環境圏の構成

人間社会のサブシステムが生態系の中に誕生したことになる。これを人間圏や人間社会と考えることもできるが，ここでは文明を生態系の中の人間活動に関わるサブシステムとして表している。人間が野生動物と異なる役割をもつようになったのは，文明をもつようになったからであるとの考え方である。文明サブシステム内に文化があり，その中に，私たちの暮らしが位置している。ここでは，地球全体で１つの文明として考えて，文化をそこに含まれるサブシステムと解釈した。

図 1-3 では，文明サブシステムが複数のシステムの重なりとして描かれているが，これは，その時間変化を示している。地球システムの成り立ちが時間とともに変化し得ることは，地球史の研究から明らかになったが，文明サブシステムは，地球史に比べれば，はるかに短い時間で急激に変化している。文明の誕生が，おおざっぱに１万年前としても，地球史ではつい最近のことであり，それまでは地球システム内に文明サブシステムは存在していなかった。しかし，その誕生から，システムとしての文明は，上位のシステムや内在するサブシステムを大きく変えな

がら現在に至っている。この変化は，地域の歴史や短期間の気候変動にも影響を受けている。よって，私たちの暮らしとの関係を含む物語を考える際には，対象とする時間スケールにおける文明サブシステムの構成の変化を考慮することが重要である。

さて，このように私たちの暮らしとそれを取り巻く地球システムを表してみると，ジオストーリーとは，いずれの意味においても，地球システムのサブシステムや，それを取り巻く上の階層のシステムとの関係の記述であるとわかる。本書におけるジオストーリーは，「私たちの暮らしサブシステム」を中心に，同階層や上位の階層のシステムとの関わりを記述する物語，ということになる。

このようなシステム的なジオストーリーの理解は，ジオストーリー構築の際に有用である。システムの関係の記述には，ピラミッド構造のような階層性はない。よって，例えば地質学の基礎から積み上げてジオストーリーを構築するという過程をたどらなくても，「私たちの暮らしサブシステム」から関係をたどり，必要な関係について適宜学ぶことで，ジオストーリーは構築できるのである。必要なのは，「私たちの暮らしサブシステム」の周囲または上位にどのようなシステムが存在するか，という俯瞰的な基礎知識である。

（2）ジオストーリーと時間

「私たちの暮らしサブシステム」と地球システムの関係を記述するに当たって，難しいのは，異なる時間スケールが混在していることだろう。ここで，時間スケールとは，ある現象が発生した時刻（何年前）やその継続時間，および繰り返しの間隔を指している。「昔々…」と話し始めるのに，何億年前，場合によっては，例えば資源となる元素の起源にふれる際には宇宙の誕生から話し始める必要もあるだろう。地球システムの出来事の多くは，人の一生や文化の寿命よりも長い間隔を置いて繰り返したり，継続したりする。数百～数千年に1度といった災害に実感をもって対応することの困難さは，地震災害が発生するたびに痛感することではないだろうか。

ジオパークでは，ジオストーリーを通してこの時間への共感力を高める効果も期待されている。異なる時間スケールをまたぐジオストーリーが，合併で誕生した自治体の地域融合に貢献できる可能性なども議論されている（下里・菊地，2016）。しかし，この効果がよく現れるためには，ジオストーリーを構築する側も受け取る側も，時間スケールの異なる事象に注意しながら，物語を語り・聞く必要がある。ここでは，ジオパーク秩父の長瀞地域の例で，1つの地域のジオストーリーに，どれだけの時間スケールの要素が含まれているかみてみよう。

ジオパーク秩父は，埼玉県の秩父地域1市4町（秩父市，横瀬町，皆野町，長瀞町，小鹿野町）をエリア（約89,250 ha）とするジオパークである（詳細はジオパーク秩父のウェブサイトを参照）。長瀞・皆野地域には，荒川沿いに景勝地として知られる長瀞岩畳が位置し，観光地として，また関東近辺の地質学巡検の定番地として知られている。**表1-1**は，この地域の物語の構成要素をおよその時間軸とともに羅列したものである。この地域のジオストーリーは，5億年の時間の幅に渡っている。このように年表形式で整理してあれば，まだ時系列を理解しやすいかもしれないが，実際には，長瀞の岩畳の現場で説明を受けることも多い。ジオサイトで実際に観察し，体験することは重要であるが，現場での説明では，説明されている事象の時系列が混乱して伝わりがちなので，注意が必要だろう。私の体験的には，岩畳の変成岩の上昇，この地域の隆起，断層の形成，その後の河床の形成のプロセスなどは，露頭と言葉による説明からはイメージがつかみにくく，時系列の理解も混乱しがちであっ

表 1-1　長瀞・皆野地域のジオストーリー構成要素

年代	出来事
5億年前より	プレートの沈み込み
3億年前頃	海山と石灰岩形成
1億年前頃	片岩の源岩形成
	海山の付加
	片岩形成
8000万年前頃	片岩の上昇
	堆積岩が上に積もる
1500万年前頃から	伊豆･小笠原弧の衝突
	古秩父湾の地層形成
300万年前頃から	全体の隆起と断層形成
	風化侵食
10万年前頃から	荒川による侵食で岩畳形成
	ポットホール形成

年代	出来事
西暦100年頃	宗教施設の建設
西暦700年頃	銅の採掘の記録
西暦1600年頃	秩父鉱山発見される
西暦1800年代	日本地質学発祥
西暦1900年頃	観光地となる
西暦1915年	ライン下り始まる
西暦1916年	宮沢賢治訪問
西暦1930年	秩父鉄道全線開通
西暦1924年	長瀞岩畳　天然記念物指定
西暦2011年	ジオパーク認定

た。説明者側が具体的イメージをもち，広域の地質図を用いるなど，物語を補助する挿絵を活用すると，物語の伝達が良好となる。物語を語る段階でも，露頭から俯瞰してシステムを拡げることが重要なのである。

4. まとめと本書の構成

この本のタイトルである「ジオストーリー」について解説した。本書では，ジオストーリーを「私たちの暮らしと大地を結ぶ物語」と定義し，地球システムと私たちの暮らしのシステムとの関わりの記述が，その物語の本質であることを論じた。ジオストーリーを理解し，また考えることは，将来起こりえる災害に実感をもって備える際の基礎力の涵養につながると考えられる。そのためには，必ずしもジオの分野（地質学）を基礎から積み上げる必要はなく，身近なシステムから周辺と上位のシステムへと，システムとしてのつながりを俯瞰して，つながりの関係を理解するところから始めればよい。

以後の章では，主に日本国内を対象として，地理地形，地震，岩石，資源，および水をめぐるジオストーリーと，システムを拡げる例を紹介する。ジオストーリーの一般論を議論することはしないが，紹介するジオストーリーとその背景となる地球科学のそれぞれの物語から，システムを俯瞰し拡げる考え方を学ぼう。

【課題】

お住まいの地域の「ジオ」といえばなんだろうか？その「ジオ」と関連する本書の章を探してみよう。

参考文献

大森聡一編著『改訂版　ダイナミックな地球』（放送大学教育振興会，2021）

岸根順一郎・大森聡一『改訂版　自然科学はじめの一歩』（放送大学教育振興会，2022）

これらは，それぞれ放送大学の基盤科目と自然と環境コースの導入科目である。

ジオパーク秩父　https://www.chichibu-geo.com

日本ジオパークのウェブサイト（https://geopark.jp）から，各地のジオパークのウェブサイトを参照することができる。

2　ウォーターフロントのジオストーリー

久保純子

《目標&ポイント》 東京のウォーターフロントを手がかりに，身近な環境である平野の中の低地の地形とその成り立ち，沖積層の形成，低地の災害などを理解できるようにする。
《キーワード》 沖積低地，ゼロメートル地帯，人工改変，沖積層，海面（海水準）変化，水害，地震災害

1．東京のウォーターフロント

東京，名古屋，大阪などの大都市は海や大河川に面しており，「ウォーターフロント」をもつ都市ということができる。東京には東京湾と隅田川や荒川，名古屋には伊勢湾と庄内川，大阪には大阪湾と淀川がある。これらはいずれも歴史的に水上交通に重要な役割をもち，これらの都市は陸路と水路の結節点として発達してきた。

東京のウォーターフロントを訪ねてみよう。隅田川に面する浅草（台東区）は，浅草寺（せんそうじ）や対岸のスカイツリー（墨田区）などの観光地をかかえてにぎわっている（図 2-1）。

図 2-1　浅草付近の隅田川
（著者撮影）

東京スカイツリーは，隅田川と旧中川を結ぶ北十間川という水路に面している。隅田川と旧中川の間には，ほかにも竪（たて）川や小名木（おなぎ）川など，江戸時代以来の運河が縦横に走っている。浅草には江戸幕府の米蔵があり，「蔵前」などの地名が残されている。隅田川は江戸時代の水上交通の大動脈であった。

隅田川沿いには現在遊歩道が整備され，水面を眺めながら散歩を楽しむ人も多い。しかし，遊歩道と市街地の間にはコンクリートの塀のような薄い堤防があるだけで，すぐに市街地が接している。まさしくウォーターフロントなのであるが，洪水や津波に対する安全性はどうなっているのだろうか。

東京都心部の東側は，江東デルタとも呼ばれる低地帯である。ここには隅田川，荒川，中川，江戸川などの河川が東京湾に流下している（**図2-2**）。しかし，江東デルタの中央部を流れる荒川は，江戸時代や明治

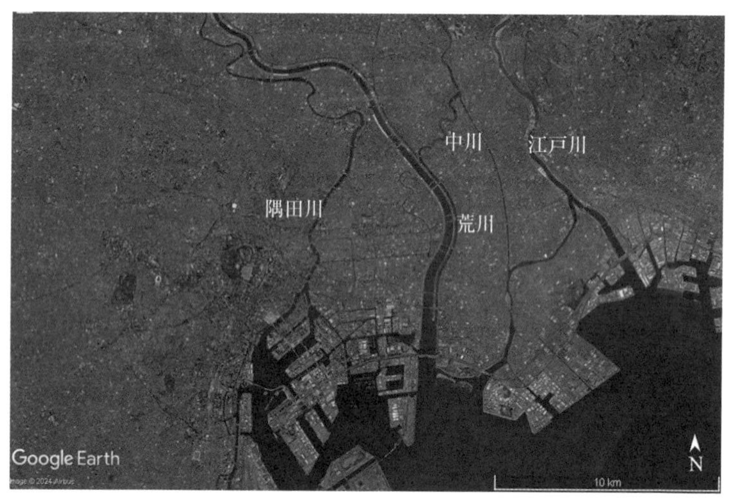

図 2-2　東京低地（Google Earth）

時代の地図には示されていない。荒川は昭和の初めに完成した人工河川である。隅田川がもとの荒川の下流部であり，現在の荒川下流部は洪水対策の「放水路」として建設されたものである。このため，荒川は河川敷も広く堤防は高くそびえ，堤防幅も広い。

荒川の堤防の上に立つと，水面よりも市街地の方が低いところがある。「ゼロメートル地帯」ともよばれる海面下の土地が広がっているのである。ゼロメートル地帯は，堤防や水門がなければ水の底になってしまう土地で，大阪や名古屋にもかなりの面積の「ゼロメートル地帯」がある。

「ゼロメートル地帯」の多くは，もともと干潟や浅い海底だったところを堤防で囲み排水して陸地にした「干拓地」である。水面下であったところであるが，さらに，近代以降の工業化に伴い，地下水のくみ上げで地下の地層が収縮してしまい，地盤沈下が進んでしまった。このため，堤防のかさ上げを行って，水面下の土地を維持してきた。

北十間川や小名木川などの運河が隅田川や荒川と接続するところには現在，水門がある。さらに，船が通行するための「閘門（こうもん）」（ロックゲート）も2か所にある。閘門は水位差があるところに船を通すためのものだが，「ゼロメートル地帯」の中の河川や水路は，防災のために締め切って水位を海面より低く保っているため，閘門が必要になっている。

図 2-3　お台場
（著者撮影）

浅草から東京湾のお台場まで，水上バスで隅田川を移動することもできる。隅田川河口の佃島（つくだ）から先は，埋立地が広がる。埋立地は干拓地と違い，水域に土砂を投入して水面より高い土地を造成したもので，堤防はなく岸壁が水路に面しているものが多い。

お台場は幕末に黒船が来航した際に建造された砲台の人工島で，当時の大砲は陸上から届かなかったのである。6か所作られたが，現在は2か所のみ残され，史跡として保全されている（**図 2-3**）。

2. 河川と海岸線の改変

東京のウォーターフロントを訪ねると，かつての河川･運河網と東京湾に面するデルタ地帯の特色をうかがうことができる。東京都心部の東側に広がる低地を「東京低地」とよび，過去に海岸部の干拓や埋め立て，河川の改修などが連続的に行われてきた。その結果，堤防や水門，ゼロメートル地帯や埋立地など，人間活動により改変された環境で都市が成立しているということがいえる。そこでまず，これらの人工的な改変がどの

① 明治 10 年代（左）と現在（右）
（左：農研機構農業環境研究部門，右：国土地理院）

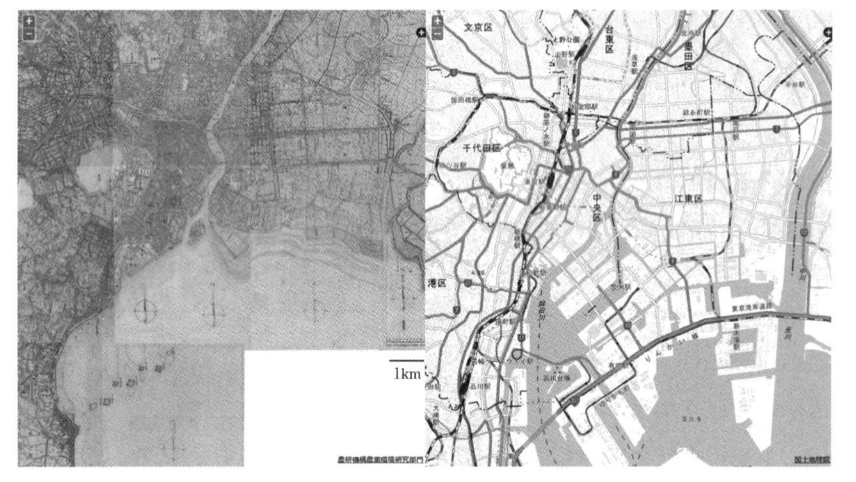

② **1945年頃**（「今昔マップ on the web」より）

③ **1970年頃**（「今昔マップ on the web」より）

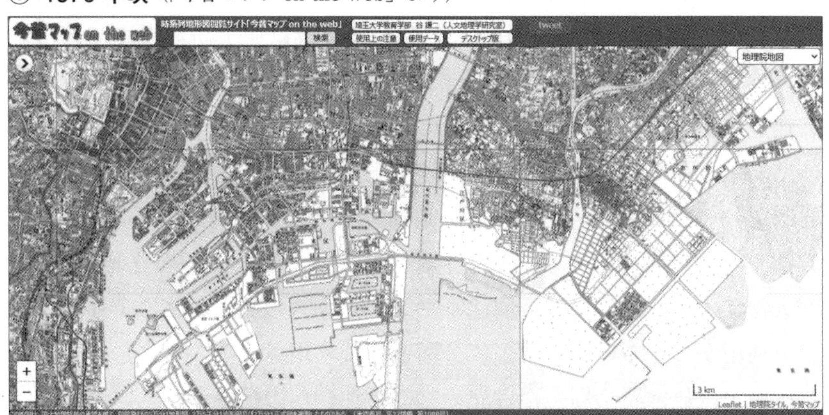

図2-4　地図で見る海岸線変化（①〜③）

ように進められてきたのかを，明治時代以降の地図で追ってみる（**図2-4**）。

1880〜1886年（明治13〜19年）にかけて陸軍参謀本部が作成した「第一軍管区地方2万分1迅速測図原図」（フランス式彩色図，**図2-4①**）では，東京湾の海岸線は平滑で干潟が描かれ，埋立地はまだほとんどない。品川沖には第一～第七砲台までが描かれ，新橋と横浜を結ぶ鉄道は海の中の「高輪築堤（たかなわ）」上を走っていた。隅田川と中川が東京湾へ注ぎ，その間には運河網が発達している。東京の市街地は隅田川周辺までで，その東側はまだ一面の水田で，農村地帯であった。

1945 年（昭和 20 年）頃の 2 万 5 千分の 1 地形図（**図 2-4** ②）では，昭和の初めに完成した荒川（放水路）が中央部にあり，海岸部では品川沖から荒川（放水路）の間に埋立地が拡大している。品川台場では，第四台場は陸地となり，第七台場は「跡」になっている。東京の市街地は東へ広がり，荒川（放水路）まで連続している。一方，荒川放水路の左岸側は，江戸川の河口部や海岸部に干拓地が広がっている。

高度成長期を経て 1970 年代の海岸線は大きく沖合に移った（**図 2-4** ③）。特に荒川左岸側の変化が大きい。東京港は中央防波堤までほぼ現在の海岸線と同じになった。1964 年の東京オリンピック開催のため，高速道路が建設され運河は埋め立てられた。千葉県側の埋め立てが急速に進んだ。埋め立ては主に浚渫（しゅんせつ）土砂や千葉県内の丘陵地（上総層群・下総層群）の土砂が用いられたが，廃棄物による埋立地もある。夢の島，若洲（十三号地），中央防波堤外側などは廃棄物による埋立地である。廃棄物による埋め立ては不同沈下やメタンガスの発生などにより通常の土地利用ができないため，主に公園として利用されている。

江戸川（放水路）周辺だけ埋め立ての沖合への拡張が小さいが，ここが現在東京湾奥部最大の干潟が残る「三番瀬」である。

小池(2000)は，東京湾全体で 1980 年代初めまでに約 2.2 万 ha の海面が埋め立てられ，これは明治初期の東京湾の海水面積の 23％(当時の事業中を含む)に及ぶと指摘した。また，人工渚も数か所に作られている。

2000 年以降の東京湾岸開発は，2021 年の東京オリンピック，築地市場の移転などもあるが，いわゆるタワーマンションの林立が目立つ。

3. 東京低地の変遷

近代（明治時代）以降，東京低地の河川や海岸線は，人工改変が大きく進んできた。それでは，それ以前の歴史時代，先史時代の東京低地の姿はどのようなものだったのだろうか。徳川家康が江戸に幕府を開き，江戸城や街道などを整備したが，水上交通路も重要なインフラとして整備された。

日本最大の流域面積をもつ利根川は，現在，千葉県の銚子の近くで直接太平洋に注いでいる。しかし，江戸時代初期のころは，関東平野の中央部で荒川水系と利根川水系が合流して東京湾に注いでいた。江戸には関東地方の主要河川が集まり，東京湾と結ぶ水上交通の結節点だった。現在の利根川下流は，もとは鬼怒川という別の河川の下流であったが，現在の千葉県野田市関宿付近で台地を掘削して，利根川と鬼怒川水系の河川を人工的につなげたのである（**図2-5**）。これは「利根川東遷」などとよばれ，利根川を付け替えた事業といわれるが，当初は船が通れるようにしたのが最大の目的であり，利根川の洪水を太平洋に導くためというわけではなかった（大熊，1981）。利根川と合流していた荒川も，埼玉県熊谷市久下付近で別の川とつなぎ，入間川に接続された。現在の利根川は最大規模の洪水の約3分の2が利根川（太平洋），約3分の1が江戸川（東京湾）に流れるようになっており，荒川は洪水のほぼ全量を荒川低地に流すようになっているが，江戸時代の初めからそのような洪水処理を目指したというよりは，明治以降の改修の繰り返しによって結果的にそのようになったものといえる。

現在の東京低地にみられる人工的な放水路や河道，海岸の埋立地や干拓地などを含め，平野の詳細な地形の分布を示したのが**図2-6**である。現在は市街地に覆われているが，明治時代の地図や終戦直後に撮影され

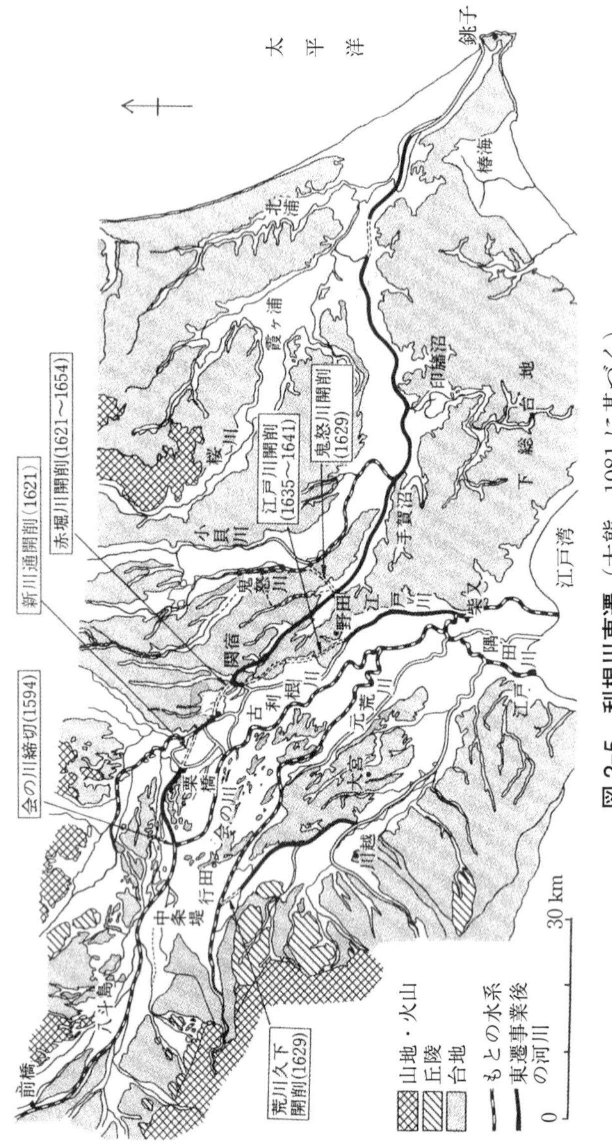

図 2–5 利根川東遷（大熊，1981 に基づく）

た空中写真などにより，河川沿いに見られる「自然堤防」や海岸線沿いに形成される「砂州」などの微高地の分布を示した。そこから近世以降の人工改変前の様子を復元したのが**図2-7**である。利根川が埼玉県東部の中川低地を流れ，東京低地で現在の古隅田川，中川，江戸川などに分流している。これはデルタにおける河川の分流を示す。東京湾岸の干拓地であったところには干潟が分布していた。15世紀に太田道灌が江戸城を作ったころは，すぐ前に日比谷入江があった。

さらに時代をさかのぼると文献資料は一層少なくなるが，奈良の正倉院に721年(養老5年)「下総国葛飾郡大嶋郷戸籍」の一部が残されており，この大嶋郷には甲和里，島俣里，仲村里という3つのムラがあった。考古学の資料と突き合わせると，甲和は江戸川区の小岩，島俣は葛飾区の柴又，仲村はその中間だろうと考えられており，当時の利根川デルタ上の微高地に集落が作られ，人々が生活していたことがわかる。

図2-7の地形復元図と古墳時代の遺跡の分布を比べてみると，埼玉県草加市と東京都足立区の間に毛長川という小さい川があり，周辺の微高地に古墳時代の遺跡が多数分布している。大規模な集落跡である足立区伊興遺跡の周辺にはいくつか小規模な古墳も分布し，現在は遺跡公園になっている。また，上述の大嶋郷周辺にも古墳時代の集落や古墳が見られる。葛飾区柴又の帝釈天（題経寺）の門前で発掘調査の結果，奈良時代の集落が確認されている。さらに，この近くの八幡神社本殿の下が古墳になっており，当時の首長クラスの人のお墓であった。台東区浅草付近は砂州地形で，この砂州の上にも遺跡がある。このように，東京低地の微高地の上に古墳時代以降の遺跡が分布している。

以上をもとに，古墳時代以降の東京低地の変遷を示した（**図2-8**）。古墳・奈良時代には利根川のデルタに大嶋郷などの集落が成立していた。また毛長川沿いには大規模な旧河道の地形が残っており，かつて（利根

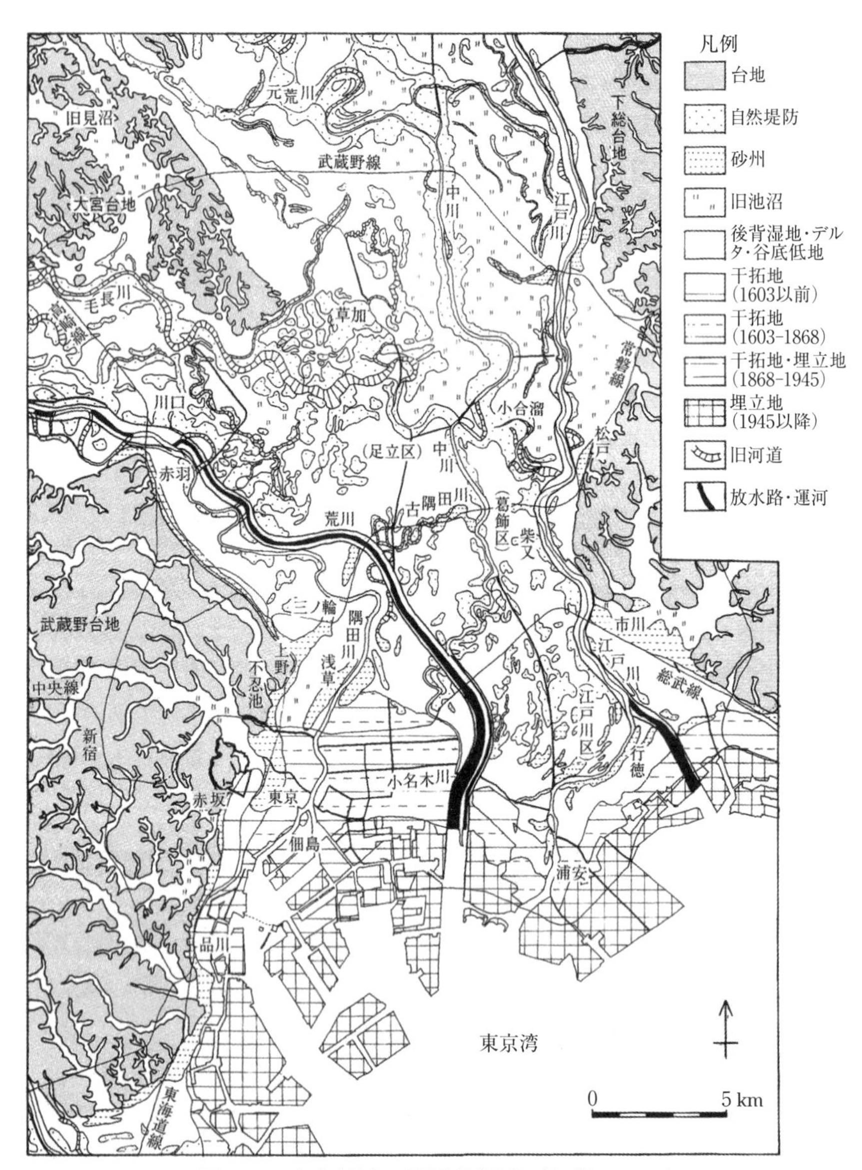

図 2-6　東京低地の地形分類図（久保，1993）

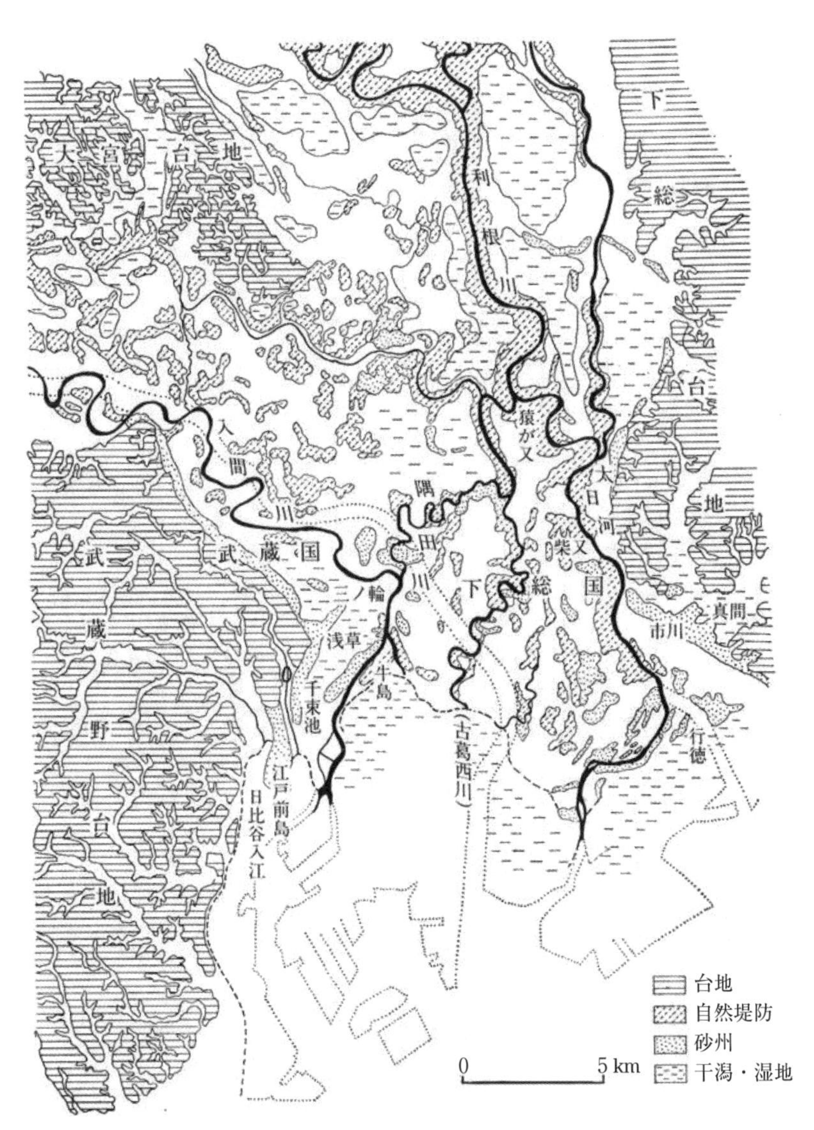

図 2-7　中世頃の東京低地（久保，1994）

川クラスの）大河が流れており，その最下流部の微高地に古墳時代の大規模な集落（伊興遺跡）があったのではないかと思われる。中世になると，東京低地の微高地上には集落や宗教施設などが多数分布するようになり，江戸時代になると干拓地や運河，堀なども作られた。明治時代以降，放水路の建設や埋立地の拡大が進み，現在に至るというものである。

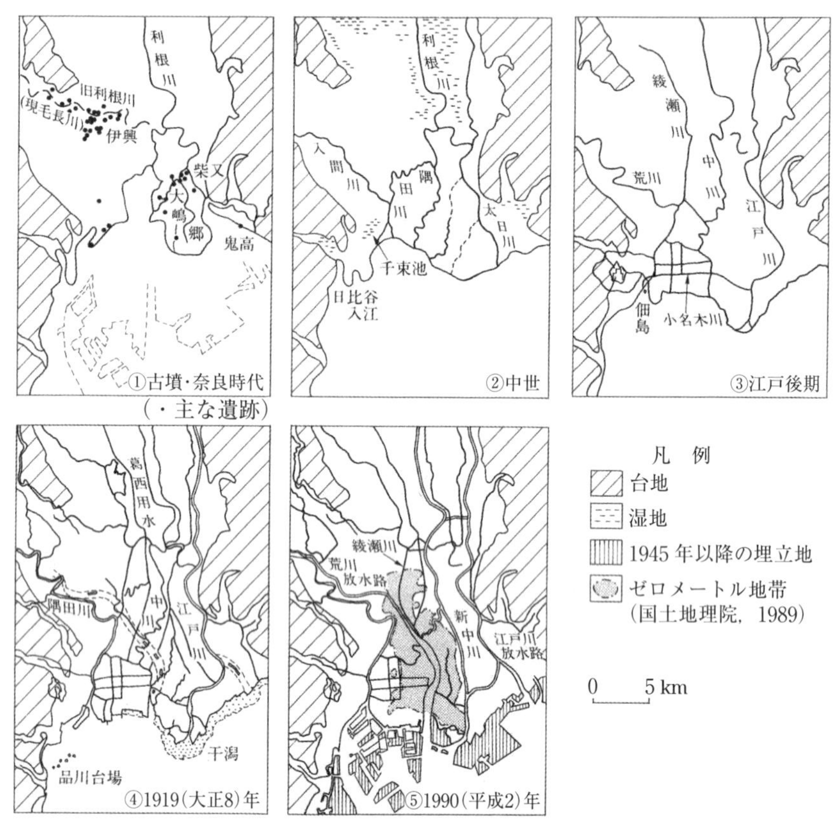

図 2-8　東京低地の水域・地形の変化（久保，1994）

4. 海面変化と沖積層

図 2-8 は過去 1500 年分くらいの変化を示したものであるが，東京低地とその周辺の環境変化については古くから数多くの研究がある。古くは東木（1926）が貝塚の分布から過去の海岸線を復元した図がある。関東平野の低地に面する台地の縁に数多くの貝塚が分布し，貝は長期保存や長距離輸送に向かないことから，東木は，貝塚はかつての海岸線付近に形成されたものと考えた。その後，考古学の土器編年や貝塚を構成する貝の種類などから，最も海が入り込んだのは縄文時代前期であり，放射性炭素（^{14}C）による年代は今から約 7000 年前ということが示された（**図 2-9**）。「縄文海進」とよばれるこの現象は，最終氷期に北米や北ヨーロッパに発達していた大陸氷床が縮小し，世界的な海水準上昇をもたらした結果といえる。

このことは，東京低地の沖積層の研究からも示される。1923 年の関東地震の後，地盤の調査が進められ，低地の地下に厚い軟弱層が分布することが明らかとなった。沖積層は「沖積低地を構成する地層」という意味である。本来は河川の堆積作用で形成されたという意味であるが，河川最下流部においては，更新世後期の海面低下期に形成された谷地形が，その後の完新世にかけての海進に伴い，埋積・形成された一連の堆積物である。

東京低地の沖積層は，上部（有楽町層）と下部（七号地層）とに分けられ，さらに上部は最上部砂泥層または最上部陸成層（UM），上部砂層（US），上部泥層（UC）または中部泥層（MM），下部は下部砂泥層（LS および LC），基底礫層（BG）などに区分され，それぞれの堆積環境や年代が研究されてきた。

図 2-10 に東京低地の東西断面図を示すが，沖積層の層序区分の略称

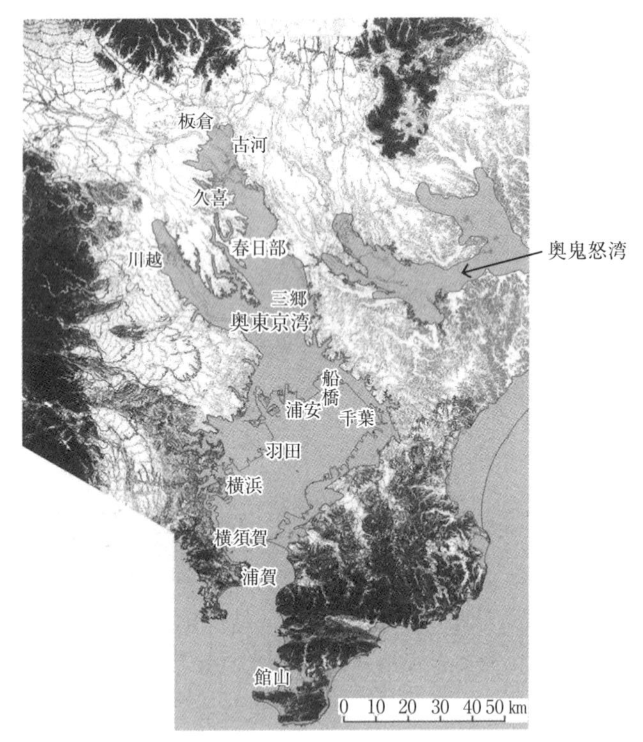

図 2-9　縄文海進（遠藤ほか，2022）

は海津（1994）や久保（2008）を用いる。その区分では，

① 最上部砂泥層（UM）：現在の平野の微地形に対応する堆積物

② 上部砂層（US）：三角州が沖合に前進していくときに形成される前置層

③ 中部泥層（MM）：海進時に海底に底置層として堆積したもの

④ 下部砂泥層（LS）：河川下流部の自然堤防帯から三角州にかけて堆積したもの

⑤ 基底礫層（BG）：河川中流部や扇状地帯で見られるような網状流

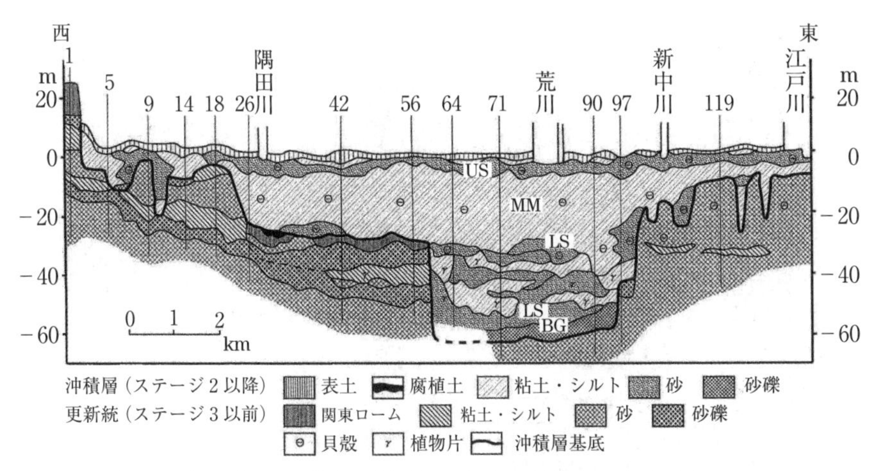

図 2-10　東京低地の沖積層（松田，1993の記号を一部改変）
首都高速7号小松川線と都営地下鉄新宿線のボーリング資料より作成。

　　路を作る砂礫層

とした。これによれば，東京低地の中央部に最大70 m近い厚さの沖積層が分布することがわかる。

沖積層で覆われた元の地形を埋没地形とよぶ。基底礫層の堆積する部分は現在よりも数十m下に河川が流れていたことから，海面低下期（氷期）の谷である。この埋没谷は幅の狭い分布を示すが，その両側には平たん面が分布し，埋没波食台や埋没段丘と考えられている。埋没波食台は地下数mの浅所にあり，最大海進時に形成されたものと考えられる。埋没段丘面は複数あり，これらも現在よりも海面が低かった時代の遺物である。

さらに近年は地質調査用のボーリングにより，詳細なコアサンプル（試料）の観察や年代測定，微化石の分析等により，より緻密な堆積環境や年代の復元が進められている（田辺，2013など）。そこでは沖積層の層

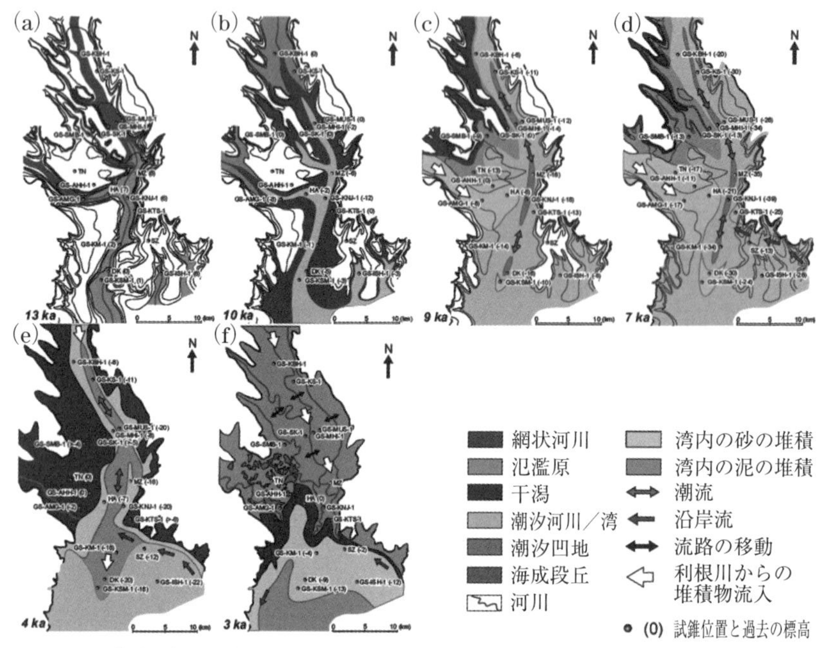

図 2-11　東京低地と中川低地の古地理（田辺，2019 を日本語訳）

相の組み合わせにより，複数の「堆積システム」としてまとめられた。それらは（堆積順に）下位より，網状河川システム，蛇行河川システム，エスチュアリーシステム，砂嘴（さし）システム（縁辺部に局地的に分布する），デルタシステム，とよんでいる。田辺（2013，2019）は 9000 年前以降，千年刻みで詳細な古地理図を作成している（**図 2-11**）。

以上のように東京低地の沖積層は，最終氷期の海面低下（海退）期に形成された谷が，その後の海面上昇（海進）により沈水し，三角州の前進によって再び埋め立てられて陸化した一連の堆積物と考えられている。

5. 東京低地と災害

1923年（大正12年）9月1日の関東地震（マグニチュード7.9，震源は相模トラフ北部）では，軟弱地盤からなる低地の木造住宅の倒壊と大規模火災などにより，東京・横浜を中心に10万人以上の死者を出した（関東大震災）。

関東地震の震度分布図（**図2-12**）では，東京低地の隅田川の東側で震度が大きくなり，また，それによる火災の発生で多数の犠牲者が出た。これは地盤条件によるもので，沖積層の層厚に対応した被害が示されている。

1703年12月31日（元禄16年11月23日）の「元禄地震」も相模トラ

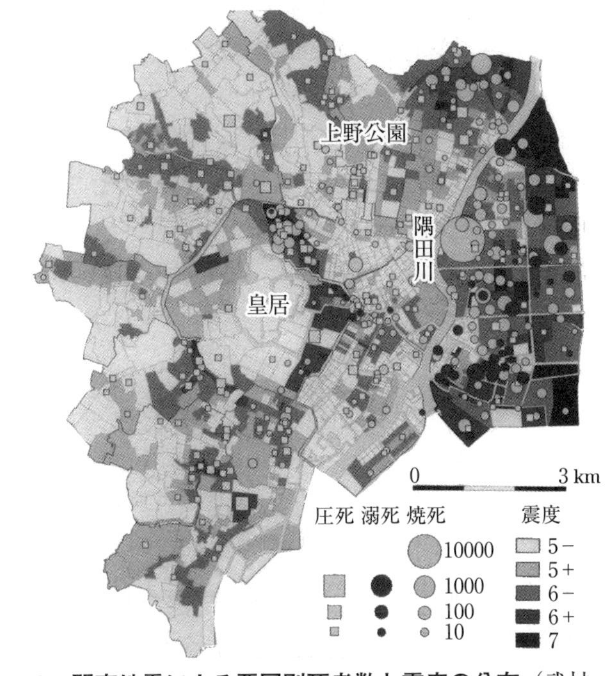

図2-12　関東地震による要因別死者数と震度の分布（武村，2009）

フにおける巨大地震で，九十九里や南房総では大規模な津波により多数の死者を出した。東京湾奥では，品川，築地，江戸橋，深川などで津波の記録があるが，津波の高さは隅田川河口部では 1 ～ 2 m であった（村岸ほか，2015）。1923 年の関東地震でも相模湾や房総半島南部を 10 m 前後の高さの津波が襲ったが，東京湾奥では芝浦・深川・千葉の検潮所で振幅 1 m ほどであった（中央防災会議，2006）。東京都防災会議（2022）では大正関東地震および南海トラフ巨大地震による被害想定を行い，シミュレーションによる最大津波高はそれぞれ 2.22 m（江東区），2.63 m（江東区）である。

東京湾奥部で津波よりも被害の程度が格段に大きいのは高潮である。高潮は津波と異なり，台風の通過時などに強風による吹き寄せと気圧低下による吸い上げで海水が陸地にあふれ出す現象である。1791 年 10 月 1 日（寛政 3 年 9 月 4 日）に深川，洲崎一帯（現江東区内）は高潮により多数の死者を出した。江東区内には，自然災害伝承碑としてこのときの「波除碑」が残されている。明治期以降も 1917 年（大正 6 年），1938 年（昭和 13 年），1949 年（昭和 24 年）のキティ台風，1958 年（昭和 33 年）の狩野川台風の高潮などによる被害があった。中でも 1917 年（大正 6 年）10 月 1 日の台風による高潮は，台風が東京湾の西方を通過して南からの強風による吹き寄せと満潮が重なり，東京都の死者不明 563 名という最悪の災害となった。隅田川河口霊岸島の験潮所は船の衝突で欠測となり，洲崎での記録より最高水位は A.P.＋4.21 m とされる（松田，2009）。この A.P. は「荒川工事基準面」（干潮面）の略で，T.P.（東京湾中等海面）－1.134 m である（国土交通省関東地方整備局）。

東京の江東地区では，1917 年の高潮水位（A.P.＋4.21 m）に地盤沈下量と余裕高を加え，堤防の天端高は A.P.＋6 m と計画された。また，1959 年の伊勢湾台風による高潮の名古屋港における最高水位（A.P. 換算で＋5.02 m）をもとに計画高潮位を A.P.＋5.1 m としている。これにより現在の東京港周辺では，A.P.+6 m 以上の防潮堤の整備を行っており，これが津波対策も兼ねている。

利根川は前述のように，江戸時代初期に常総台地の流域界を掘削して鬼怒川につなげられたが，利根川の流量全体が太平洋に付け替えられたわけではなかった。明治以降も利根川の洪水は中川低地・東京低地に及び，1947年（昭和22年）9月のカスリーン台風による大水害などを招いた。現在も利根川の洪水流量の約3分の1は東京湾に排出されている。また，荒川（放水路）の建設により，荒川の洪水は隅田川から切り離された。このため，江戸川（放水路）と荒川の下流部の堤防は高くそびえ，海岸の防潮堤に接続する。

近年の洪水ハザードマップでは，最大規模の降雨による想定が示されている（**図 2-13**）。これを見ると，東京低地の全域が浸水すること，場所により5 m 以上の浸水深となることなどが示される。

海岸の埋立地における地震時の液状化災害は，1995年兵庫県南部地震（阪神・淡路大震災）や2011年東北地方太平洋沖地震（東日本大震災）

図 2-13　洪水ハザードマップ
（国土交通省「重ねるハザードマップ」より）

などで顕著にみられた。東日本大震災では，千葉県浦安市の埋立地に広がる住宅地に大きな被害があった（安田・原田，2011；若松，2018）。

近代以降の地下水の過剰揚水は，東京低地の地盤沈下による広大な「ゼロメートル地帯」を生み出した。明治以降の最大累積沈下量は，江東区南砂2丁目で約4.5 m に達する。地下水の揚水規制後も地盤高はもとには戻らず，地盤高が満潮位（標高1 m）以下の地域は，海岸部の埋立地を除く荒川の両岸に埼玉県境付近まで延びている（松田，2009）。荒川と隅田川の間はゼロメートル地帯のため，東京湾につながる水路にはすべて水門が設けられ（新砂水門，曙水門，辰巳水門，豊洲水門など），内側の水位を調節している。これらの堤防や水門がなければ，東京低地の広い範囲は再び「奥東京湾」となってしまうであろう。

【課題】

身近な地域の河川や海岸について調べてみよう。

1）国土交通省や都道府県が管理している河川・海岸だろうか？ウェブサイトを探してみよう。

2）ハザードマップを探して確認してみよう。「ハザードマップポータル」から探そう。

3）実際にウォーターフロントを歩いてみよう。

参考文献

貝塚爽平『河川と海岸を読む』岩波書店：海岸や平野の地形のみかたが紹介されている。

貝塚爽平・成瀬　洋・太田陽子・小池一之『日本の平野と海岸（新版日本の自然4）』岩波書店：日本各地の平野の地形とその成り立ちが紹介されている。

阪口　豊・高橋　裕・大森博雄『日本の川（新版　日本の自然3）』岩波書店：日本の代表的な河川の地形の特色や人との関わりが紹介されている。

3 台地と段丘のジオストーリー

久保純子

《目標＆ポイント》 身近な環境としての平野のうち，台地と段丘の特色と低地との違い，形成過程とそのローカルな背景とグローバルな背景，そこでの人々の生活，利用の歴史と保全などについて理解する。
《キーワード》 河成段丘，海成段丘，地形面，構成層，編年，環境変化

1. 台地の地形

第2章では海岸や河川周辺の低地とそれを構成する地層に注目したが，今度はそれらよりもやや高い「台地」や「段丘」という地形に注目しよう。

（1）旧江戸城を訪ねる

奈良や京都とは異なり，東京は江戸城の城下町としてのルーツをもつ。旧江戸城は，東京低地に面する武蔵野台地の先端に築かれた。旧江戸城の本丸は皇居東御苑という公園になっていて，見学することができる。東京駅からもそれほど遠くはないので歩いてみよう。

東京駅丸の内駅舎は辰野金吾の設計で1914年(大正3年)に完成した。東京低地の軟弱地盤上に作られたが，11,000本の松丸太の基礎により支えられていたため，1923年の関東地震でもほとんど被害がなかった（平成の復元工事に当たり，松丸太の代わりに最先端の免震構造が取り入れられた)。

旧江戸城の正面入口である大手門は，東京駅の北西に位置する。この

図 3-1　旧江戸城天守台
（一般社団法人千代田区観光協会提供）

付近はかつて「日比谷入江」であったところで，標高も 3 m くらいである。内堀を渡り大手門から江戸城に入ろう。三の丸を経て二の丸から本丸への「汐見坂」を登ると，標高は 20 m 以上になる。この坂の部分が台地の縁で，地形の境界である。

江戸城の天守閣は明暦の大火（1657）で焼失し，現在は花崗岩や安山岩の石垣（天守台）のみが残っているが（**図 3-1**），標高 29.6 m の三角点があり，丸の内のビル街を望むことができる。江戸時代には江戸前の海が見渡せたことだろう。

ところで，台地と低地は何が違うのだろうか。大手町の標高は 3 m で，江戸城本丸は 20 m 以上あるので，まず標高が異なる。そしてその境界は汐見坂のような坂となっている。坂は道路の部分を示すが，道路以外の部分も急な斜面が続いている。しかし，一度坂を登ってしまうと上は平たんである。つまり，急な斜面を境界として，上部に平たん面があるのが台地である。複数の平たん面が階段状になっている場合は「段丘」とよぶこともある。

東京低地の平たん面は，河川や海の作用により沖積層が谷地形を埋め立てたもので，堆積地形ということができる。また，岩石海岸では波の侵食により波食棚という平たんな地形が見られることがある。つまり，現在の河川や海面の近くに堆積作用や侵食作用により平たん面が形成されている。では，武蔵野台地の平たん面は何に由来しているのであろうか。

(2) 武蔵野台地の地形

武蔵野台地は東京都と埼玉県南部にまたがる長方形の台地で，北東辺は荒川低地に接し，南東辺は東京低地，南西辺は多摩川低地に接する。「台地」とよばれるように周囲を急崖に囲まれたほぼ平たんな地形ではあるが，中央やや東寄りに台地から突出して起伏の大きな紡錘形の狭山丘陵がある（**図 3-2**）。

標高は西端の青梅付近で約 200 m，東端の上野，南端の久が原付近で約 20 m 弱というようにおおむね西から東へ低下しているが，全体が一続きの面ではなく，形成時期や成因の異なる複数の地形面（同一の時代・営力・構成物質により形成された平たん面）から構成されるため，台地上面には不連続や起伏が認められる。また，小河川の形成する谷地形が数多く分布する。

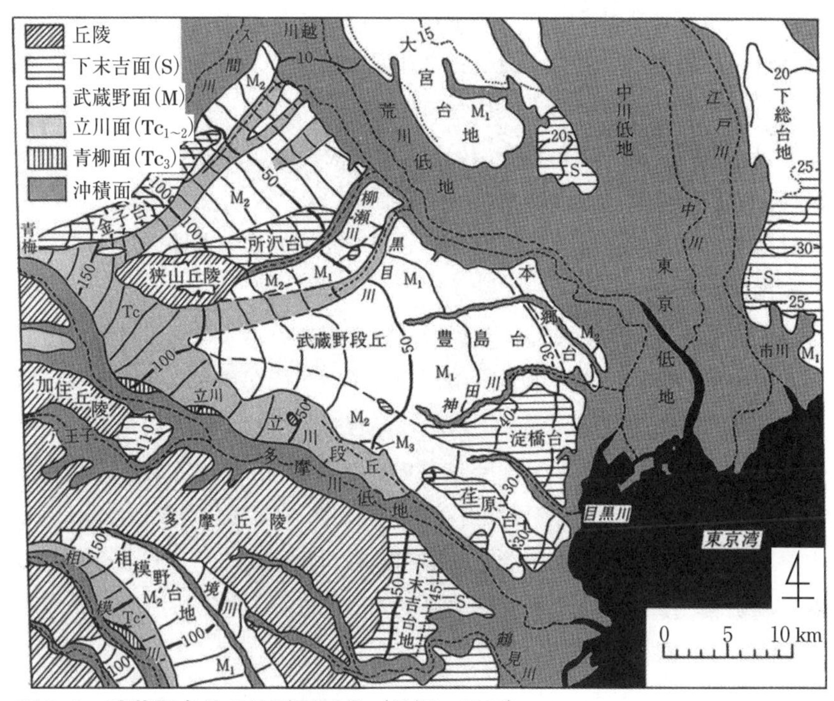

図 3-2　武蔵野台地の地形面区分（貝塚，1992）

M_1，M_2，M_3 は武蔵野面(M)の細分で，それぞれ約 10 万，8 万，7 万年前。

武蔵野台地の平たん面は標高の分布により，大きく3つのグループに分けられている。1つ目が下末吉面（S面）とよばれるいちばん高い台地面で，次が武蔵野面（M面）とよばれるそれより5mくらい低い台地面，そして武蔵野台地の西部に分布する立川面（Tc面）は，武蔵野面より一段低い平たん面である。このような地形は，平たん面（段丘面）とその境界の急な斜面（段丘崖）からなるので「段丘地形」ともいう。

「下末吉」は武蔵野台地ではなく横浜市鶴見区の地名だが，横浜付近の台地と同じグループの平たん面の代表として「下末吉面」の名称が全国的に使われている。

武蔵野台地東部で下末吉面に区分される台地は淀橋台・荏原台で，ほかに小面積の田園調布台などを含む。武蔵野台地東部での標高は30mほどである。このほか，武蔵野台地北西部に分布する金子台と所沢台がこのグループとされてきた。金子台と所沢台は等高線の分布や勾配から扇状地の特徴をもつ一方，淀橋台と荏原台は平たん面の勾配が緩く，多くの谷が入り込んでいる。淀橋台には渋谷川・古川（下流部の名称）や赤坂付近の谷，荏原台には呑川の谷などがあり，まわりの台地の標高が高いため谷が深く，また支流の谷の枝分かれが多い。その結果，平たん面は狭く，起伏が多くなっている。谷壁や支流の谷の谷頭には，あちこちで湧水が見られた。

武蔵野面は武蔵野台地で一番広い部分を占めるために名付けられ，淀橋台の北側の豊島台や本郷台，南側の目黒台や久が原台などがある。標高は西端の青梅を中心に同心円状の等高線で示され，多摩川が扇状地を広げたような形をしている。東端部の標高は20m程度である。武蔵野面には石神井川，神田川，目黒川などの谷が西から東へ向かっているが，中・上流部は支流の谷が少なく，本流の谷が長く続く。これらの谷は雨水を流す雨どいのような形で細長く続いている。これらの谷底はかつて水田として利用されていた。

立川面は，武蔵野面の南側に比高 10 ～ 20 m ほどの段丘崖（崖線）に隔てられ，立川市一帯に広がる平たん面に代表される。この武蔵野面と立川面を区切る段丘崖は「国分寺崖線」とよばれ，崖線沿いには湧水が多く，それらを集めて流れる野川の谷沿いには旧石器時代の遺跡も多い。

立川面は武蔵野台地の南側だけではなく，台地北部にも放射状に分布し，多摩川の扇状地のような形態をしている。

このように，武蔵野台地の地形は大きく３つの地形面に分けられ，下末吉面と武蔵野面・立川面とはやや異なる特色を示している。この違いは何によるのだろうか。

2. 台地の構成層と編年

武蔵野台地の地質はナウマンやモースなど，明治期の「お雇い外国人」の時代から研究が進められてきた。彼らは横浜や東京の台地の縁の崖線に注目し，そこで見られる地層や化石，貝塚などを記載した。ナウマンの後任のブラウンス（1881）は台地の表層に見られる赤土を「ローム」とよんだ。ロームとは本来，砂と粘土の混ざり合った土のことであるが，横浜や東京周辺の台地で広く認められ，「関東ローム層」とよばれている。

図 3-3　六本木の工事現場
（著者撮影）

ブラウンスの弟子の鈴木(1888)は，この「関東ローム層」は風による堆積物で，西方の火山からもたらされた火山灰に由来すると述べた。その後，その研究は大きく進展し，台地の形成史を解き明かすのにも役立った（貝塚，1979；貝塚ほか編，2000 など）。

図 3-3 は，港区六本木の再開発ビルの工事の際のものである。ここは淀橋台（下末吉面）に当たる。掘削された断面上部は厚さ 10 m ほどの関東ローム層である。武蔵野台地の「関東ローム層」は，鉱物組成などから富士山や箱根などの火山灰が主な起源とされる。ここでは関東ローム層の厚さは 10 m 以上あり，関東ローム層の下には，直径 1 cm 位の小さな礫を含む砂層が数 m の厚さで見られた。この砂層は浅い海底や波打ち際の環境を示す堆積物で，淀橋台や荏原台，横浜の台地などに共通して見られる。

関東ローム層は，表層の黒土層（黒ボク土）や数枚の暗色土層，いくつかの粗粒な軽石層などを含む火山灰土と説明される。黒土層からは縄文土器が，赤土層からは旧石器が見つかり，また，鍵層である軽石層の年代が求められたことにより，関東ローム層は一回の噴火で堆積したのではなく，何百回もの噴火やその二次的な堆積物により少しずつ厚みを増してきたものと考えられている。そして，鍵層となる軽石層の分布を見ると，富士山や箱根などの給源火山から東側に分布することがわかる。なかには南九州から全国に分布したもの（AT 火山灰）も確認されている（**図 3-4**）。これは日本列島上空の偏西風の影響で，火山灰が主に東方へ吹送されるためである。

これらのことから，淀橋台と荏原台（および田園調布台）は，横浜の下末吉台地とともに，約 13 万年前の浅海底に由来し（海成段丘），その後の環境変化により海の影響を受けなくなり（離水），関東ローム層が堆積したと考えられている。約 13 万年前は内陸に海の地層が堆積していることから海進期（温暖期）であり，現在と同様の間氷期である。

一方，武蔵野面では下末吉面と比べ関東ローム層がやや薄く，その下

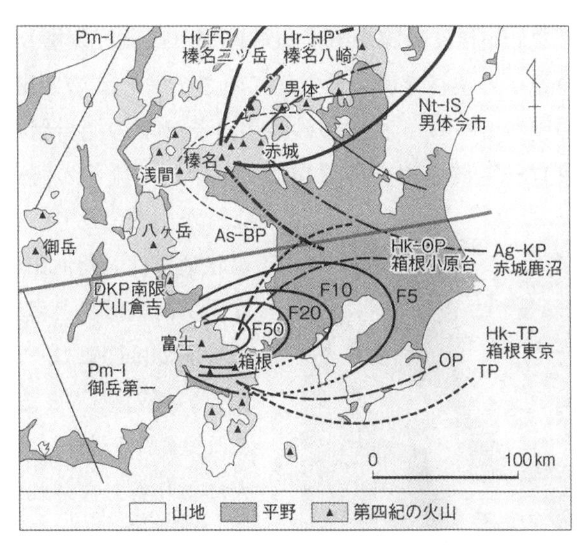

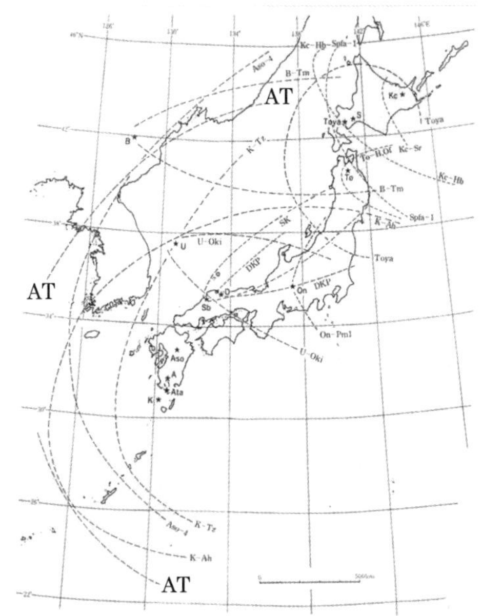

図 3-4　主要な火山灰・軽石層の分布
（上）関東地方（山崎・久保，2017）
（下）日本列島周辺（町田・新井，2003 に基づく）

位には直径数 cm 程度の礫からなる砂礫層（武蔵野礫層）が見られる。世田谷区の等々力渓谷では，最上部に厚さ 7 ～ 8 m の関東ローム層と，その下位の厚さ 3 ～ 5 m 程度の砂礫層，その下の泥岩層が見える（**図 3-5**）。関東ローム層の下の砂礫層は，多摩川中流部の河床に見られるような円礫であり，武蔵野礫層は扇状地を作った河川の運んできた礫層（河成層）と考えられる。武蔵野面では関東ローム層の下部に黄色い軽石層が挟まれているが，これは約 7 万年前の箱根火山の噴火によりもたらされた「東京軽石層」である。

図 3-5　等々力渓谷
（著者撮影）

以上のことから，武蔵野面は下末吉面が形成された後の海面低下（寒冷化）により，多摩川などの河川が扇状地を広げた結果形成された河成段丘といえる。

調布市内の立川面の断面を見てみると，関東ローム層は約 3 m と薄くなり，その下位には礫層が見られる（**図 3-6**）。関東ローム層下部には，約 3 万年前の鹿児島湾（姶良カルデラ）の巨大噴火により日本列島の広域に降下した細粒のガラス質火山灰である AT 火山灰があり，旧石器時代の重要な鍵層となっている。

図 3-6　立川段丘の断面
（著者撮影）

立川面は武蔵野面よりも低い位置に，武蔵野面よりもさらに急勾配で分布し，このため下流部に向かって追跡していくと，立川面は沖積層に覆われてしまっている。このことは，当時の海水面が現在よりも低い位置にあったことを示している。

以上のことから立川面は海面が大きく低下した氷期に形成された河成段丘であり，複数の平たん面のうち最も急勾配のものは，沖積層基底礫層に連続する。

武蔵野台地の地形は古くから研究されており，「下末吉面」「武蔵野面」「立川面」などのローカルな地名が全国的に対比されて用いられてきたが，それらの編年は日本列島の特色である火山の噴出物の年代が利用されてきた(テフロクロノロジー，火山灰編年学)。さらに，地球規模の氷期・間氷期変動と海水準変化に対応して形成された地形であることが明らかとなった。

「第四紀」の後半は，およそ10万年周期で氷期（寒冷期）と間氷期（温暖期）が繰り返されてきた（**図3-7**）。近年は太平洋や大西洋などの深海底堆積物（化石）の酸素同位体比（$^{18}O/^{16}O$）から導かれた気候変動曲線に番号を付けて，海洋酸素同位体ステージ，または酸素同位体ステージなどで時代を示している。

「下末吉面」が形成された約13万年前は，現在の１つ前の間氷期（最終間氷期）で，酸素同位体ステージ5.5あるいは5eとよばれ，同様に「武蔵野面」は酸素同位体ステージ5.3～5.1（5c～5a）に，「立川面」は酸素同位体ステージ３～２に対比されている。

武蔵野台地の複数の地形面（貝塚ほか編，2000；遠藤ほか，2019など）は，それぞれの時期の異なる環境のもとで形成され，さらに地殻変動や火山活動の影響を受けながら現在の姿になったものといえる。

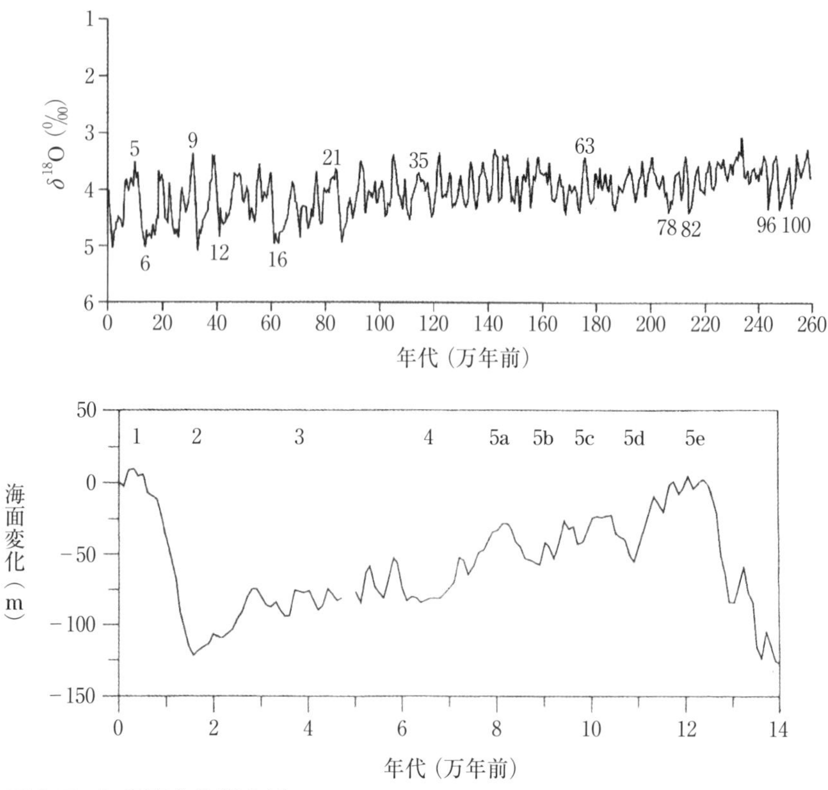

図 3-7　気候変化曲線の例

（上）第四紀全体の酸素同位体比変化
（Shackleton et al., 1990 の東太平洋深海堆積物による曲線，青木，2008 に基づく）

（下）最近 14 万年間の気候・海面変化
（Shackleton, 1987 による曲線，町田，2003）

3. 段丘地形と環境変化

東京の武蔵野台地を例に台地・段丘地形を紹介したが，日本列島にはほかにも段丘地形が発達するところが数多くある。

河川沿いに分布する河成段丘の地形は，古くから注目されてきた。群馬県沼田市付近（利根川，片品川），新潟県津南町付近（信濃川，中津川），山梨県上野原市から神奈川県相模原市にかけて（桂川，相模川），長野県伊那市周辺（天竜川とその支流）などは河成段丘の発達がよい地域の例である。

海成段丘は，奥尻島（北海道），男鹿半島（秋田県），能登半島（石川県），三浦半島（神奈川県），いなみの台地（兵庫県），室戸岬付近（高知県），宮崎，種子島（鹿児島県）などで複数の段丘面が発達し，さかんに研究されてきた。

段丘地形が注目されてきたのは，段丘が過去の河川や海岸の作用の変化や地殻変動の証拠として利用できることや，露頭の観察により構成物質の調査ができることなど，いくつかの理由による。

河成段丘や海成段丘を手がかりとして環境変化を研究した例を，河川上流部と下流部，海成段丘それぞれについてみてみよう。

（1）河川上流部の段丘

長野県の天竜川上流沿いにある伊那谷には何段もの河成段丘が発達しており（**図3-8**），その断面に非常に厚く砂礫が堆積している様子が見える（**図3-9**）。

伊那谷の西側は木曽山脈，東側は赤石山脈と伊那山地がそびえているが，木曽山脈と伊那山地の間は盆地状の広い谷となっている。木曽山脈の主稜線の木曽駒ヶ岳（2956 m），空木岳（2864 m），南駒ヶ岳（2841 m）などから太田切川，中田切川，与田切川などが流れて天竜川に合流するが，これらの河川はかつての扇状地を深く削り込んで段丘地形を形成している（田切地形）。さらに，これらの扇状地面を横断する「木曽山脈山麓断層帯」とよばれる活断層群が併走して段丘面を変位させ，木曽山脈側の急速な隆起を示している。

@中川村観光協会

図 3-8　伊那谷の段丘
（後方は木曽山脈）

段丘崖で見ることのできる厚い段丘礫層は過去の川により運ばれたものであるが，一度谷が作られた後，その谷が埋められたことを示している。このような厚い礫層をもつ段丘を「谷埋め段丘」とよぶ。

伊那谷の西方には木曽御嶽火山があり，火山灰や軽石などのテフラ層を利用して段丘形成の歴史が明らかにされた。それによれば，現在および１つ前の間氷期（酸素同位体ステージ5e）には扇状地は深い谷に刻まれ，氷期（寒冷期）には谷を埋めて扇状地が広がった。

図 3-9　伊那谷の段丘礫層
（著者撮影）

木曽駒ヶ岳から南駒ヶ岳にかけての山頂部には千畳敷カールなどの氷河地形（圏谷）があり，氷期には小規模な氷河が形成されていた。伊那谷の段丘地形は，気候変化による植生や斜面からの岩屑（がんせつ）の供給量，河川流量などの変化の結果，間氷期に谷が掘り込まれ，氷期にそれが埋められるという歴史を示している。

このような段丘地形は，松本盆地や木曽川上流の木曽谷，山梨県の甲

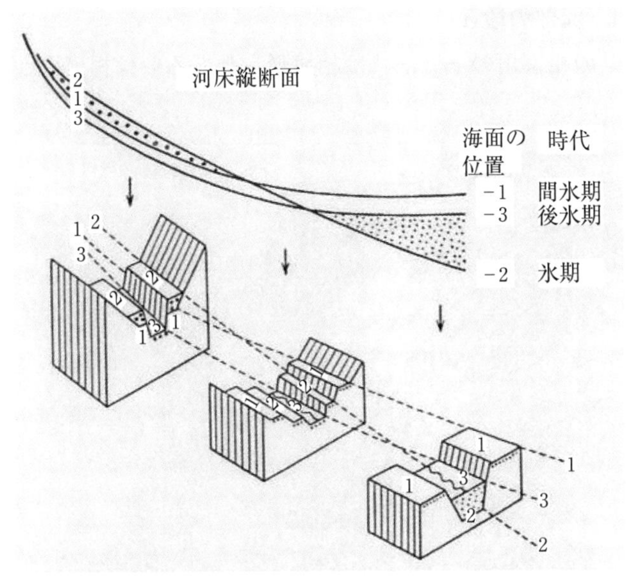

図 3-10　氷期と間氷期の河川縦断形と段丘形成のモデル（貝塚，1977）
河川の上流部では氷期に谷が埋められ（1 → 2），後氷期に再び掘られる（2 → 3）。

府盆地の釜無川，富山県の常願寺川などでも見られる。いずれも上流で，氷期に大量の砂礫が谷を埋め，その後，流量が増えたことで谷が深く削られたという，同様の傾向が見られる（町田ほか編，2006）。

貝塚（1977）の示したモデルでは，現在の河谷は上に凹の縦断面形（河川沿いの断面）をもち，これに対し谷埋め段丘の縦断面形は直線的で，上流部では河川の侵食作用が弱まり，既存の谷が埋められた様子を示している（**図 3-10**）。このような谷埋めは，台風や前線帯が遠ざかったため降水量や河川の流量が減少した氷期に対応し，間氷期になって雨量や河川の流量が増えると河川の侵食が活発になり，再び谷を掘るのではないかと考えられている。

（2）河川下流部の段丘

神奈川県の相模川の下流部には相模野台地あるいは相模原とよばれる

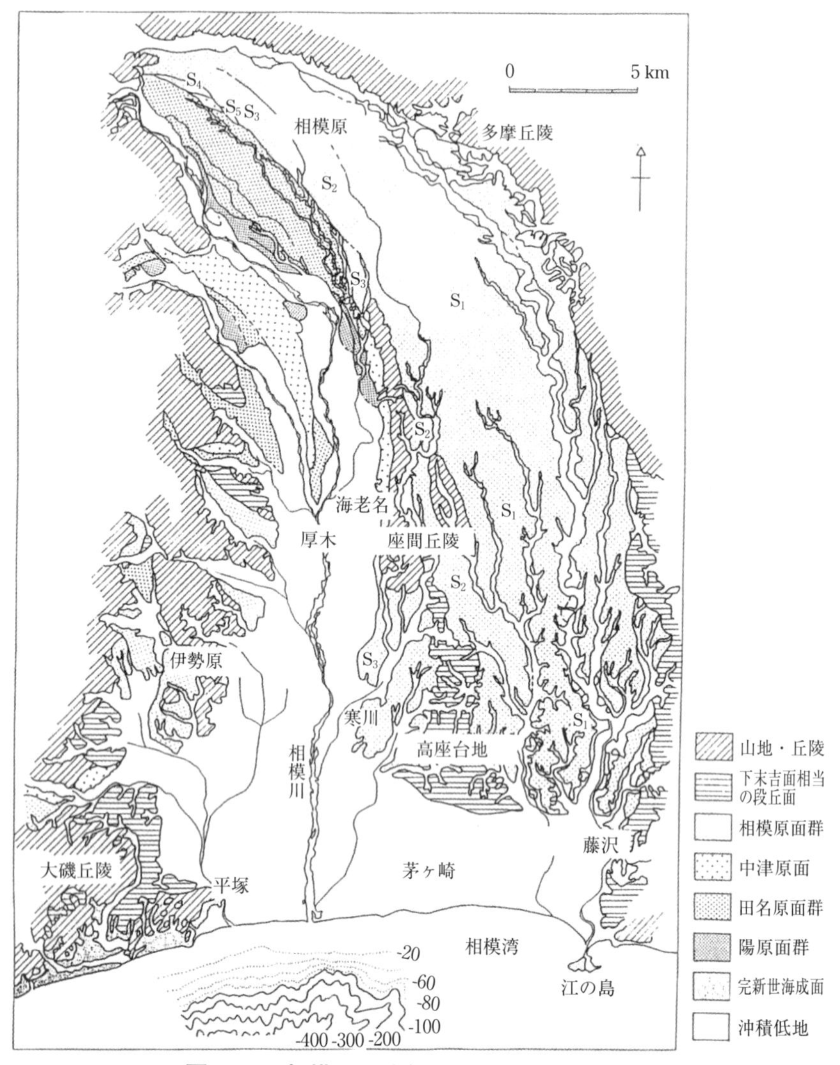

図 3-11　相模川下流部の段丘（久保，1997）

扇状地性の広い河成段丘が発達する。ここでは最大10面以上の多数の段丘面群が分布することが知られる（**図3-11**）。これらの段丘面群の形成は，山間部とは異なり，海面変化が最大の要因と考えられている。相模川の河口沖合には大陸棚がほとんど発達せず，相模トラフ（舟状海盆）に向けて急激に水深を増す。また，相模川は下流部まで比較的急勾配であり，このため，海面変化の影響が上流に及びやすい。

下流部の段丘面群は上位から相模原面群（上段），田名原面群（中段），陽原（みなはら）面群（下段）に区分されている。この地域は富士火山や箱根火山の東側に位置し，火山噴出物（テフラ）が偏西風により吹送されて段丘面上に堆積しているため，テフロクロノロジーを利用して段丘面の形成史が研究されてきた。その結果，相模原面群は約10～7万年前（酸素同位体ステージ5c～5a）の扇状地，田名原面群は約3万年前（酸素同位体ステージ3），陽原面群は約2万年前以降（酸素同位体ステージ2）の河床であることがわかった。何段もの段丘が発達する時期は，急速な海面の低下により，次々と新たな段丘が形成されていったことを示す。ま

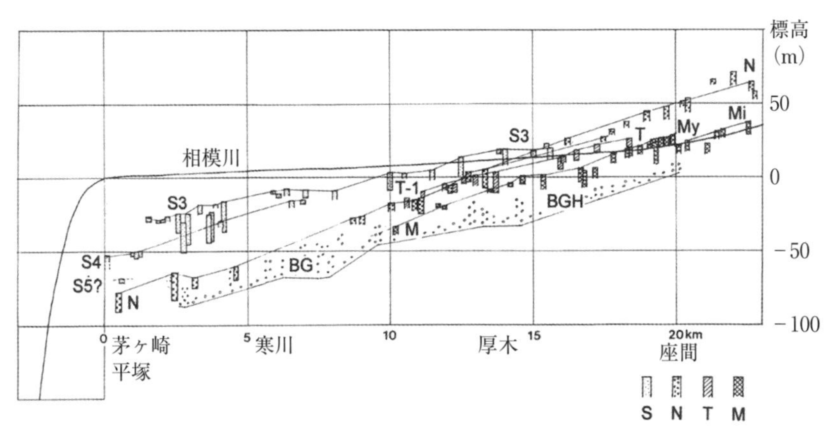

図3-12　相模川下流部の埋没段丘（久保，1997）

S, S3, S4：相模原面，N：中津原面，T：田名原面，M, Mi, My：陽原面，BGH, BG：沖積層

た，氷期の海面低下期に形成された段丘面群は，下流部では沖積層により覆われた埋没段丘群へと続く（**図 3-12**）。

相模川下流部は海水準変化に対して特に敏感に反応したと考えられるが，その他の河川下流部でも，海面変化の影響を受けた急勾配の段丘や埋没段丘が各地で認められている（武蔵野台地の立川面など）。

（3）海成段丘と環境変化

海成段丘は過去の海岸線（汀線（ていせん））付近に形成された波食台などの平たん面と，それに接する段丘崖の組み合わされた地形である。現在の海岸よりも標高の高い位置に平たん面が発達するため，海成段丘は土地の隆起の例として古くから注目されてきた。しかし，現在では土地の隆起と海面変化の両方が関与するものと考えられている（久保，2008）。

高知県の室戸岬周辺を例に説明しよう。室戸岬の灯台は，標高 150 m ほどの海成段丘の先端部にある。室戸岬の北西に発達する海成段丘は，標高 250 m 以上の高位面群（H），150 ～ 190 m 付近に広がる中位面（M），そしてその段丘崖下部に見られる標高約 10 m の低位面（L）の 3 面に大別される（**図 3-13**）。ここでは高位の面ほど段丘面と段丘崖の角が丸くなり，地形が不明瞭になる。

堆積物の ^{14}C 年代により，低位面は縄文時代前期に形成されたことがわかった。一方，段丘崖上に広く分布する中位面は最終間氷期（約 13 万年前，酸素同位体ステージ 5e）に形成されたとされる（太田ほか編，2004）。

室戸岬周辺では過去の大地震のたびに土地が隆起してきた。その隆起速度は平均すると 1000 年当たり 2 m 程度であり，10 万年では約 200 m となる。ほぼ一定の速度で隆起が続くなかで，海進の時期に平たん面が形成されたものと考えられている（**図 3-14**）。最終間氷期（約 13 万年前）

の海水準は現在よりも数m高かったと考えられているが，それよりもはるかに高くなっているのはその後の隆起量を示している。このことから，最終間氷期の海成段丘面の高度から，地域ごとの地盤隆起量を比較することができる。

全国的に海成段丘が認められるのは，約13万年前（酸素同位体ステージ5e）の他，約10万年前（同5c），約8万年前（同5a）のもので，地盤の隆起速度が大きい地域ではこれらの区別が可能である。また，最終

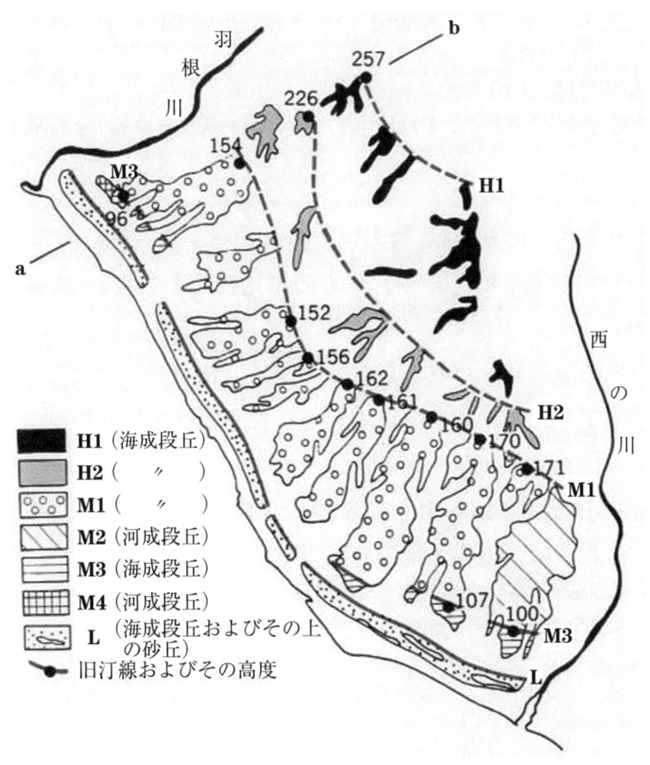

図 3-13　室戸岬北西の海成段丘（太田，1985）

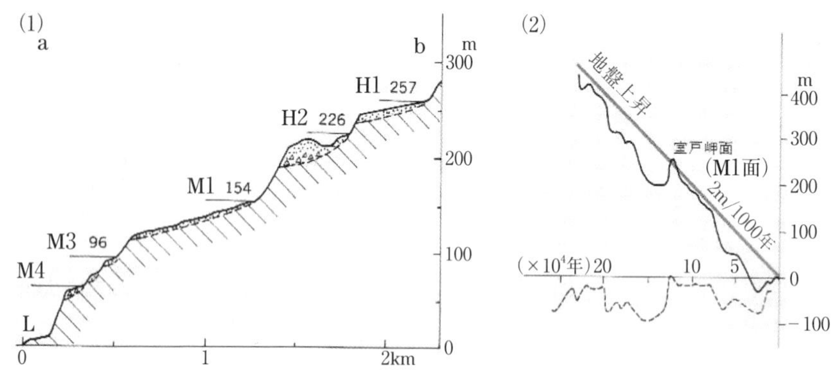

図 3-14　室戸岬付近の段丘断面図（1）と段丘形成の説明図（2）
（太田，1985）
（1）断面位置は**図 3-13** 参照。
（2）海面変化曲線（破線）と 1000 年当たり 2 m の隆起（直線）を合成したもの。

間氷期よりも古い時期では，酸素同位体ステージ 7（約 20 万年前），9（約 33 万年前），11（約 40 万年前）のものが比較的よく残っている（小池・町田，2001）。

琉球列島の隆起サンゴ礁からなる島では，化石サンゴにより段丘の形成年代が測定された。サンゴ礁段丘の年代測定は放射性ウランの壊変が利用され（^{230}Th/^{234}U 法，半減期 24.8 万年），喜界（きかい）島と波照間（はてるま）島では約 12 万年前，10 万年前，8 万年前などの年代値を示すサンゴ礁段丘が見られる。これらは，世界各地のサンゴ礁段丘（パプアニューギニアやカリブ海のバルバドスなど）で得られた年代とも共通している（町田ほか，2001）。

4. 台地の開発・利用と保全

台地･段丘は沖積低地よりも高位にあり，多くは水の入手が困難であった。このため旧石器時代・縄文時代以来，集落の立地は湧水の近くが選ばれてきた。縄文海進時の奥東京湾や奥鬼怒湾を取り巻く台地の先端部には数多くの貝塚がつくられた。

稲作が行われるようになると，水田は主に沖積低地や台地・丘陵の谷底低地につくられ，台地･段丘は畑や雑木林（里山）として利用された。地下水位が深いため，すりばち状の特殊な井戸（まいまいず井戸）がつくられる場合もあった。農業用水路の開発により，台地や段丘が水田化されたところもある。

江戸城や大阪城，名古屋城などは低地を見下ろす台地の末端部につくられ，江戸の城下町では台地上が武家屋敷や寺社地として利用された。江戸の人口増加にともない，武蔵野台地上に水路をつくり多摩川上流から生活用水を導く「玉川上水」がつくられた。段丘崖の上の寺社や段丘崖の湧水を利用した滝などは行楽地としてにぎわった。

1923年の関東地震では沖積低地の木造家屋の倒壊と火災により大きな災害となった。一方，台地上は建物の被害が小さかった。

都市化により緑地が失われると，段丘崖の植生は貴重な緑地となった。

多くの人が身近な地形に関心を寄せるようになると，段丘崖の坂道や緑地，湧水などを訪ねて楽しむ人が増えた。

「大地の公園」ジオパークは，地域の地質や地形に目を向け，地球と人との関わりを楽しむことのできるエリアだが，珍しい地形地質だけではなく，身近な地形として台地・段丘をジオサイトとして活用する所もある。

河成段丘をジオサイトとして活用している例は，群馬県の下仁田（しもにた）ジオパーク（ねぎとこんにゃくの生産地として），埼玉県のジオパーク秩父(段丘地形と湧水，札所巡り)，新潟県・長野県の苗場山麓ジオパーク（段丘地形の展望）などがあり，海成段丘の例では，千葉県の銚子ジオパーク（**図 3-15**），高知県の室戸ユネスコ世界ジオパーク（段丘地形と農業）などで取り組んでいる。

図 3-15　屏風ヶ浦（千葉県）
（千葉県立中央博物館所蔵・撮影）

南西諸島のサンゴ礁段丘地域では，サンゴ石灰岩の石材利用や地下水の利用，地下鍾乳洞の観光などの利用や保全の取り組みがみられる。

【課題】

河成段丘や海成段丘について調べてみよう。

1)「地理院地図」などで段丘面と段丘崖の地形や土地利用（森林，農地，宅地，工場など）を比較してみよう。

2) 実際に段丘地形のわかるところを歩いてみよう。

3) 都道府県や市町村の自然史博物館・郷土資料館などを訪ね，その地域の地形について説明されているか見学しよう。

参考文献

貝塚爽平・成瀬　洋・太田陽子・小池一之『日本の平野と海岸（新版日本の自然 4)』岩波書店：日本各地の平野の地形とその成り立ちが紹介されている。

『日本の地形』全 7 巻，東京大学出版会：全国の地形が網羅されている。

山崎晴雄・久保純子『日本列島 100 万年史　大地に刻まれた壮大な物語』講談社ブルーバックス 2017 年：各地の地形を紹介する読み物。

4　隆起と沈降のジオストーリー

大森聡一

《**目標&ポイント**》 隆起と沈降に関わる変動の原動力を理解する。その変動の時間スケールは，秒から億年にわたり，いずれも私たちの暮らしと密接な関係をもっている。ジオロジー, 地形学および測地観測によって明らかになった，日本列島の隆起と沈降を示す。
《**キーワード**》 隆起，沈降，アイソスタシー，プレート運動，変成岩，地形，測地

1．はじめに

第2章，**第3章**では，地盤や大地の上下運動と私たちの生活環境の関係について紹介した。地下水などの過剰利用という人為的行為によって平野の土地が沈降し，生活環境の維持のために大きなエネルギーを消費している。一方で，気候変動とプレートテクトニクスという，2つの異なるサブシステムの影響が，100万年から1万年の時間スケールで環境を劇的に変化させて，現在の私たちの生活環境を作ったことを関東平野を例に示した。隆起と沈降は，私たちが暮らす土地の成り立ちに深く関わっている。本章では，隆起と沈降の原動力について説明し，次に，日本列島全体について，私たちが暮らしている足元の大地の隆起と沈降を，対象とする時間スケールを変えながら紹介しよう。

2. 隆起と沈降の原動力

大地の変動と言われて，まず思い浮かぶのは地震だろう。地殻に蓄積された歪みが短時間に解放されることで地震が発生し，それにともない，やはり短時間での大地の変形や移動が起きる。それでは，その短時間の変動の蓄積が現在の地形を造るのだろうか，または長い時間をかけた隆起や沈降も存在するのだろうか。この問いに答えるためには，大地の変動の原理と実際の観測の両方を知る必要がある。この節では，大地の変動の原理を概観しよう。

(1) アイソスタシー

まず，変動しない安定した大地はどのような状態にあるのかを説明しよう。全地球的な規模でみると，地球を構成する物質は，中心に最も密度が高い物質（中心核の金属）が存在し，中心から離れるほど密度が小さくなるように分布している（マントル→地殻→海洋→大気）。このような構造は，地球形成のごく初期には存在していなかったが，その後の過程で，密度が高い物質は下に，密度が小さい物質は上に，という重力的に安定な配置にたどり着いた結果であるといえる。ただし，実際には中心核，マントル，海洋，および大気内では，温度や組成に起因する密度差が生じて対流が起きていて，それがダイナミックな地球の原動力の1つになっている。

このような密度のつり合いが，地表付近の上部マントルにも成り立つ。地表の物質（地殻と海洋）と上部マントルの間の密度的つり合いの状態をアイソスタシーとよんでいる。アイソスタシーとは，地球の表層付近の上部マントルに浮力平衡が成り立っている状態を指す。プレートよりも深い場所のマントル（アセノスフェア）は，固体でありながら流動的な性質をもつので，それより上のプレートのマントル（リソスフェア）や地殻は，そのマントルの上に浮いているような状態にある。相対的に密度がやや小さい氷山が，相対的に密度が大きい水に浮かぶのと同じ原理が，固体地球上部でも成り立つのである。

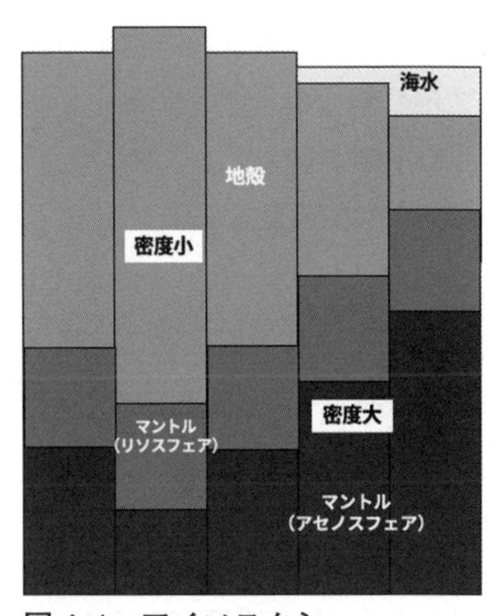

図 4-1　アイソスタシー
どの場所の柱も，その総質量は同じになっている。

アイソスタシーの原理を，**図 4-1** に示した。図のように，地殻とマントルを柱の集まりと考えると，浮力がつり合っているとき，あるマントル内の基準面から上に存在する柱の質量がどこでも等しくなる。この原理で，地殻の厚さと地形の関係を説明できる。山脈のような厚い地殻部分は地形の高まりの分，深く沈んでおり，一方，海洋底のように薄い地殻部分は，地殻の底は比較的浅い位置にあるが高まりも小さく，低地を形成する。薄い地殻の低地に水がたまったのが海洋ということになる。逆に，アイソスタシーが成立しているようにみえる，ということは，マントルが岩石でありながら，対流という流動的な挙動を示すと考える理由の１つといえる。地球の表面は，山脈や平地，盆地，海洋底など，起伏のある地形を呈しているが，これらの地形は，十分に時間をかけると，表面だけでなく地下の構造も含めてマントルによる浮力がつり合った状態になると予想される。

アイソスタシーが成立している大地は平衡状態にあるが，平衡を破る現象が地表では起こっている。地殻の質量が変化してアイソスタシーが破れる例として，氷床の消失後の地殻のリバウンド現象が挙げられる。

氷河期には，大量の雪氷が地表に積もり，地殻は雪氷の質量込みでアイソスタシーの状態となる。しかし，氷が溶けると，その重みがなくなり浮力平衡が破られるため，地殻は隆起して新しいアイソスタシーの状態に向かって変化する。

アセノスフェア・マントルは，流動するといっても非常に粘性が高い（粘りけが強い）ため，新しいアイソスタシーに達するまでには長い時間がかかる。最終氷期の間に，北米やスカンジナビア半島では，3000 m 以上の厚さの氷が陸の上に存在していたと考えられている。1万 2 千年前頃に氷期は終わり現在の間氷期が始まったが，その時にこの氷が溶けて現在に至っている。つまり，これらの地域では，3000 m の厚さの氷の分，地殻が軽くなったことになる。その結果，アイソスタシーを回復するために，地殻は浮き上がり始めるが，その隆起は現在でも最大 1 cm/ 年程度（1000 年で 10 m）の速度で継続中である。この現象は，後氷期回復とよばれている。

さらに詳細を付け加えると，氷が溶けた分だけ海水の量が増えるため海水準は上昇し，その分，全地球の陸地は相対的に沈降することになる。**第 3 章**で説明された海進とよばれる状態である。また，海洋においてもアイソスタシーが成り立つので，海水量の増加分に対応して海洋底は沈降することになる（これをハイドロアイソスタシーとよぶ）。実際の地球では，地殻が浮き上がったり沈降したりすると，マントルは側方にも流動するため，気候変動に対する地球全体の隆起沈降は，大陸配置などにも依存して複雑な反応を示す。

同様の荷重の減少は，地表の岩石の風化による侵食でも起こり得る。風化で山が削れて低くなると，アイソスタシーに向けて，その分を補うように山は隆起する。風化で山は削れて平たんな地形に向かって変化するが，その削剥（さくはく）量には，もとの山の高さだけでなく，地下に存在する根

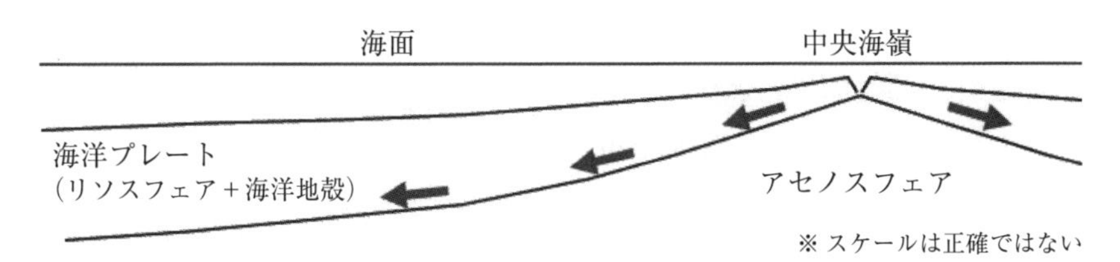

図 4-2　海洋プレートのアイソスタシー
冷却にともない密度が大きいリソスフェアが厚くなり沈降する。

の部分も含まれることになる。削剥速度が十分に遅ければ，この隆起の過程はアイソスタシーが保たれた状態で進むが，削剥速度が卓越する場合には，アイソスタシーが崩れた状態（安定状態に比べて質量不足の状態）で隆起が進む。

次節でプレートテクトニクスを取り上げるが，プレート自身にもアイソスタシーは適用され得る（**図 4-2**）。中央海嶺で誕生したプレートは，時間が経つにつれて冷えて厚く相対的に高密度となり沈降する（海が深くなる）。プレートの厚さと水深は，プレートの年齢の平方根に比例することが観測値から導かれている。大横ずれ断層で年代の違うプレートが接し，古いプレートが新しいプレートの下に沈み込むことで沈み込み帯が誕生するというモデルがある。沈み込むプレートは，相対的に密度が大きいためさらに沈降して海底のプレートを引っぱり，プレートの水平移動の推進力となる。このプレートの水平移動が，日本列島のようなプレート沈み込み帯の隆起と沈降に関わってくる。

（2）プレートの沈み込み

沈み込み帯では，プレートの沈み込みと水平方向への圧縮によって，隆起と沈降が引き起こされる。沈み込むプレートは，列島下のマントルを下に引きずり込む効果をもたらすため，上方の物質を沈降させること

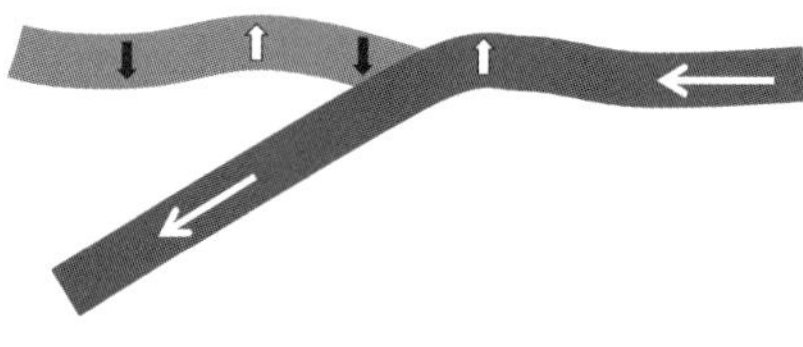

図 4-3　プレートのたわみの模式図

になる。一方で，島弧火成活動で生成される相対的に密度が小さいマグマは，地殻の厚さを増加させて隆起をもたらす。

水平方向の圧縮が起きると，単純なイメージとしては隆起が起きるような気がするが，実際は沈み込まれる方のプレートも板であるため，隆起沈降の挙動は複雑である。**図 4-3** は，プレートの沈み込みと隆起と沈降の関係を，実際の観測を基に模式的に示した例である。海溝付近では沈み込むプレートに引きずられて沈降，その陸側では上方向にたわんで隆起，さらに陸側では下にたわんで沈降という変形を示している。1 次元的には，海溝からの距離によって隆起する場所と沈降する場所が異なるが，その距離は，プレートの沈み込み角度にも依存して変化する[1)]。

プレートテクトニクスでは，プレートは固い岩盤であるので，プレートのたわみは弾性的（バネのようなもの）であり，力が緩めば元に戻ることになる。弾性の限界を超えて変形した場合は，破壊が起きて地震が発生し，断層の変位によっても隆起や沈降が起きることになる。そのため，プレート運動に関連する隆起・沈降は，必ずしもバネのように同じ範囲を行ったり来たりするのではなく，変化が蓄積して地形が形成される場合も多い。例えば，海岸段丘は，断層運動（地震）による隆起が卓越した例である（**第 3 章，図 3-14**）。

---

1)　プレートの沈み込み角度を決める要因の 1 つはプレートの年齢で，古く冷たいプレートは急角度で，新しく相対的に高温のプレートは緩やかな角度で沈み込む傾向にある。ただし，沈み込まれる側のプレートの性質や，沈み込みの速度，海溝に対するプレート運動の向きなど，他の要因でも沈み込みの角度は変化する。

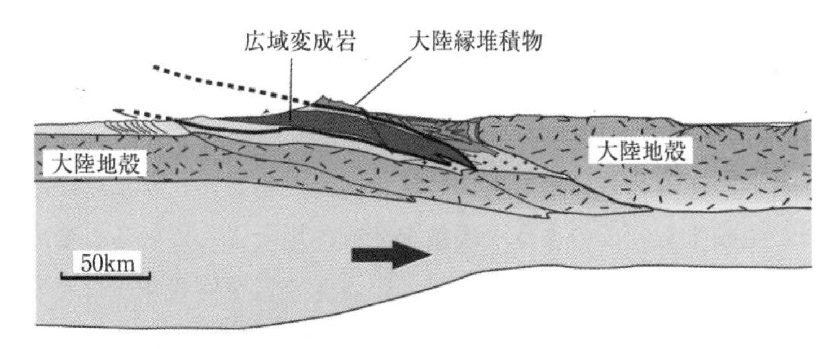

図 4-4　大陸衝突帯の断面図（丸山ほか，2010）
大陸衝突で地殻が厚くなり，隆起して山脈が生成される。

（3）大陸衝突

大陸衝突は，プレートの沈み込みの果てに起こり得る現象である。沈み込むプレートが大陸を載せて移動して，最終的には沈み込まれた方の大陸に衝突する。大陸の岩石は密度が相対的に小さいため大陸は沈み込まない，と考えられていたが，大陸衝突帯の広域変成岩から石英の高圧相であるコース石が発見され，衝突帯において 90 km 以深まで大陸地殻が沈み込むことが明らかにされた。しかし，限りなく大陸地殻が沈み込むわけではない。沈み込みは停止し，大陸を沈み込ませる原動力であったプレートは分離してマントル深部へと落下し，牽引力を失った大陸地殻は浮力によって浮き上がる。沈み込まれた方の大陸地殻と合わせて地殻の厚さが増加し，アイソスタシーに向けて隆起する（**図 4-4**）。インドとユーラシアの衝突帯のヒマラヤ山脈やチベット高原の成因として，受け入れられているモデルである。

伊豆半島の衝突や日高山地を境とする東西北海道の衝突のように，若い大陸地殻である島弧の衝突は，日本列島の形成に大きな影響を与えている。比較的最近（約 100 万年前）の現象である伊豆の衝突は，それ自身が日本列島を押すほかに，フィリピン海プレートの運動にも影響を与えたと考えられている。

（4）広域変成岩の上昇

プレートの沈み込みにともない，沈み込んだ物質に化学反応が起きて変成岩が生成する。このような現象を変成作用とよんでいる。変成作用が起きていることは，地表に露出している変成岩を研究することで明らかになった。つまり，地下深部で生成した岩石が地表に運ばれている。以下，「変成岩」は，地下深部から地表に戻って来た岩石を指すこととする。変成作用は，マントル遷移層にまで沈み込むプレートで現在も進行中であるが，変成岩として私たちが手に入れることができるのは，地表に戻って来たもののみであり，いつでもどこからでも変成岩が戻ってくるわけではない。

プレートの沈み込みで形成された変成岩は広域変成岩ともよばれている。海溝に平行な走向をもって，広く分布するためである（地質図でも縞模様が明らかである）。帯状の変成岩の分布域を広域変成帯とよんでいる。**第1章**で紹介した長瀞地域はその1部である。日本の広域変成岩は海洋プレートの沈み込みに関連して生成し，およそ75 kmの深さから地表に戻ってきている。大陸衝突帯では，深さ150 km以深で生成したダイヤモンドを含む変成岩も報告されている。

広域変成岩が地表まで上昇する過程は，一般的な隆起と区別してエクシュメーション（exhumation：掘り出しの意味）とよばれている。日本の広域変成岩は，時代の近い付加帯中に産出することから（詳細は**第7章**，**第8章**で扱う），マグマのように地表に向かって真上に上昇してくるわけではないだろうと考えられる（もしそうならば，より海溝から離れた相対的に古い付加帯中に産出するはずである）。現在，主に受け入れられている変成岩の上昇モデルでは，広域変成岩は沈み込むプレー

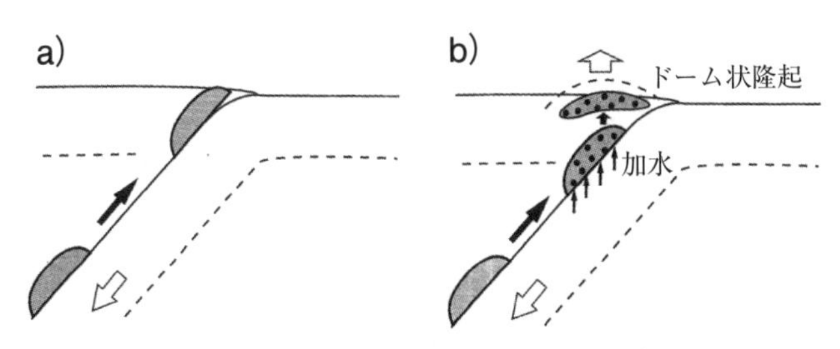

図 4-5　広域変成岩の上昇（丸山ほか，2010）
a）沈み込むプレートの上面に沿って，付加体の深度まで変成岩が上昇する，b）沈み込むプレートから放出された水による加水反応を被りながら，付加体とともに隆起する。

トの上面に沿って，付加体の深度まで「逆流」し，その後，隆起と上の岩石の削剥によって地表に出現すると考えられている（**図 4-5**）。その「逆流」は常に起こっているわけではなく，沈み込み帯では，間欠的に海嶺が海溝に接近して非常に若いプレートが沈み込んだときに起きているようである。大陸衝突帯の場合には，沈み込んだ大陸地殻の浮力が絞り出しの原動力となる。また，沈み込んだプレートがもたらした H_2O とマントルのかんらん岩（3.4 g/cm^3）が反応して生成される蛇紋岩（2.8 g/cm^3）の浮力が変成岩の上昇に関係している可能性も示唆されている。

エクシュメーションにかかる時間は，おおざっぱには1千万年で100 km，（1 cm/ 年）程度の速度が見積もられている。これは，プレートの沈み込みの時間スケールとほぼ同じである。

3. 現在の隆起と沈降

最後に，最も私たちの生活に関係していると考えられる，現在の日本列島の隆起と沈降について紹介しよう。日本列島は，太平洋プレートとフィリピン海プレートの沈み込み帯なので，大きなスケールで隆起と沈降を支配するのはプレート運動であるといえる。

プレート運動にともなう隆起沈降には，長い間継続してじわじわと進行する現象と，地震による短時間の変動という，2つの時間スケールでの変動の要素が含まれている。沈み込むプレートの配置や沈み込み速度などが変わらない程度の時間内では，長期間の連続的変動の傾向に，複数回の地震による短期間の変動が重なる。どちらの効果が卓越するかは，地域によって異なる。

日本列島で，海溝と沈み込むプレートの配置が現在のようになったのは，約1000万年前程度と考えられている。フィリピン海プレートは，約5000万年前に太平洋プレートの南西の端で誕生した比較的新しいプレートである。その当時は，まだ日本海も誕生していなくて，日本列島はユーラシア大陸の東の端の太平洋プレートの沈み込み帯であった。その後，フィリピン海プレートが拡大しながら，太平洋プレートの南西端がフィリピン海プレートに沈み込むようになって伊豆小笠原海溝が誕生し，現在の相模トラフ―日本海溝―伊豆小笠原海溝の3重点に相当する点がしだいに北上して，1000万年前頃にほぼ現在の位置に配置された（Honza and Fujioka, 2004)。この頃には日本海の拡大と東西北海道の衝突も終了していたので，およそ現在の日本列島と同じ状況が出来上がったといえる。300万年前には，日本海拡大の引張場で海底に沈んでいた本州が，隆起に転じたと考えられている。その後，約100万年前に，フィリピン海プレート上の島弧である伊豆半島が本州に衝突し，本州の隆起沈降に影響を与えることになった。その状況は現在でも続いている。

そのようなわけで，現在の日本列島の隆起沈降を考えるうえでは，約100万年前程度からの変化を考えれば，およそその変化が継続していると考えられるだろう。ある地域が，ある時代から現在までにどの程度隆起または沈降したかは，その当時に堆積した地層の堆積環境と現在の高度，および地形を手がかりにして知ることができる。単純には，ある時代に堆積した地層が現在地表にあれば隆起，地表下の堆積深度よりも下にあれば沈降となる。ただし，それらの情報の保存の程度は地域により異なり，日本列島のどこでもこのような見積もりができるというわけではない。**図4-6**に約180万年前から現在までの隆起量を見積もった例を示す。約180万年前というのは，2009年以前の定義による第三紀-第四紀境界（181万年前）に対応している。明確な地層境界を基準面として，その上下動を観測した。現在の日本列島は，180万年前に比べると全体としては隆起している。特に隆起量が大きいのが飛騨山地となっている。一方，現在の平野地域は沈降となっている。平野の地盤が180万年よりも後に堆積した地層で構成されているということである。

口絵1は，12.5万年前から現在までの1000年当たりの上下変動速度を見積もった例である。12.5万年前は，前の間氷期のピークの年代に相当する。海水準が高かった時代に形成された地形（平たん面）を主な手がかりとして，その上下変位量を見積もっている。10万年という時間スケールは，現在では放射性廃棄物の地層処分に関連して注目されている。使用済み核燃料を地層内に処分した場合，1ギガワットで1年間発電するのに必要な天然ウランと同程度の放射線有害度になる期間が10万年と見積もられているためである。少なくともその程度の期間は安定的に保管しなければならない，という考えなのだろう。全体の傾向は隆起であり，この点は100万年スケールと変わりない。沈降が卓越していた関東平野の一部が，この期間では隆起に転じている。

次に，ごく最近の隆起沈降の観測値を示そう。**口絵2 a)〜d)**は，測量データを基に100年前からの変動速度を見積もった例である。1883年〜1999年の約100年間の間に8回の測量が行われ，各回のデータを比較することで，隆起沈降量や変化速度を求めることができる。水準点

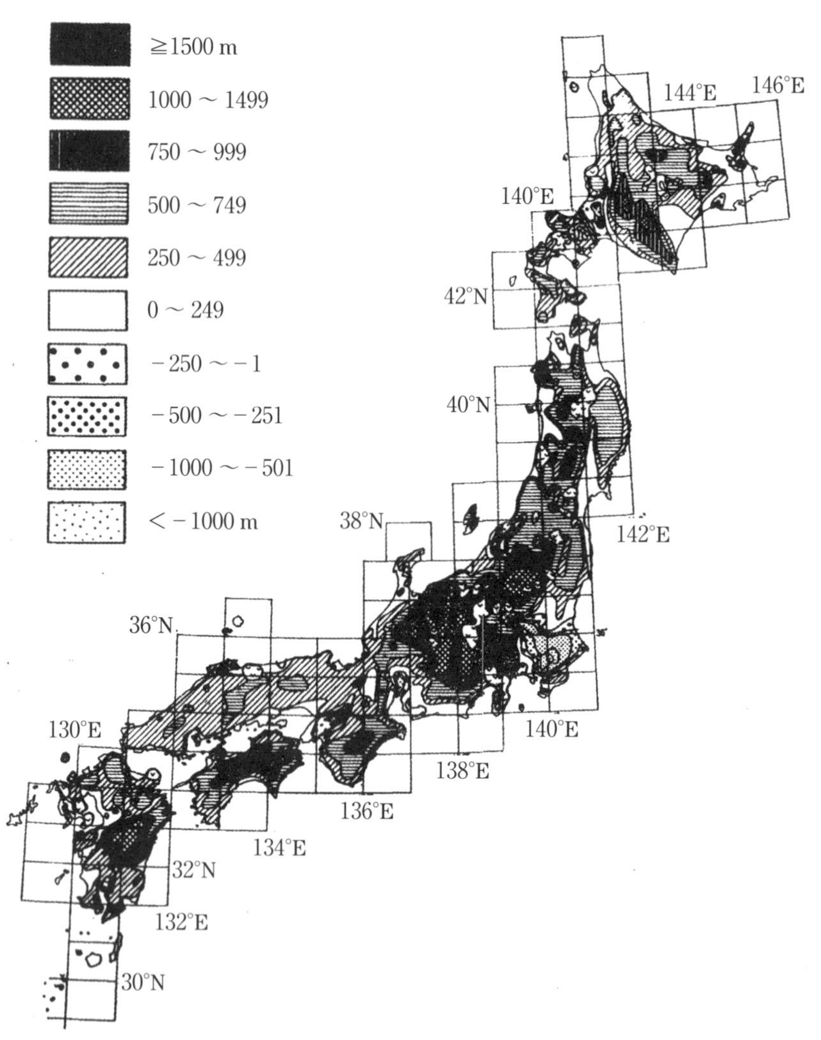

図 4-6　約 180 万年前から現在（1970 年代）の隆起沈降量の分布
（第四紀地殻変動研究グループ，1968）

の測定に基づく実測データで，人為起源の地盤沈下などもこの測定に含まれている。100年間では，全体的に緩やかな隆起傾向である（**口絵2a)**）。また，同じプレート境界型の地震でも，相模トラフの関東地震では房総半島などに明らかな隆起が見積もられた（**口絵2b)**）のに対し，南海トラフの南海地震では，沈降が卓越し，一部室戸岬や紀伊半島南端の潮岬が隆起したこと（**口絵2c)**）などが読み取れる。1950年代から70年代にかけては，平野部の地下水過剰利用などにともなう地盤沈下が顕著に現れている。人為的原因が自然現象よりも高速の変化をもたらしたこともよくわかる（**口絵2d)**）。

地震のような短時間の変動による隆起沈降の検出には，潮位の観測や，最近ではGPS位置情報や人工衛星からの測地のように，連続して観測可能な方法が適している。潮位の観測では1日ごとの変動が観測可能である。**図4-7**は，神奈川県油壺と宮崎県細島の験潮データである。観測期間には関東地震が含まれており，油壺の験潮データに現れている。地震による隆起の後，緩やかに沈降しているが，地震時に隆起した海岸は現在も高度を保っていることがわかる。このような隆起パターンを示す場所には，海岸段丘が形成される。海岸段丘は日本では比較的見慣れた風景かもしれないが，繰り返し発生した大地震の記録であるともいえる。海岸段丘を見たら，その地域で繰り返し発生している大地震を想像して欲しい。

GPSでは，数時間から秒の間の変化を記録することができる。**図4-8**は，各地のGPS電子基準点の2015-2024年の隆起沈降の様子を示している。田沢湖と牡鹿は，2011年の東北地方太平洋沖地震後の変動の傾向を示している。東北日本の西側は，地震発生時にはわずかに隆起したが，その後，沈降に転じて現在に至っている。牡鹿は，地震発生時に約1mの沈降となったが，直後から隆起に転じ，現在もその傾向が続いて

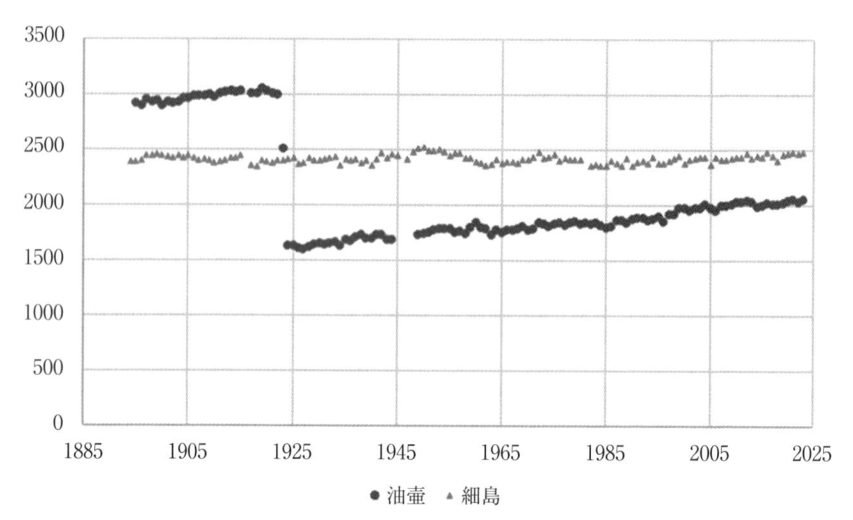

図 4-7　1894 ～ 2023 年の験潮計の記録（年平均データ）

油壷は，1923 年の関東地震で海水面が低下した（地盤が隆起した）。年平均データのため，1923 年の点が変位の中間にプロットされている。その前後では，油壷は緩やかな沈降傾向を示している。これに対して細島は，ほぼ一定の値を示していることから，この変化が全地球的海水準の変化ではないことがわかる（国土交通省，油壷の 1996 年の設置場所変更を補正済み）。

いる。熊本，厚真，および珠洲はこの期間に起きた大災害地震による変動を記録している。熊本の地震断層は横ずれ成分が卓越していたが，沈降も観測され，その後，緩やかに隆起していることが読み取れる。厚真は，地震時にピークが形成されているが，速やかに回復し，全体的な隆起の傾向で現在に至る。珠洲は，2024 年能登半島地震での隆起が顕著で，その後は沈降傾向にある。同じ能登半島の 2020 年，2022 年，および 2023 年の M5 ～ 6 クラスの地震では目立った変動はみられない。最後に硫黄島であるが，設置されている電子基準点の中では最も隆起量が大きい。10 年間で 8 m 近く隆起していることになる。おそらく，火山

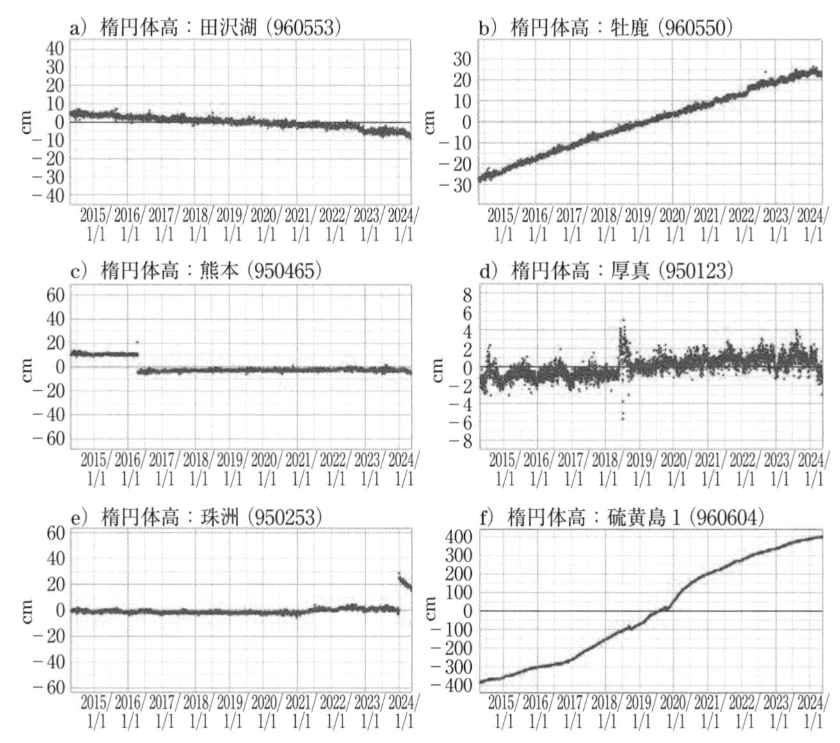

図 4-8　2014-2024 年間の電子基準点の GPS 測量による上下変動の観測値
a) 田沢湖，b) 牡鹿，c) 熊本，d) 厚真，e) 珠洲，f) 硫黄島

性の活動による隆起であると考えられている。

人工衛星からは，高精度かつ広範囲の隆起沈降の観測が可能となっている。測地衛星だいちとだいち２に搭載された合成開口レーダー干渉計では，異なる日時間で地表の数 cm の高低の変化を検出することが可能であり，箱根火山や桜島火山の膨張にともなう隆起なども観測している。

4. まとめ

隆起沈降の原理と，日本列島の隆起沈降を紹介した。隆起と沈降は，億年から秒の時間スケールで起こり得る現象であり，その蓄積により私たちが暮らす大地が作られた。日本列島の上下変動は基本的にはプレート運動によって支配されているが，変動の様子や量は地域によって異なる。この章で紹介した文献やデータはウェブサイトで公開されているので，お住まいの地域の隆起沈降の個性を調べてみることをお勧めしたい。

【課題】

国土地理院のウェブサイトを訪問して，お住まいの地域の隆起沈降に関するデータを確認してみよう。

参考文献

国土地理院　https://www.gsi.go.jp/kanshi/index.html

大地の変動に関するさまざまな観測データが公開されています。

『日本列島100万年史　大地に刻まれた壮大な物語』山崎晴雄・久保純子，講談社ブルーバックス

100万年前以降の日本列島のジオストーリーの参考書として。

5 地震のジオストーリー 1

大森聡一

《**目標＆ポイント**》 日本での生活には，常に地震災害の不安がともなっている。日本において最も関心をもたれているジオストーリーの1つである地震災害対応の基礎として，地震という現象について学ぶ。地震災害を特徴付ける地震の性質の内，規模と頻度について解説する。
《**キーワード**》 地震，地震災害，地震の規模，地震の頻度

1．地震災害

日本に暮らす人々にとって，地震災害への不安は日常の生活の要素の1つとなっているだろう。日本は世界でも地震の多い国の1つである（**図5-1**）。2011～2022年の間に地球で起きたマグニチュード6以上の地震の約17％（291回）は日本付近で発生している。その結果，個人としても社会としても地震やその影響に対して警戒心をもち続けている。楽しい物語ではないが，地震は日本において最も関心をもたれているジオストーリーの1つといえるだろう。

日本における自然災害を原因で分類すると，大きく，地震，火山，および気象関連に分けることができる。**図5-2**は，昭和20年（1945年）以降の日本の自然災害による死者・行方不明者数の推移を示している。自然災害による死者・行方不明者数は，1960年以前には千人を超える数となることが頻繁にあったが，その後は，阪神・淡路大震災と東日本大震災を除き，一連の災害で500人を超えることはなく現在に至ってい

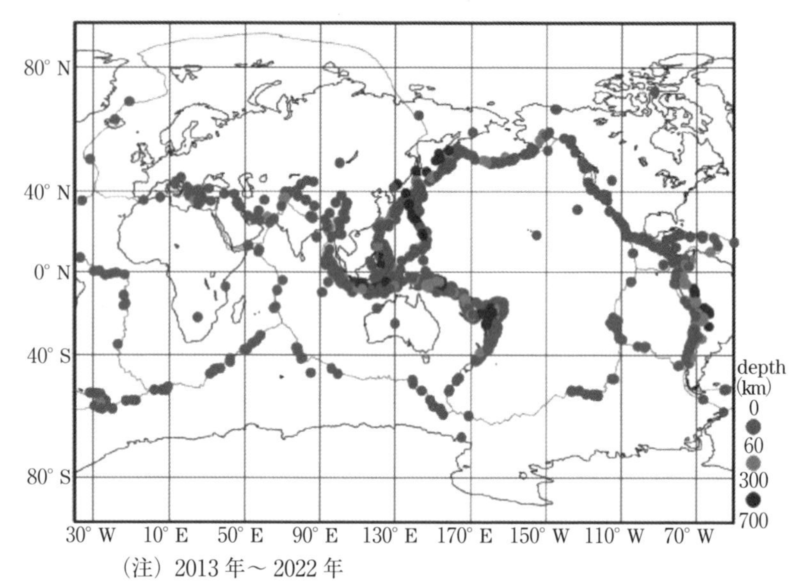

（注）2013年～2022年
出典：アメリカ地質調査所の震源データより気象庁作成

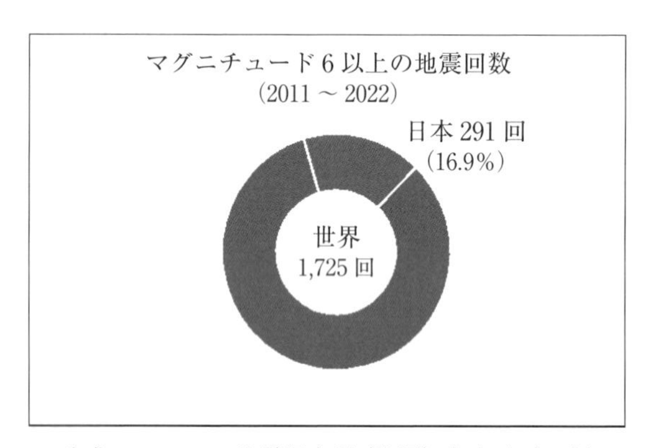

出典：アメリカ地質調査所（世界）気象庁（日本）

図5-1　2013～2023年間の世界の地震分布とマグニチュード6以上の地震回数（国土交通省河川データブック2023，アメリカ地質調査所のデータから気象庁が作成）

る（令和６年版防災白書付属資料）。両震災は，この期間において突出した人的被害を与えたことが示されている。**図 5-3** は，昭和 56 年から令和４年までの国の施設関係被害額の推移である。やはり，阪神・淡路大震災と東日本大震災時に突出した被害額を示していて，巨大地震関連災害による物的破損の広がりが示唆される。

地震災害と気象災害を分けて，死者・行方不明者数の変遷を示したものを**図 5-4** に示した。災害をもたらした地震の規模を示すマグニチュード（M）は，６前後から９の範囲であるが，Ｍ９を記録した東北地震の被害が突出しているのに対して，その他の地震災害においては，マグニチュードと死者・行方不明者数の間には相関が認められない。1950 年以降には，両大震災のほかに，死者・行方不明者数千名を超える地震災害は発生していない。1950 年に建築基準法が制定されて耐震基準が設定されたことや（1970，1980，2000 年に改正），旧建築物の更新が進んだことが理由の一端と考えられる。しかし，Ｍ６クラスの地震においても，常に数十人から数百人の死者・行方不明者が発生しているのが現状である。後で述べるように，地震災害は局所的に大きな揺れをもたらす場合があり，数字としては小さくとも地域の生活に大きな被害をもたらすことには注意が必要である。これらの統計状況から，減災の観点では，1950 年以降は，Ｍ６以上の地震による災害規模に改善は認められない。

気象災害も，1960 年以前には死者・行方不明者が千人を超える災害が発生していたが，それ以降は 500 人を超える災害は発生していない。水谷（1996）は，上陸台風の人的被害減少の理由として，観測網の整備，予報精度の向上，防災インフラの整備，住環境の変化，およびテレビの普及による情報伝達などの防災体制の充実を挙げている。地震災害のような突出した被害もなくなったが，一方で，死者・行方不明者数が数百人程度の災害は近年でもしばしば発生しており，完全に気象災害を防ぐ

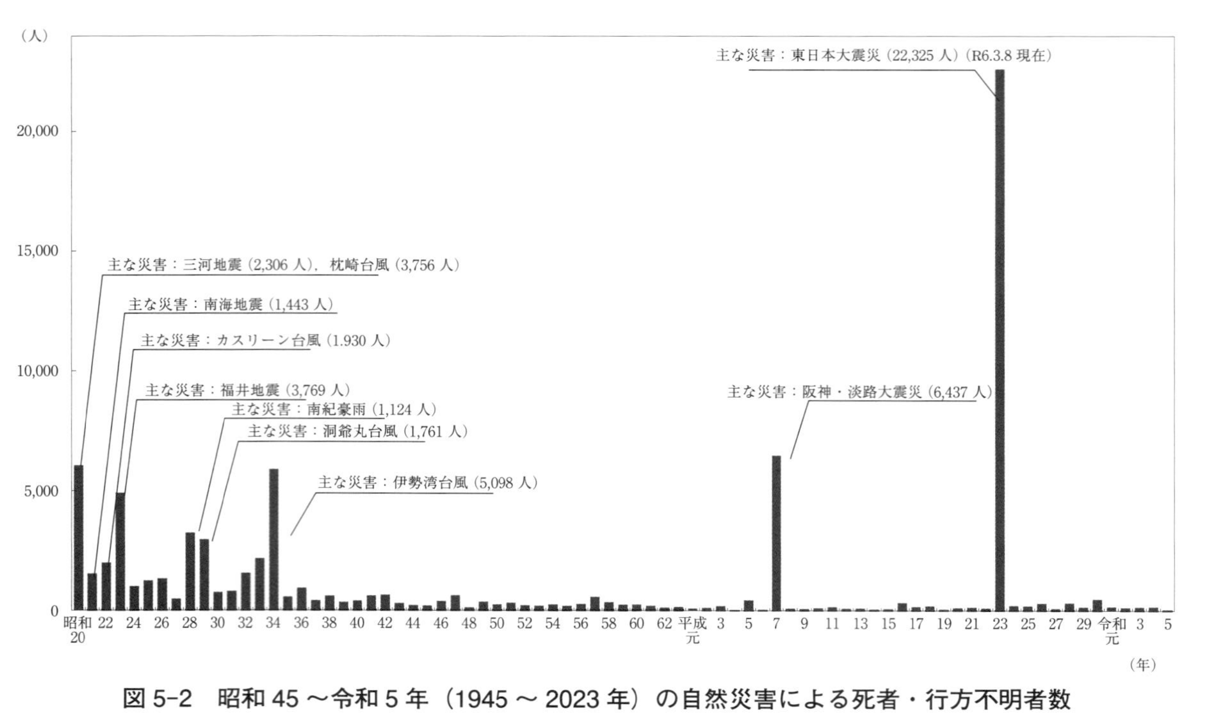

図 5-2　昭和 45 ～令和 5 年（1945 ～ 2023 年）の自然災害による死者・行方不明者数
（令和 6 年防災白書付属資料を基に作成）

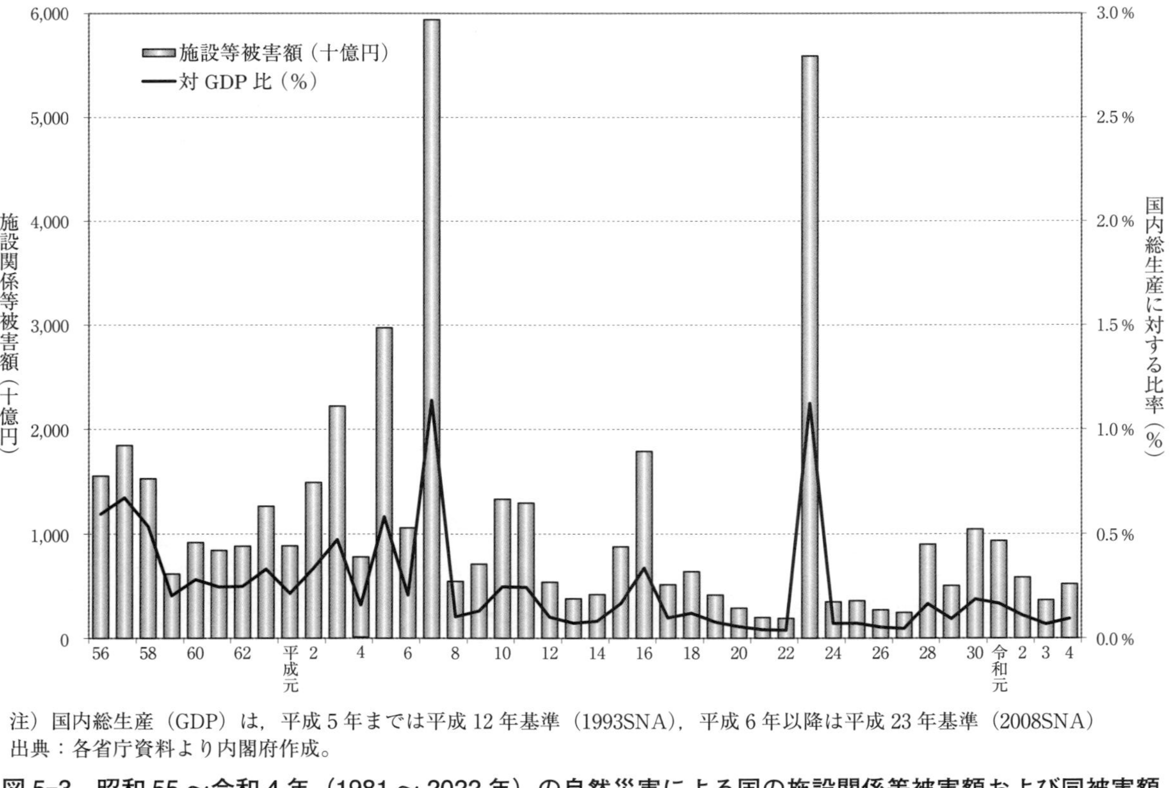

注）国内総生産（GDP）は，平成 5 年までは平成 12 年基準（1993SNA），平成 6 年以降は平成 23 年基準（2008SNA）
出典：各省庁資料より内閣府作成。

図 5-3　昭和 55 ～令和 4 年（1981 ～ 2022 年）の自然災害による国の施設関係等被害額および同被害額の GDP に対する比率の推移（令和 6 年防災白書付属資料を基に作成）

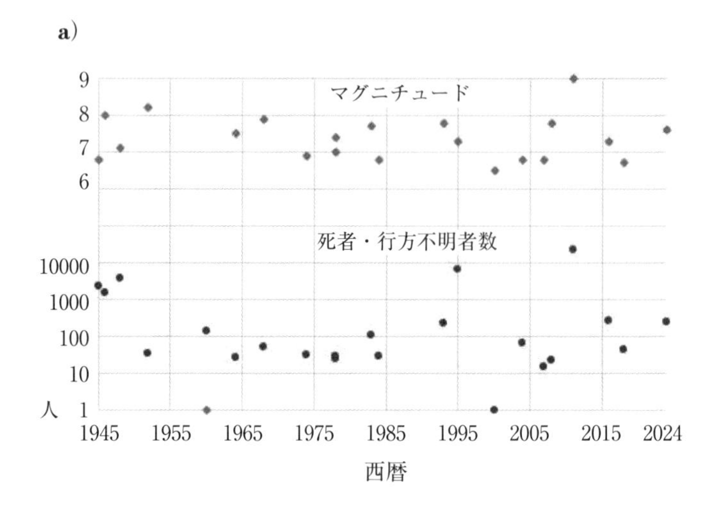
a)
9
8
7
6
マグニチュード
死者・行方不明者数
10000
1000
100
10
人 1
1945
1955
1965
1975
1985
1995
2005
2015
2024
西暦

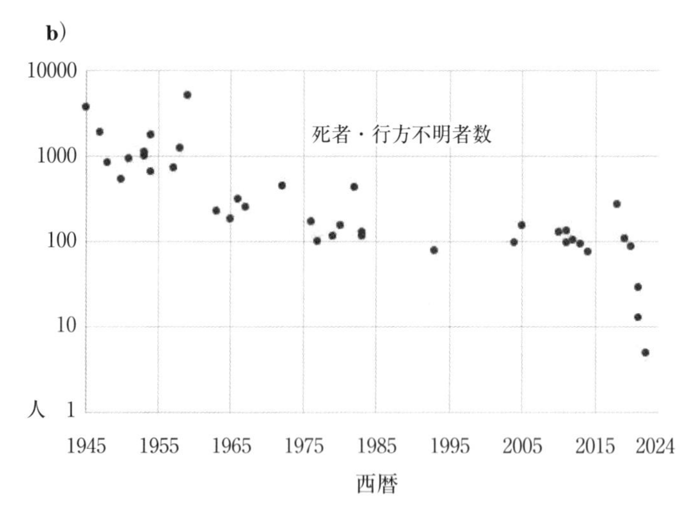
b)
10000
1000
100
10
人 1
死者・行方不明者数
1945
1955
1965
1975
1985
1995
2005
2015
2024
西暦

c)

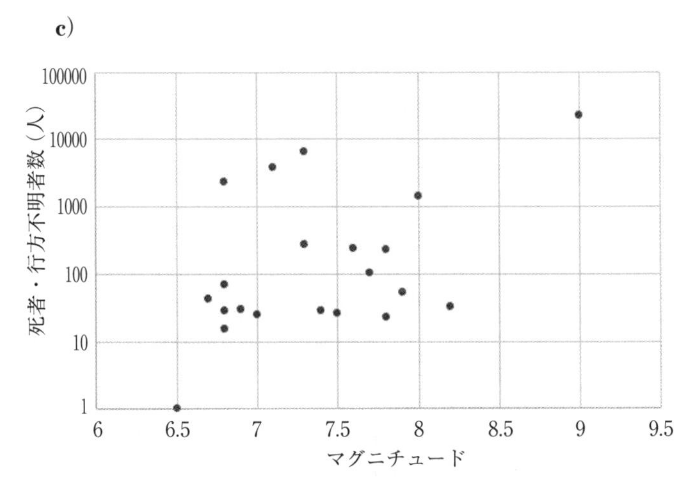

図 5-4　1945 ～ 2024 年の a）地震関連災害および b）気象災害による死者・行方不明者数と c）マグニチュードと死者・行方不明者数の関係（令和 6 年防災白書付属資料を基に作成）
地震災害には，地震のマグニチュードも表示している。

ことの難しさを反映している。また，死者が発生しなくても，生活基盤に大きな影響を及ぼすのが自然災害の特徴といえる（**図 5-3**）。

地震災害と気象災害（台風，降雨降雪）の特徴を比較すると，地震災害の特徴がみえてくる（**表 5-1**）。大きく異なるのは，発生の予測，発生頻度，発生期間，および 1 度の発生で災害の及ぶ範囲である。一方で，現象の発生を防止することはできないこと，災害の影響が長期に及ぶ場合があること，対策方法はわかっているが，完璧を期することは難しく，現在でも災害による死者・行方不明者が発生していることなどは，両者にほぼ共通しているといえる。当たり前のようなことであるが，地震災害の特徴は，地震という現象の原理に依存した特徴であり，地震災害と気象災害に共通する特徴は，自然災害全般に共通しているといえるだろう。そこで，次節からは，地震という現象について，災害との関連に注目しながら説明することにしよう。

表 5-1　地震災害と気象災害の比較

特徴	地震災害	気象災害（台風，降雨降雪）
発生の予測	突然発生，予測困難	実用レベルの注意報，警報，経路予想など
発生頻度（日本全体）	規模による，数年～千年	毎年，季節性あり
発生期間	短時間（数秒～数分）	数時間～数日
規模と範囲	マグニチュードと震源からの距離，および地盤に依存	広範囲にわたることが多い
主な被害	建物倒壊，火災，津波，地盤災害(地滑り，液状化等)，生活インフラの破壊	洪水，土砂崩れ，風害，高潮，交通の乱れ，生活インフラの破壊
人的被害	突然の発生による多数の負傷・死亡，避難長期化による関連死	予報と避難により抑えられるが経済的被害大
長期的影響	余震，生活インフラの復旧，地域規模の再構築	生活インフラの復旧，がれきの除去
対策	各種耐震化，防潮堤，防災教育	河川整備，防潮堤，防災教育

2. 地震

（1）地震の規模と揺れ

マグニチュードと震度はちがう，とどこかでは聞いたことがあるのではないだろうか。ここでは，地震の規模を表すマグニチュードと揺れについて復習しておこう。

地震のマグニチュードとは，地震の規模を数値で表したものである。マグニチュードは対数スケールで表され，「リヒター・スケール」，「気象庁マグニチュード」など地震計の振れ幅から計算によって推定する方法と，地震計の観測から震源の断層の大きさとずれ量を推定する方法の

2通りの計算方法がある。前者は速報性が高く，後者は震源での規模をより正確に表すという特徴がある。いずれの計算方法でも，マグニチュードが2増えると地震の規模は1000倍，1増えると約32（$\fallingdotseq\sqrt{1000}$）倍になる。

リヒター・スケールは，1935年にチャールズ・リヒターによって開発された。基本的な計算方法は，ある観測地点における地震計の振幅と震源までの距離を基にしている。具体的には，次のようになる。

$$M = \log_{10}(A) - \log_{10}(A_0(\delta))$$

ここで，Mはマグニチュード，Aは地震計で観測された最大振幅，$A_0(\delta)$は基準振幅（震源距離δに依存）で，地震計によって異なる関数となる。この式では，ある観測地点で地震計を$A_0(\delta)$だけ振る地震が$M = 0$となる。ある規模の地震における地震計の振幅を基準として，観測された地震の地震計の振幅から，基準の地震との規模の比を推定しようという式になっている（対数スケールなので，比を求める割り算が引き算になっている）。

震源の断層の面積とずれから規模を推定するマグニチュードは，モーメント・マグニチュードとよばれている。モーメント・マグニチュード（M_w）は次の式で計算される。

$$M_w = \frac{2}{3}\log_{10}(M_0) - 10.7$$

M_0は地震モーメント（エネルギーの次元をもつが，単位はNmで表す）で，以下の式で計算される。

$$M_0 = \mu \cdot A \cdot D$$

ここで，μは断層面のせん断剛性，Aは断層面積，Dは断層のずれの大きさである。μ は，大ざっぱにいえば「強度」で，岩石や断層の物性で値が決まる。A と D は，実際に地震で発生した変位に対応している。巨大地震のように，断層面が時間とともに拡大するような場合には，モーメント・マグニチュードの方が地震の規模を適切に表現可能である。M_0 が 1000 倍になると Mw は 2 増えるので，規模とマグニチュードの関係はリヒタースケールと同じである。

一方で，震度（しんど）とは，地震がある場所で引き起こす揺れの強さを示す尺度である。日本では震度のスケールは 0 から 7 までの 10 段階（震度 5 と 6 はそれぞれ「弱」と「強」に分かれる）で表されている。震度階級は体感的なスケールで示されているが（気象庁 HP などを参照），1996 年以降は地震計の観測値で決められており，主観的なスケールではない。地震災害となるのは，およそ震度 5 弱以上といえるだろう。

地震が波の伝播（でんぱ）であると考えると，一般的に距離の 2 乗に反比例して揺れは小さくなることになる。しかし，実際には，途中の岩石の性質で減衰度は異なる。また，波が到達した先では地盤によって揺れが増幅される場合もあって，震度の分布が震央を中心とした同心円を描かないことが多い。地震の規模と揺れの関係は，マグニチュード，震源からの距離，震源との間の岩石，および揺れる地域の地盤によって決まることになる。**図 5-5** は，地盤を一定として，震源からの距離と震度の関係を数値計算によって推定した例である。図では，M 6，M 7，および M 8 の地震について，震度と距離の関係を示している。これは，あくまでも均質な系の計算例で，地震波の到達距離は短めに，しかし地震の揺れは大きめになるようなモデルであるが，地震災害をもたらす震度 5 弱以上の地震動をもたらす範囲は，M 6 では震源から 10 数 km，M 7 では 40 数 km，M 8 では，100 km 以上となっていて，揺れが震源からの距離に大きく依存することが示されている。このことは，地震はその規模と発生場所

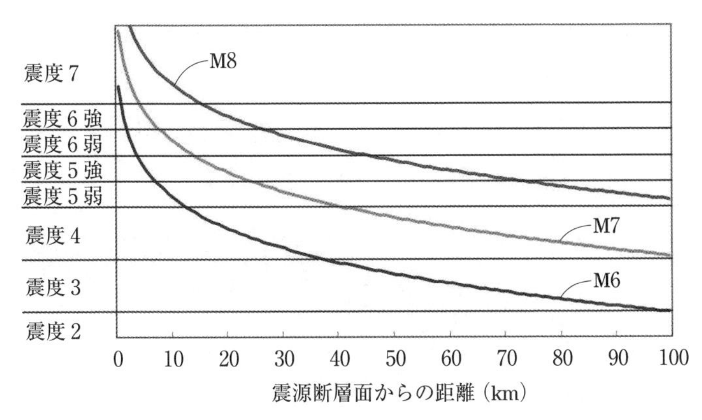

図 5-5　埋め立て地などの軟弱地盤を想定し震源の深さを 0 km とした場合の震度とマグニチュードの平均的な関係（内閣府「我が国で発生する地震」）

によって，ごくローカルな災害でもあり得るし，広域的な災害にもなり得るということを示している。

（2）地震の起こる場所

第 4 章で紹介したように，日本列島の地震は基本的にプレートの沈み込みに関連して発生している。**図 5-6** は沈み込み帯で地震が起きる場所を模式的に示した断面図である。図では，発生場所をもとにした地震の分類を示しているが，それぞれの地震は発生機構についても特徴をもっている。

内陸地震は，沈み込まれた側のプレートの，主に地殻内で発生する地震である。プレートの水平移動によって地殻に歪（ひず）みが蓄積した結果，岩石が破壊されて断層が形成するか，または固着した断層が再びずれて地震が発生する。最大でＭ７クラスの地震が発生し，多くの場合，直下型地震として震央を中心に被害を及ぼす。火山性地震は，火山活動にと

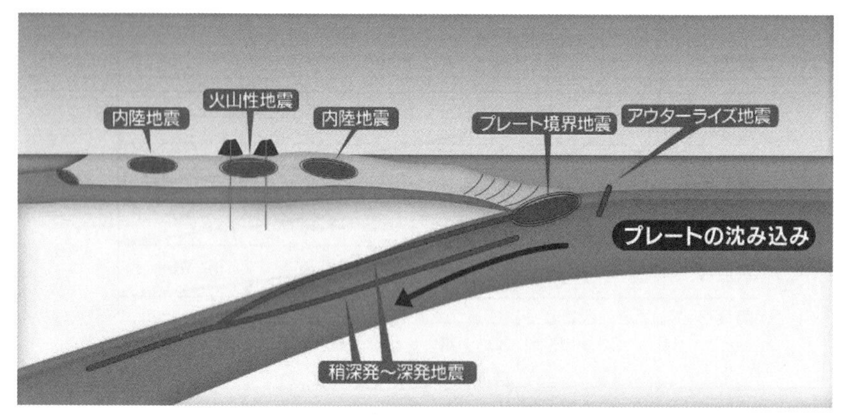

図 5-6　地震が起こる場所

もなうマグマの移動や発泡にともなう地震である。比較的規模は小さいが，まれにM7クラスの地震が発生した例もあり（1914年桜島地震），火山噴火の前兆となる場合も多い。プレート境界地震は，沈み込むプレートと沈み込まれるプレートの境界で発生する地震である。巨大な逆断層であるともいえるプレート境界や付加体の岩石が破壊されて地震となる。地震の規模はM9以上に達する場合もある。海底地形にも変動を及ぼすため津波をともなう場合が多い。アウターライズ地震は，プレートが海溝から沈み込む折れ曲がりの手前で発生する地震である。硬いプレートが下方向に曲がる際に折れるような形で形成された正断層のずれが地震源となる。M8を超える地震が発生し，海底の変形をともなうため津波も発生する。稍深発（ややしんぱつ）〜深発地震は，沈み込んだプレート（スラブとよぶ）の内部で発生する地震で，東北日本の太平洋プレートなど比較的古くて冷たいプレートでは，明らかな二重地震面を呈することが特徴である。深発地震の最高深度は700 kmを超える場合があり，下部マントル上部に到達している。稍深発〜深発地震の発生原因は，まだ完全には解明されていないが，スラブ内部の含水鉱物の分解による流体の放出や，マントル鉱物の相転移が地震のトリガーになっている可能性が示唆されている。地震波が減衰しにくいスラブ内に震源があるため，プレートを伝播して遠方の地表まで大きく揺れる異常震域をもたらす場合がある。2007年に日本海の京都沖で発生したM 6.7深さ374 kmの深発地震では，震央に近い日本海側では震度1～2，震央から遠い太平洋側で震度3，最大震度4は北海道の太平洋側で記録する，という震度の分布を示した。また，2015年に伊豆－小笠原沈み込み帯で発生した，深度681 kmのM 8.1深発地震では，日本全体が震度1以上の揺れを観測した。規模が大きいものではM_w = 8.1の地震がボリビアで発生し(1994年，深さ631 km)，地表に被害を及ぼしたこともある。

図5-6は，日本列島における東北日本の太平洋プレートの沈み込みのイメージであるが，日本列島には，そのほかに，伊豆小笠原海溝からのフィリピン海プレート下への太平洋プレートの沈み込みとフィリピン海プレートの琉球海溝および南海・相模トラフからの沈み込みが存在している。伊豆小笠原の沈み込み帯では，プレートの沈み込み角度が東北日本よりも急で，スラブ内地震の二重地震面は不明瞭である。また，本州下へのフィリピン海プレートの沈み込みでは，やはり二重地震面は不明瞭で，スラブ内地震は深さ100 km程度で消失する。

このように，沈み込み帯のプレートの年齢や沈み込み角度によっても地震の発生機構に多様性が生じる。日本海溝のプレート境界地震は陸から離れた領域で発生するが，南海トラフでは，想定震源域は陸の下にも及んでいる。さらに，関東においては，海溝の三重点が存在するという，ややこしい状況が存在している。関東では太平洋プレートとフィリピン海プレートに関係した各種起源の地震に加えて，関東の地下に位置する太平洋プレートとフィリピン海プレートの接触部で発生するプレート境界地震が，地震災害の原因になり得る。地層の記録や古文書の記録から，考古学的～歴史的な時間スケールで，過去の大地震の存在を知ることができるが，日本列島のように多様な原因の地震が発生する場では，地震の起こった場所のタイプまで推定することが必須なのである。

（3）地震の頻度

地震の規模（マグニチュード）と頻度（発生回数）には，その間に成り立つ経験的な関係が知られている。この関係は一般的に「グーテンベルク・リヒターの法則」とよばれている。

グーテンベルク・リヒターの法則（GR 則）は，次のような対数関数で表される。

$$\log_{10}N = a - bM$$

ここで，N はマグニチュード M 以上の地震の年間発生回数，a と b は地域によって異なる定数で，特定の地域で観測される地震のデータに基づいて決定される。一般的には，定数 b の値は約 1 程度となっていて，この場合，この式は，マグニチュードが 1 増えるごとに，地震の発生回数は約 10 分の 1 になるということを意味する。b には負号が付いているので，b が小さい場合は大きな地震の発生回数が増加，b が大きければ，大きな地震が起きにくい，ということになる。日本では M 6 の地震が 1 年に平均で 16 回程度発生しているので，M 7 では年 1.6 回，M 8 では 10 年に 1.6 回ということになる。思ったよりも頻度が高いように思われるかもしれない。これらの地震による災害を被るかどうかは，震源のそばに居合わせるかどうか，という運試しのようなものである。

ここで，先ほどのマグニチュードの式と GR 則を合わせて考えると興味深いことがわかる。M が 1 大きいと地震の規模は約 32 倍となるが，発生頻度は1/10にしかならないのである。同様にMが２大きいと1000倍の規模だが発生頻度は1/100である。32倍, 1000倍の規模だから，その間隔が32倍，1000倍になる，というわけではない。プレートの沈み込みが歪み蓄積の原動力であるとすると，プレートが1000倍の時間をかけて1000倍の距離沈み込むと1000倍の規模の地震が起きるようにも思えるが，そうではないのである。モーメント・マグニチュードの計算式では，M_wは，断層の面積とずれの積に比例するM_0の対数に比例している。ずれが，時間に比例するプレートの移動量に相当するとして単純化すると，GR則は，規模の大きな地震は，ずれだけではなく断層の面積も大きいという意味を含んでいる。将来起こる地震の規模は，歪みの蓄積量からだけでは判断できず，破壊の範囲がどれだけ拡大するかで決まるということになる。

3. まとめ

地震災害を特徴付ける地震の性質のうち，規模と頻度に関する性質を説明した。地震の規模を表すマグニチュードは，対数スケールで地震のエネルギーを表現したもので，マグニチュードが１増えると地震のエネルギーは約32倍となる。震度とマグニチュードの関係は，多くの地震災害は100 kmスケールの範囲で起きることを示している。経験的なグーテンベルグ・リヒター則は，マグニチュード１の違いで地震の頻度がおよそ1/10になるとしている。頻度と規模の関係は，歪みの蓄積量だけでなく，破壊の範囲の広がりが地震の規模を決めることを示している。日本では，人の一生の間にＭ８クラスの地震が10数回程度発生することになる。発生場所の付近に居合わせるかどうかは，運試しのようなものである。

【課題】

本文中で引用した資料は，政府のウェブサイトで閲覧可能である。「地震本部」（文科省，地震調査研究推進本部事務局），「防災情報のページ」（内閣府）を閲覧して，学びを深めよう。

参考文献

『絵で見てわかる地震の科学』井出 哲　講談社サイエンティフィック

基礎から最新の成果まで，網羅的に平易に解説している。地震に関して学びを深めたい方に。

「防災白書」 内閣府

年ごとの災害の情報に加え，災害の歴史に関する資料など，読んで学べる情報が提供されている。ウェブサイトから閲覧可能。

6　地震のジオストーリー 2

大森聡一

《目標＆ポイント》 地震の予測は，現状では困難であると考えられている。そのような状況で災害に備えるためには過去の地震について知ることも1つの方法である。これも地域のジオストーリーであることを学ぶ。未来の地震予測に関係する可能性がある，水と地震の関係についても説明する。
《キーワード》 地震，地震災害，古地震，水，地震の予測

1. 天気予報と地震予報

地震災害と気象災害の比較において，最も顕著な違いが災害発生の予測に関する項であった（**第5章，表5-1**）。天気予報は毎日のニュースとして扱われているが，地震予報は実現していない。なぜ地震予報が難しいのか，天気予報との比較から考えてみよう。私たちがなんとなく思い浮かべる地震の予報とは地震の発生を予測することであるが，実はそれは天気予報とは性質が異なるものである。

天気予報の本質は，気象の変化の予測である。例えば，台風が発生したのち，その経路を予測して，到達する場所と日時を提供することで災害への警告を与える。これが可能であるのは，1）台風の発生から災害までの時間が比較的長く（時間～日スケール），2）逐次観測データ（気象衛星，アメダス観測，気象台，船舶など）が存在し，3）媒体（大気）の物性が比較的明らかで実用的な物理モデルが存在することが主な理由と考えられる。この視点で天気予報に相当する地震の予報は何かと考え

ると，それは，すでに運用されている緊急地震速報（**第5節**）と津波警報に相当する。地震が発生した後に揺れや津波の大きさを予測して，情報を発信する。しかし，地震は私たちが暮らす場所の近くで発生し，地震波の伝わる速さが速いため（4～8 km/ 秒 程度），事象の発生から災害発生までの時間が短く，緊急地震速報による災害対応には限界がある。また，地震波が伝わる経路の媒体（岩石や土壌）の不均質さや，観測点と震源の位置関係によって生じる不確実性が存在する。観測地点を増やすことで緊急地震速報の精度の改善が期待されるが，地震波速度と居住地と震源の距離の関係は避けることができない。

私たちが期待する地震発生の予測は，実用的な天気予報とはそもそも原理が異なるのである。予測の試みと難しさを次節以降で説明するが，この問題は気象に関しても同様で，1ヶ月先の台風や，ゲリラ豪雨，線状降水帯，竜巻などは，発生の予測が難しい気象の例である。災害につながるような自然現象の発生を予測するという点では，気象と地震は共通の課題をもっている。

2. 古地震と地震の周期

（1） 地震の周期

対策を講じ，災害を少しでも減らす減災の目的で，ある地域における大地震の発生時刻と規模に関する何らかの予測が必要である。「今年は台風が多く発生しそうです」という長期予報と同じような予測を地震でもできないか？その手がかりとして重要視されているのが，地震の周期という概念である。

地震周期の理解は，年～10年単位の時間スケールでの地震防災計画において極めて重要と考えられている。地震の周期とは，特定の断層や地域における大地震の発生間隔のことを指す。ある地域において大地震が間隔を置いて繰り返し起きるのは，地震が発生するまでに一連のプロセスが存在し，継続するプレート運動の下でそのプロセスが繰り返されるからだと考えられている。地震発生のプロセスは，地殻変動による歪みの蓄積に始まる。この期間は数十年から数百年にわたることがある。岩石が歪んだ状態とは，岩石が弾性的に（バネのように）変形している状態である。しかし，その変形には限界があり，蓄積された歪みが限界を超えると，岩石が破壊して断層が形成されたり，または既存の断層が急激にすべって地震が発生する。この段階で地震波が放出され，地表に伝播して地震として観測される。地震後，断層面は再び安定状態に戻り，次の地震に向けて歪みが再び蓄積され始める，というのが地震が周期的に発生するという考え方の基本である。しかし，**第５章**で紹介したように，地震の規模は，断層の変位だけではなく断層の面積にも依存し，ある場所の歪みの蓄積だけが地震の規模を決めるのではなく，破壊が始まった後で，どこまで破壊の面積が広がるのかが問題になってくる。単純な歪みの蓄積のサイクルとして，大地震の周期性を議論するのは難しいだろう。

それでも，経験的には，ある地域の大地震が数十年おきか数百年おきに繰り返し起きている，ということはわかっている。そのしくみは不明であっても，実用的な時間スケールで地震の「周期」がわかれば防災上の重要な情報となる。地震の発生間隔に対して，近代的な観測が行われた期間はまだ短いが，私たちの祖先が残した文書や地層に記録された地震のジオストーリーが，過去の地震についての重要な情報を与えてくれる。一般に，地震計による観測以前の地震を古地震とよんでいる。次節からは，古地震の解析の研究について紹介しよう。

（2）古地震の調査（古文書記録）

古文書による古地震研究は，歴史的な記録を基に過去の地震活動を復元する手法である。地震計のなかった時代においても，文書の記録から，地震の規模および震源をある程度推定することが可能であり，千数百年間に起きた地震について，それらの周期を議論するためのデータとして活用されている。

古地震研究の第一歩は，歴史的な文献や記録を収集することで，主な情報源として，歴史書，寺社の記録，個人の日記，自治体文書などが挙げられる。収集した古文書からは，発生日時，地震が影響を与えた地域，および被害状況の情報を得ることができる。例えば，揺れの強さや地割れの形成などの記述，被害範囲の広がりの情報，および津波の記述から地震の強度と震源を推定することができる。地震計を用いた震源決定では地震波の到達時刻を用いるが，古地震の記録にはその時間精度はないので，地震波の減衰の程度から震源までの距離を見積もっている。同時期に他の地域で記録された地震情報と比較することで，震源や震央の特定の精度は高められる。**第5章**で示したように，日本列島においては，多様な地震が発生している。ある地域が異なる原因の地震によって揺れることは普通に起こり得るので，地震の周期を議論するためには，震源の特定が重要な要素なのである。

日本の地震に関する史料研究は1878年の服部やナウマンによる古地震研究論文の出版に始まり，東京大学史料編纂所と地震研究所による収集研究などにより情報が集積されている「地震史料集テキストデータベース」[1]には，約5万6千件の地震史料が収録されている。昔から，地震が日本におけるジオストーリーとして記録されてきたことがわかる。理科年表には，これらの情報から判別した317件の古地震（全国的な地震観測が始まった1884年よりも前の地震）が掲載されている。例

1)「地震史料集テキストデータベース」で検索。

としては，東日本大震災の１つ前に起きた同規模の地震と考えられている貞観地震（894 年 11 月）の津波記録が東北地方の古文書や平安時代の国史である日本三代実録などに残されている。これらの記録を基に，津波堆積物の調査を行うことで，過去の大地震や津波の発生が明らかになった。また，比較的短い期間で繰り返す南海トラフの古地震については，古文書に多くの記録が残されていて，古墳時代からの地震年表が作成されている（**口絵 3**）。

（3）古地震の調査（古文書記録以前）

歴史時代以前の特定の地域における地震の記録が地層や地形に保存されている。**第 3，4 章**で紹介したように，海岸段丘などの地形は過去の地震活動による変動を明らかに記録する場合がある。また，地震にともない形成される特別な地層（津波堆積物や乱泥流堆積物，噴砂跡など）を検出することによって，古い地震の記録を発掘することが可能な場合がある。また，歴史時代の地震であれば，古文書記録と地形，地質記録を照合することで，時間軸の精密化と地震の規模に関するデータを補強できる。

内陸型地震の震源断層の延長が地表に現れた活断層では，断層に記録された複数回の活動履歴を読み解くことで，地震の発生間隔を推定できる場合がある。地表に現れた断層面は急速に風化が進むため，必要に応じてトレンチ（溝）を掘って新たな断面を露出させて調査を行う。また，活動時期の年代測定が必要である。

（4）古地震の記録を活かす

以上のように，古地震のデータの集積は，地震計による観測以前の歴史時代に発生した地震についても，時間と震源や規模についての情報を与えられるようになってきている。**口絵3**に示した南海トラフ地震の年表は，そのような研究の成果として得られたものである。また，関東付近では，フィリピン海プレートと太平洋プレートそれぞれのプレート境界地震と，内陸型の直下地震が繰り返し発生しているが，これらのタイプが異なる地震も区別されて，それぞれの発生間隔が見積もられている。

古地震データから地震が繰り返すことは明らかになったが，それが，私たちが必要とする精度で周期的といえるとは限らない。**口絵3**に示した南海トラフ地震の年表を見ても，間隔はまちまちともいえる。統計学的に周期を抽出するには，さらに長期間のデータの蓄積が必要である。それでも確実なのは，南海トラフでは知る限りで，短くて90年長くて270年程度の間隔で災害をもたらす地震が発生してきたということである。この知見だけでも，前回の地震から80年が経過しようという現在において，地震災害に備える理由としては十分であろう。また，東日本大震災の地震は，869年の貞観地震と同じタイプと規模の地震で，1000年に一度の巨大地震といわれているが，これで次の1000年は安心であると思ってはいけないし，これまでに地震災害の経験がない地域には，歴史記録以前に起きた長い間隔の地震が発生する可能性があることに注意が必要である。

古地震の記録が周期性の証明には難しいとしたら，私たちは古地震から何を学ぶべきだろうか。**図6-1**は，679～1883年と1884年以後の地震の震央分布と規模を比較している。どちらがどちらか区別することは難しいのではないだろうか。最近の150年間と，過去の約1000年間とでは，地震の分布に大きな違いがない，およそ起こるべきところで地震が起きている，ということが示されている。このことは，私たちが暮らしている地域の多くは過去に地震災害を経験しており，私たちは歴史

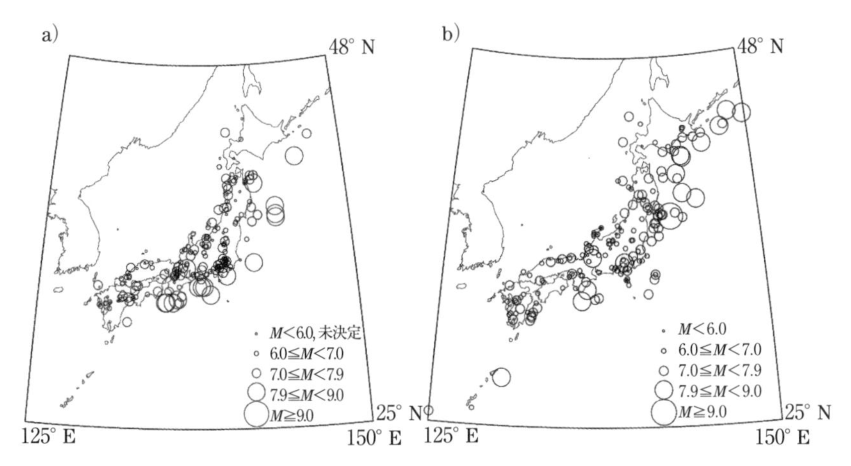

図 6-1　a）679 ～ 1883 年の地震の震央分布と規模，b）1884 年より後の地震の震央分布と規模

（出典：国立天文台編『理科年表 2025』，丸善出版（2024））

に学ぶことが可能である，ということを意味している。しかし，過去約 2000 年間に起こらなかった規模の地震が起こる可能性があることは要注意である。また，現在の人口と生活基盤が被災した場合の被害規模は歴史時代とは比べものにならないだろう。**第 15 章**で紹介する地球物理学者の寺田寅彦は，「文明が進めば進むほど天然の暴威による災害がその激烈の度を増す」とも述べていて，そこに「災害は進化する」という考えが見える（鈴木，2003)。ある地域において，1 つ前の震災以降，現在に至るまでに地域はどのように変化しただろうか？その変化に対しては，次の震災は常に未曾有のものなのである。

3. 前兆現象

長期的な周期による予測は，10 ～ 100 年の桁の発生間隔の地震の発生時期の目安になるが，もっと近い時間内に起きる地震を予想しようという場合に，地震の直前に発生するかもしれない前兆現象をとらえようという試みがある。ここでは，その現象が観測されてから，しかるべき時間の後に地震が発生するような現象を前兆現象とよぶことにする。

地震の前兆ではないかと検討された現象は多岐にわたり，前震，スロースリップ，地殻変動，地下水位の変化，ガスの放出，動物の異常行動，電磁気異常などが含まれる。これらは，もしかしたら地震における岩石の破壊の開始と関係はあるかもしれないが，相関関係的にも因果関係的にも，その関係が明らかにはなっていない。そもそも原理的に因果関係がない場合もあるし，何かしら関係のある現象であっても，その現象が対象とする地震とは関係のない理由によっても発生するため区別ができない場合もあるだろう。統計的には，相関が弱いものほど「弱いけれど相関がある」ことを示すためには多くのサンプル数が必要となる。大ざっぱに言って，前兆現象と相関関係を明らかにするためには，数十の地震を対象とした長期の観測が必要となり，特に巨大地震を対象とする場合には，千年スケールの観測が必要となるだろうことが予想できる。前兆現象ではないか，と検討されている現象の面白いところは，多くの場合，固体地球の隣のサブシステムでその現象が起きることで，その面白さが興味を引きつけるのかもしれない。

固体地球内の現象としての前兆現象として，地震学の分野で研究されているのが，前震である。より大きな地震が起きる前に起きる地震を前震とよんでいる。2011 年の東日本大震災の本震の前日には M7.3 の地震が発生，2016 年 4 月の熊本地震では，M7.3 の地震の 2 日前に M6.5 の地震が発生し，それぞれ先立つ地震が前震であったと考えられている。現状では，本震が起きた後に，「あの地震が前震であったのだ」と認められるが，前震の性質から本震を予測できないかと研究が行われている。特に巨大地震が対象となるが，巨大地震には必ず前震がともなうわけではない。しかし，統計的に，前震に相当するような群発地震やM7クラスの地震が発生した後に巨大地震が起きる確率を見積もることはできる。**図6-2**は，全世界の1904年から2017年の間で起きた1477回のMw 7.0以上の地震を対象として，その地震の500 km以内でMw 7.8以上の地震が続いて発生した事例の数を示している。このデータからは，Mw 7.0の地震のおよそ50回に1回は巨大地震の前震であった，ということになる。

前兆現象の候補として,特にプレート境界地震で注目されているのが,スロースリップ（ゆっくりすべり）地震である。通常の地震は急激な破壊現象によって起きるが，ゆっくり地震では，急激な破壊をともなわず，したがって大きな揺れを発生させずに断層がすべる。このすべりが，非火山性低周波微動として地震計で観測される。高精度の観測と高密度で配置された地震計によってその地震の存在が明らかになり，震源が精度よく決定されるようになって，この地震がプレート境界のすべりに対応していることが明らかになった（Obara and Hirose, 2006）。プレートのすべりが存在するということは,すべっていない（固着している）プレート境界の歪みが増加することを示しており，それが原因となって巨大地震の発生につながる可能性が考えられている。しかし,この場合も,ゆっくりすべりが観測されたすべての場合で巨大地震が発生しているわけではない。

2011年の東北沖地震と2004年のスマトラ地震では，地震発生前に10年のスケールでその地域のb値（GR則の比例係数）が減少する前兆のような現象が見いだされている（Nanjo et al. 2012）。b値が小さくなるということは，大きなマグニチュードの地震の頻度が高くなることを示している。この現象は，次に述べる地震発生と水の関連とも関係して，何か巨大地震となるような条件が存在する可能性を秘めているように思

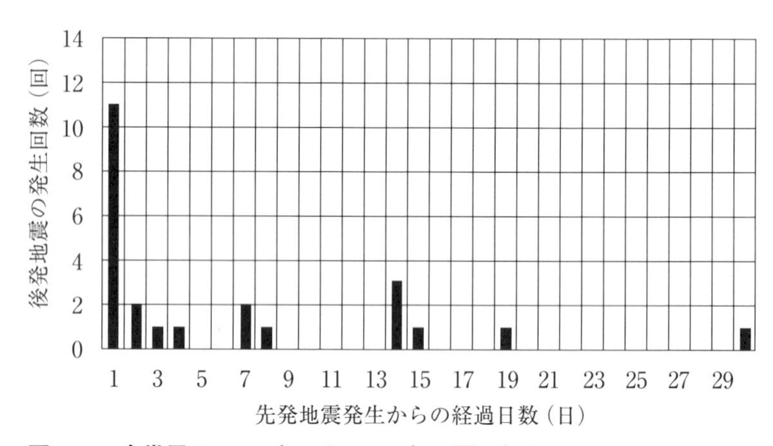

図 6-2　全世界の 1904 年から 2017 年の間で起きた 1477 回の Mw 7.0 以上の地震を対象として，その地震の 500 km 以内で Mw 7.8 以上の地震が続いて発生した事例の数と経過日数の関係（内閣府防災情報のページ，北海道・三陸沖後発地震注意情報防災対応ガイドラインを基に作成）

われる。

4. 地震発生と水

地震の規模は，断層の面積と変異の積に比例するので，その規模を予測するためにはずれの範囲を予想する必要があるが，そもそも破壊現象は，初期条件の微妙な違いにより結果に大きな違いが生じるカオスとよばれる種類の現象であり，どのような原理であっても前兆現象による予測はあり得ない，という指摘がある。一方で，同様にカオス的であるとされる気象においては，例えば台風の進路に与える偏西風の影響のように，カオスの行方を決定的に決めてしまう要素の存在が知られている（2024 年の台風 10 号は迷走し，進路予想がうまくいかなかった例であるが，気象庁の説明では，偏西風が北上していて台風に作用しなかったことを要因に挙げている)。地震発生においても，なにか決定的な要因の存在が発見されれば，発生時期の接近や規模の予想が可能となるかもしれない。そのような要因の候補として，注目される現象が地震と水の関係である。

地震発生に水（流体）が関係するということは，比較的以前から知られていた。水を含んだ岩石は，乾燥した岩石よりも強度が低下する。それまで壊れない程度に力が加わっている状態の岩石に水が浸潤すると，岩石が破壊することになる。また，地殻内の水圧が変化すると断層面にかかる応力が変化し，特に水圧が高まると，断層面の摩擦力が減少し，断層がすべり出して地震が発生することがある。地下の割れ目の状態を調査するために，水を浸透させて小さな地震を発生させるような方法も存在するし，ダムなどの人為的な構造物を構築した際に，小地震が発生することも知られていた。内陸地震においても地下の水が地震の引き金になることが示唆された。地殻深部の水を地震波トモグラフィーや電気伝導度観測によって可視化することが可能となり，阪神淡路大震災の兵庫県南部地震，2016年の熊本地震および能登半島地震の震源下部に，流体だまりのような領域が存在することが確認されている（「地震本部ニュース」令和元年（2019年）秋号；Yoshimura et al., 2008)。**第5章**で紹介したが，沈み込むスラブ内の地震も含水鉱物の脱水が引き金になっている可能性が示されている。

沈み込み帯のプレート境界地震においても，水の存在が注目されている。Obara et al. (2004) は，非火山性低周波地震の存在を発見し，これと水の移動との関係を示唆した。非火山性低周波地震は，ゆっくりすべりながらプレートが沈み込むゆっくりすべり地震であることが明らかになったが，このゆっくりすべりは水により境界面の摩擦が低下したことに起因すると考えられている。海底地震計の整備により，東北から北海道沖の日本海溝の陸側でも，非火山性低周波微動が観測できるようになり，ゆっくりすべりの存在が確認されるようになった（Nishikawa et al., 2023）。プレート境界地震が発生する領域へは，沈み込みゆく深海底の堆積物を起源とする水と，沈み込んだプレートの脱水反応により放出された水の，2つの起源が考えられる。プレート上部の変成反応で放出された水が，プレートの面に沿って上昇することが実験により明らかになっている（片山，2016）。このことは，深部からプレート境界地震の領域へ水が供給され得ることを意味する。Sano et al.（2014）は，東日本大震災の地震発生後に行われた潜水艇の調査で，海水の^{3}He同位体異常を検出し，地震の後でマントル起源のヘリウムが海水に供給されたことを発見した。このヘリウムの起源は，地震発生時にプレート境界を通過してきた深部流体であるとSano et al.では解釈している。この流体の上昇が地震の結果なのか，または流体の上昇がプレート境界の強度を低下させて巨大地震の原因となったのかはこの観測からは議論できないが，先に紹介したb値の低下は流体の浸潤に起因するのかもしれない。そうであれば，巨大地震の発生は，あらかじめ深部流体の上昇という要素によってコントロールされている，つまり前兆現象が存在することになる。深部流体（水）は，岩石とは物性が大きく異なるため，地震波や電気伝導度で比較的容易に検出できるので，常時流体量をモニターするような観測で，巨大地震発生の可能性がある場所を示すことができるかもしれない。

5. 行政による情報提供

周期にしても前兆現象にしても天気予報には及ばない現状ではあるが，たとえそれが可能となったとしても，地域を地震による揺れから回避させることは現在のところ不可能である。よって，目指すのは，命の安全の確保と被害の減少である。

通常時における震災の被害予想に関する情報として，確認しておくべきなのは，ハザードマップである。ハザードマップは，さまざまな災害の可能性を地図上に図示している。国土交通省が，地域の地震ハザードマップを一元的に扱うポータルサイトを公開している。このサイトによると，震災被害として，揺れによる被害，地盤の被害（液状化），火災，建物の被害，および避難に関する情報をそれぞれ扱うハザードマップが公開されている。地震災害と一言で言っても，さまざまな要因があることがわかる。自分の住居や職場の災害予想を知ることは楽しいことではないかもしれないが，できる備えはしておいた方がよい。また，そこには，その地域の地震に関するジオストーリーの集大成があるといってもよいだろう。

地震発生直後に，災害を及ぼす可能性がある地震と判断された場合に，緊急地震速報と津波に関する情報（大津波警報，津波警報，津波注意報）により警戒を促す情報発信が行われている。緊急地震速報の仕組みは，大きな震動をもたらすＳ波（秒速約4km）よりもＰ波（秒速約7km）が先に到達することと，地震波よりも電磁波が早く伝播することを利用して，大きな振幅のＰ波を観測した時点で震源や地震の規模，各地でのＳ波の到達時刻や震度を推定し，大きな揺れが想定される地域に警報を発するものである。天気予報に相当する情報提供であるが，情報が伝達されるのは，地震の揺れの秒〜数十秒程度前である。

巨大地震の発生が予想されている南海トラフ地震，および関東から東北，北海道にかけての日本海溝・千島海溝周辺海溝型地震については，それぞれの基準に基づいて，地震注意情報が発表されることになっている。先に説明したように予知・予報の段階には達していないが，少しでも減災の可能性を高めるための取り組みである。したがって，地震注意情報が発表されなくても大地震が発生することは十分あり得ることに注意が必要である。

南海トラフ地震では，南海トラフ地震臨時情報と南海トラフ地震関連解説情報が，それぞれの条件が満たされた場合に発表されることになっている。南海トラフ地震臨時情報は，「南海トラフ沿いで異常な現象が観測され、その現象が南海トラフ沿いの大規模な地震と関連するかどうか調査を開始した場合、または調査を継続している場合」または「観測された異常な現象の調査結果を発表する場合」に発表される。南海トラフ地震関連解説情報は，「観測された異常な現象の調査結果を発表した後の状況の推移等を発表する場合」または「『南海トラフ沿いの地震に関する評価検討会』の定例会合における調査結果を発表する場合（ただし南海トラフ地震臨時情報を発表する場合を除く）」と定義されている。2024年8月には，南海地震の想定震源域である日向灘で発生したM7.1の地震をふまえて，その後に巨大地震が発生する確率が平常時よりも相対的に高まったとの判断から，「南海トラフ地震臨時情報（巨大地震注意）」が発表された。

日本海溝・千島海溝周辺海溝型地震では，日本海溝・千島海溝沿いの領域で規模の大きな地震が発生すると、その地震の影響を受けて新たな大規模地震が発生する可能性が相対的に高まると考えられている。このため、北海道の根室沖から東北地方の三陸沖の巨大地震の想定震源域および想定震源域に影響を与える外側のエリアでMw7.0以上の地震が発生した場合に、「北海道・三陸沖後発地震注意情報」を発表することとされている。

6. まとめ

古文書には，地震のジオストーリーの記録が残されていて，過去の地震を知るための貴重な情報源となっている。地震の周期や前兆現象は，私たちの暮らしに必要な精度での地震の予測を提供するには至っていないが，地震発生への水の関与が明らかになると，観測により危険領域を特定することができるようになるかもしれない。今後の研究が期待される領域といえる。

【課題】

地震調査研究推進本部のウェブサイト（「地震本部，地震・津波の提供情報」で検索）で，お住まいの地域の地震の歴史について調べてみよう。

参考文献

地震本部ウェブサイト（「地震本部」で検索）
地震に関する情報のポータルサイトとして。
『地震発生と水：地球と水のダイナミクス』　笠原順三ほか編著　東京大学出版会
地震と水について，その周辺の知見を含めて包括的に学ぶために。
ハザードマップポータルサイト（「ハザードマップ，国土交通省」で検索）
ハザードマップ確認の入り口として。

7 「石」で読み解くジオストーリー 1

宮下 敦

《**目標＆ポイント**》 日本列島はプレート収束帯の造山帯であるため，地震や火山の活動が活発であり，約５億年以上の歴史を経て，付加体堆積物とその深部相，火山および地下深部でできた花こう岩類が広く分布している。変化に富んだ温帯の気候とあわせ，地下の特徴は，日本列島に住む人たちにどのような影響を与えているのだろうか？

《**キーワード**》 ジオダイバーシティ，プレート収束帯，太平洋型造山帯，付加体堆積物，石灰岩，変成岩，ひすい輝石岩，緑色片岩

1. 造山帯としての日本列島

地球上の自然のありようはさまざまであり，そこに住む人たちに大きな影響を与えている。氷に閉ざさされた極寒の地域から，濃い緑におおわれた熱帯雨林の地域まで，人々は自然環境にあわせて生活をしている。その中で，日本列島には，約５億年以上にわたる太平洋型造山帯としての歴史をもつ複雑なつくりの大地の上に，温帯の季節変化に富んだ自然が育まれている。

このような地下や地表の多様性を**ジオダイバーシティ**とよぶことがある。生物多様性（バイオダイバーシティ）に対応する言葉として，ジオダイバーシティは，鉱物や化石から土壌や壮大な景観にいたるまで，生きものではないすべての自然の多様性を意味している。ユネスコ（UNESCO）は10月６日を国際ジオダイバーシティデーと定め，この考え方を推進している。両者をあわせると自然界全体の多様性になり，バイオダイバー

表7-1 ジオダイバーシティの価値
（グレイ，2005を簡略化）

本質的価値	内在的価値
文化的価値	民間伝承, 考古学的/歴史学的価値, 精神的価値, 土地の感覚
美的価値	自然景観，ジオツーリズム，余暇活動，遠方にある自然環境へのあこがれ，ボランティア活動，芸術的インスピレーション
経済的価値	エネルギー，工業鉱物資源，金属鉱物，建材鉱物，貴石，化石，土壌
機能的価値	プラットフォーム，貯蔵・リサイクル，健康，埋葬・埋蔵，汚染防止，水の化学，土壌機能，ジオシステム機能，エコシステム機能
科学的価値	地質科学調査研究，研究史，環境モニタリング，教育，トレーニング

シティとジオダイバーシティは，相互に影響しあって成立するものと考えられる。**表7-1**は，イギリスの地理学者であるグレイ（2005）が示したジオダイバーシティそのものの価値を示したものである。ジオダイバーシティは文化的，美的，経済的，機能的，科学的な価値をもつものであり，日本における具体例としては，文化的価値としての富士山，美的価値としての葛飾北斎が挙げられている。

約5億年以上の間，日本列島はプレート収束帯に位置し，狭い範囲に複雑な地質をもつようになった。**口絵4**は，日本列島のシームレス地質図で，パッチワークのような色の違いは日本列島を作るものの時代や種類の違いを表している。世界には，古い楯(たて)状地[1]など数百km移動しても景観や地質が変わらない地域もある。そのような場所の地質図は単色で広い範囲が塗りつぶされる。そうした地域と比べると，日本列島のジオダイバーシティは高いということができるだろう。また，逆に限られた面積の中で多様性が高いということは，ある特性をもつ地域が狭く，規模が小さいということもいえるだろう。

本章では，日本列島に住む人と，プレート収束帯でできた日本列島を特徴付ける岩石との関係を示す例として，白い石と緑の石のジオストーリーをみてみよう。なお，岩石の分類については**第8章**で詳しく述べる。

1）古い時代の岩石が広く分布する地域。1つの大陸は1つないし複数の楯状地で形成されている。

2. 白い石のジオストーリー

日本列島に住む人の生活と日本列島のジオダイバーシティとを結ぶ1つの例として，**石灰岩**を取り上げてみよう。日本列島の石灰岩は，主に炭酸カルシウムでできた生物の遺骸が集まってできている生物岩が多い（**図 7-1**）。特に，付加体堆積物中の石灰岩は，海洋底にあった海山の頂部や大陸縁の浅海でできたサンゴなどからなる礁(しょう)が，プレートの沈み込みにともなって付加体堆積物中に取り込まれたものが多い。日本列島は付加体堆積物でできている部分が多く，海洋プレート層序[2)]の下部にあたる石灰岩体も全国に分布する。このため，古くから日本に住む人たちに利用されてきた。

石灰岩の大地は，独特の景観を作る。雨水は，空気中にわずかに含まれる二酸化炭素が溶けて弱酸性を示す。炭酸カルシウムを主成分とする石灰岩は，弱酸性の雨水と反応して次第に溶けていく。このため，河川による侵食といった物理的な作用による地形営力とは違った，化学反応による**溶食**という侵食を受ける。石灰岩地域で溶食によってできた地形を**カルスト地形**とよぶ。カルスト地形では，地表には石灰岩柱（ピナクル）やドリーネとよばれるすり鉢状の凹地ができ（**図 7-2**），地下では地下水の浸透によって鍾乳(しょうにゅう)洞が形成され（**図 7-3**），独特な景観をもつ。日本のカルスト地形としては秋吉台，平尾台，四国カルストなどが観光地として有名である。

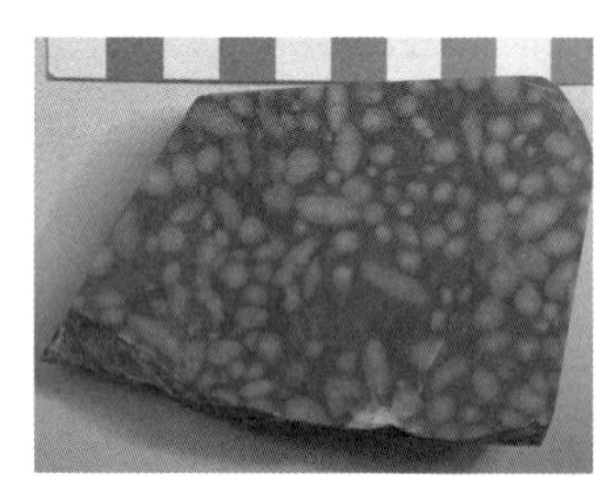

図 7-1　石灰岩の標本
紡錘虫(ぼうすい)の化石（白い米粒のようなもの）が見える。「虫」ではなく原生動物。

カルスト地形の地域は，土壌が薄いため

2）付加体堆積物の構成要素である岩石を，生成順にすると玄武岩（緑色岩）→ 石灰岩（海山上の礁）→ チャート（遠洋性堆積物）→ 砂岩泥岩（陸源性堆積物）の順になる。このような順になっている付加体堆積物の層序を海洋プレート層序とよぶ。

図 7-2 カルスト地形にみられる石灰岩柱とドリーネ（円形の凹地）
(山口県秋吉台)

図 7-3 鍾乳洞の内部
秋芳（あきよし）洞の百枚皿

に農地には適さず，ドリーネ底のわずかな場所で栽培がなされる。また，石灰岩地帯での焼き畑などで，草地が広がるようになると，明治時代からは牧場として利用されるようになった。

石灰岩は，主に炭酸カルシウムでできているため，他の岩石と比べるとやわらかく，焼いて生石灰[3]にしたうえで，水と反応させて砕くと消石灰[4]の粉になる。このため日本では飛鳥時代の仏寺建築文化伝来のころから，**漆喰**（しっくい）の原料として用いられてきた。日本の漆喰は，消石灰に，布海藻（ふのり）を煮溶かした糊や麻すさ（麻の繊維）を混ぜて練ったものである。江戸時代になると，防火・耐久性に優れた漆喰は，白色の外壁仕上げとして多用された。白鷺に例えられる姫路城は高知産の漆喰を用いている。

東京近郊では，江戸時代前期の旧・江戸城築城の漆喰として，青梅市成木（なりき）地区の石灰岩（**図 7-4**）を原料とした「八王子白土焼」が使われた。成木地区では，農閑期の重要な産業として，石灰岩を窯（かま）で焼成して消石灰を生産した。石灰石の焼成には，付近の山林の樹木が燃料として使われた。窯は採掘地の近くに平たん地と石垣を造成したものである。石垣に接して約 10 m（六間）四方に燃料を積み上げ，その上に握りこぶし

3) 生石灰（酸化カルシウム）：石灰岩を焼くと分解して酸化カルシウムができる。炭酸カルシウム→酸化カルシウム＋二酸化炭素（気体）。$CaCO_3 \rightarrow CaO + CO_2$,
4) 消石灰（水酸化カルシウム）：生石灰に水を反応させると，酸化カルシウム＋水→水酸化カルシウムができる。$CaO + H_2O \rightarrow Ca(OH)_2$

大の石灰石を山の形に載せて火をつけ，焼成して生石灰を作り，それに水をかけて反応させて消石灰とする。火入れから消石灰ができあがるまでには1か月程度かかったとされている。1661年（寛文元年）の記録では，石灰1俵当たり，銀一匁七分四厘五毛の価格[5]であった。また，1793年（寛政5年）の記録では，石灰石や樹木の切り出しから焼成までは，1つの窯でのべ2,750人の労働力がかかったとされている（青梅市教育委員会，1998)。製品は俵につめ，馬を使って現在の青梅街道を通じて江戸市中に出荷され江戸城の建材として使われた（**図7–5**)。

図7–4　江戸時代の石灰採掘跡
（青梅市成木）

図7–5　江戸城の田安門
1636年（寛永13年）に建てられたものとされる。壁の白色部分に漆喰が塗られている。国指定重要文化財。
(写真提供：朝日新聞社／ユニフォトプレス)

石灰岩は，日本国内で自給できる数少ない地下資源とされており，近代になると工業用に大量に用いられるようになった。

明治時代には，イギリスのセメント工業が輸入され，1873年（明治6年）からは国内でセメント工場ができた。1875年（明治8年）からは，最も一般的なセメントであるポルトランドセメント[6]の製造に成功して，生産が始まる。セメントに細かい骨材（砂）を混ぜたものをモルタル，細かい骨材（砂）と粗い骨材

5）米価格で比較すると，現在の2000円ほど。
貨幣博物館：https://www.imes.boj.or.jp/cm/history/edojidaino1ryowa/

6）イギリスで発明されたセメントの一種で，石灰石，粘土，ケイ石，鉄原料などを混ぜて焼成・粉砕したもの。名前の由来はイギリスのポートランド島の石材に似ていることによる。

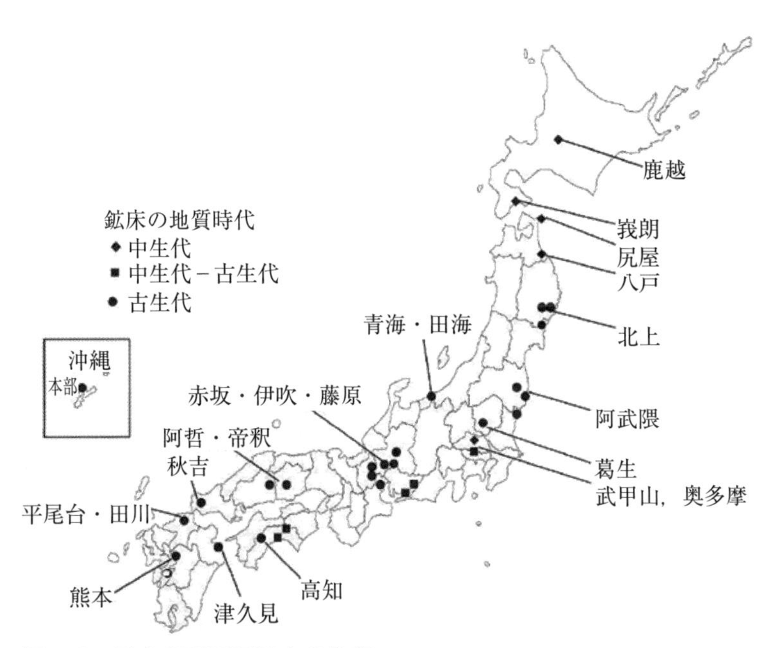

図 7-6　日本の石灰石鉱山の分布
カルスト地形の分布とも重なるところが多い。
（石灰石鉱業協会ホームページから　https://www.limestone.gr.jp/introduction/images/shoukai_20.gif）

（れき[7]）の両方を混ぜたものをコンクリートとよび，これらは主要な建築材料となる。東京などのコンクリートでできた大都会の街並みは，石灰岩や砂，れきが姿を変えたものとしてみることができるだろう。また，モルタルやコンクリートは火災に強い建材で，しばしば大火で焼け出されていた木造中心の日本家屋から，火災に強い都市構造への転換に役立った。

さらに，石灰岩は製鉄副原料として欠かせない物質でもある。高炉式製鉄では，鉄鉱石に石灰岩とコークスを混ぜて焼結し，これを高炉に入れて溶融する。鉄鉱石中の不純物は石灰岩と反応して除かれ，鉄鉱石の

7）砕屑物（さいせつぶつ）の分類については**第8章**を参照。

うち酸化鉄の部分は，コークスと酸素が反応することで還元されて銑(せん)鉄となる。さらに，これを転炉中で生石灰を加えて製錬すると，不純物がスラグとして取り除かれて，高純度の鋼(はがね)となる。製鉄によって生じる大量のスラグは副産物であるが，一部は高炉セメント材料などに利用される。明治期に日本で近代製鉄技術が輸入されると，各地の石灰岩体も製鉄用として採掘された。製鉄が日本の基幹産業として成長するためには，日本全国で石灰岩採掘ができる（**図 7-6**）という条件も必要であった。

石灰岩は，この他にも，化学製品，食料品，ガラス製造の際の副原料などとしても使われている。

石灰岩は大規模な露天掘り（**図 7-7**）で採掘されている。山を階段の形に爆破しながら切り崩していく，ベンチカット法[8]という採掘方法がとられていることが多い。白い石が，階段状に切り崩されている山があったら，それは石灰石鉱山と考えてよい。

図 7-7　石灰岩のベンチカット採掘　鳥形山
（日鉄鉱業(株)ホームページから https://www.nittetsukou.co.jp/company/images/index_6.jpg）

3. 緑の石のジオストーリー

2016 年（平成 28 年）に，日本鉱物科学会は「**ひすい**」を日本を代表する石としての「国石」として選定することを発表した。 選定の理由には，自然科学の観点のみならず，社会科学や文化・芸術の観点からも重要であり，ひすいが日本列島に住む人にとって，長い時間，広い範囲にわたって，その生活に関わり，利用されてきていることが挙げられている。

8）採掘法については**第 10 章**を参照。

ひすいは，鉱物学的には**ひすい輝石**という鉱物の集合体である。ひすい輝石は，ナトリウム，ケイ素，アルミニウムなどの酸化物[9]で，純粋なものは白色の結晶である。貴石としては，緑色の濃いものほど価値が高いとされているが，これは，主にアルミニウムを置き換えて結晶中に入る鉄の発色と考えられている。ひすい輝石よりも一定量以上の鉄などを多く含む結晶は**オンファス輝石**とよばれ，緑色をしている。貴石としての緑色のひすいは，ひすい輝石とオンファス輝石の混合物であるとされている。ひすい輝石を多量に含むひすい輝石岩は，付加体堆積物が沈み込んでできる深部相である**低温高圧型変成作用**によって生じることが多く，高い圧力で形成されることから，岩石の中では硬い特徴をもつ。

縄文時代に使われたひすい輝石岩は，新潟県糸魚川市付近の約5億年前の飛騨外縁帯青海変成岩類中のもの（**図7-8**）にほぼ限られる。ひすい輝石岩の年代としては約6億年のものも知られている。日本列島をつくる約6億〜4億年前の地質体は，プロト日本列島とよばれる。縄文ひすいはプロト日本列島の岩石を利用していることになる。

図7-8　糸魚川橋立ヒスイ峡のひすい輝石岩
画像下半分の白色の部分全体がひすい輝石岩。中央の人物は，低温高圧型変成岩研究の第一人者であった故坂野昇平 京都大学教授。

糸魚川産ひすい輝石岩由来の原石は，数百km離れた青森県三内丸山遺跡などでも，原石とその加工をした工房が発掘されている（**図7-9**）。徒歩か丸木船のような交通手段しかなかった時代に，遠方まで運んでも身につけたいものであったのであろう。ふつう，岩石を作る鉱物（造岩鉱物）は，透明，白，黒などの色のものが多い。このため造岩鉱物が組

9）ひすい輝石は，$NaAlSi_2O_6$という構造式で表される。

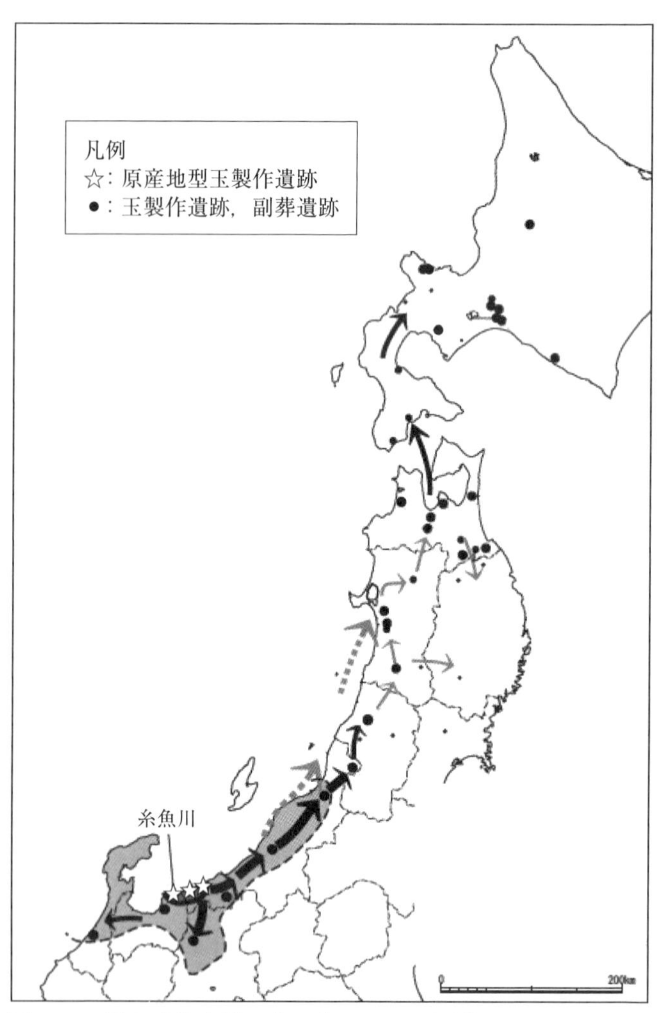

図 7-9　縄文時代晩期の東日本での玉の展開
（長田，2018 を改変）
新潟県糸魚川市から，青森県を経て北海道まで運ばれる交易ルートを示す。

み合わさってできる岩石は，白，灰色，黒などのモノトーンのものが多い。ひすい輝石岩は，その硬度を利用して最初は叩く道具などに使われたが，ふつうの岩石の中では珍しい緑色を呈することから，貴石として装身具に利用されるようになった（**図7-10**）。硬く壊れずに伝承できるということも選ばれた理由かもしれない。時代は日本とは異なるが，ひすい輝石岩は中国大陸や中南米などでも，貴石として装飾品や王の墓を飾るものとして利用されていて，人類共通の魅力をもっているとも思われる。

古代人が緑色の岩石を利用するのは，ひすい輝石岩だけではない。新生代に起こった日本海の拡大にともなう緑色凝灰岩も，しばしば管玉などの原料として用いられた。また，縄文時代の九州では，ひすい輝石と似た緑色を呈する含クロム白雲母と石英を含む岩石を使って玉製品を作っていたという説がある（大坪，2015）。

ひすい輝石岩はプロト日本列島の低温高圧型変成岩中に産するが，日本列島には別の時代の低温高圧型変成岩類が各地に分布している。その中で，最も延長の長い分布をもつのが**三波川変成帯**である。「三波川」というのは群馬県南東を流れる小さい河川で，この地域が日本で近代地

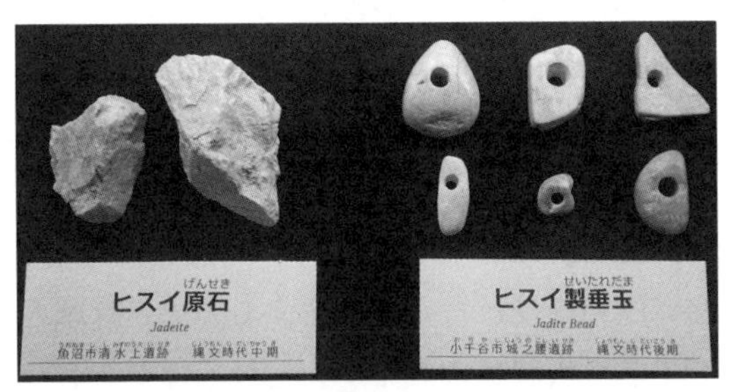

図7-10　縄文時代のひすい原石と垂玉
装身具として利用された。
（新潟県埋蔵文化財センター所蔵）

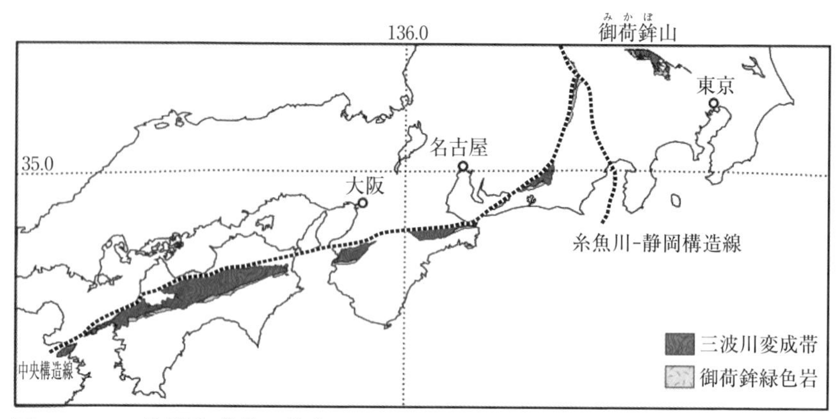

図 7-11　三波川変成帯の分布

地表に出ている部分は，関東地方から九州佐賀関地方に及ぶ。また長崎県にも分布がある。

質学が始まった明治時代に調査されたため，三波川変成帯の模式地[10)]となった。三波川変成帯は，模式地のある東端の関東から西端の長崎県まで，幅数十 km・延長約 1,000 km にわたって分布する（**図 7-11**）。変成帯は地下深部で白亜紀の付加体堆積物が変成作用を受けて再結晶[11)]した岩石でできている。地下深部でできるので硬く，地表に出た場合は独特の地形を作る。三波川変成帯分布域では，埼玉県長瀞，静岡県天竜，徳島県大歩危（おおぼけ）など，奇岩怪石を楽しむ川下りの観光スポットになっている。

三波川変成帯の岩石には，もともとは海嶺で噴出した玄武岩などが原岩になったものがあり，変成作用による再結晶で角閃石や緑泥石などの緑色の鉱物がたくさん生じ，**緑色片岩**という緑色の岩石になる。また，付加体深部で高い圧力を受けながら変形するので，**片理**（へんり）という一方向に割れやすい面を生じ，板状に割れやすいという性質をもっている。

緑色片岩が緑色で板状に割れる性質を利用したものとして，鎌倉時代から室町時代にかけて作られた**板碑**（いたび）あるいは石塔婆とよばれる石造の供

10）岩体，地層，化石の標準となるものが分布する地域もしくは地点。
11）岩石（固体）の中で新しい結晶ができること。

養塔がある（**図 7-12**）。板碑の制作は鎌倉時代に関東地方から始まったとされている。関東地方で広く使われた板碑は，埼玉県の三波川変成帯に属する緑色片岩が使われ，武蔵型板碑に分類される。緑色片岩は石材名としては青石ともよばれ，埼玉県産青石を使った板碑は青石塔婆ともよばれる。原料となった青石は，埼玉県長瀞町や小川町で採掘され，採掘跡はジオパーク秩父のジオサイトや国指定文化財になっている（**図 7-13**）。石材はここから関東圏に広く流通した（**図 7-14**）。武蔵型板碑は，それまでの五輪塔のように複数の石造物を組み合わせていたのとは異なり，一枚の薄い板状の緑色片岩を加工して作成されるのが特徴である。頂部は山形にし，その下に二本の溝（二条線）をはさんで，仏や菩薩などを表す梵字（種字）や図像を彫刻するのが基本形となっている。

図 7-12　1227 年（嘉禄 3 年）銘のある最古の武蔵型板碑
（埼玉県熊谷市立江南文化財センター展示）

図 7-13　埼玉県小川町割谷の武蔵型板碑の採石遺跡
石材に加工の跡が残る。

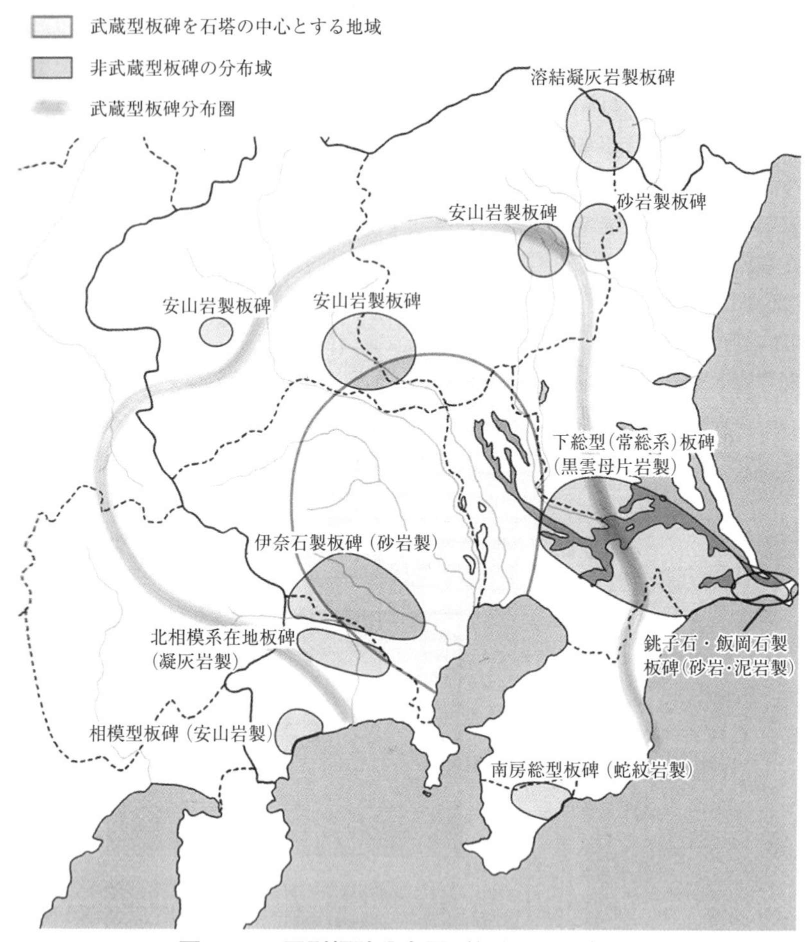

図 7-14　同型板碑分布図（伊藤，2023）

東国のものでは仏として阿弥陀如来を刻するものが多い。銘文としては，供養される者や供養する者の名，紀年銘[12]，真言および造立趣意[13]などが刻まれ，故人の追善供養を祈ったとされている。初期の板碑は東国武

12）建立された年を示す。
13）建立の目的を記す。

士の居館や信仰した寺の近くに建立され，14 世紀中ごろの南北朝のころに最盛期を迎えた。15 世紀になると，小型化したり，墓碑のように用いられたりするようになり，江戸時代に入る 17 世紀には製作されなくなったとされる。東日本では，鎌倉時代から室町時代の約 150 年間に，確認されているものだけでも数万基以上が作成されたとされている。武蔵型板碑では，埼玉県の石材の採石地では，板状に切り出して頂部を三角に成形するところまでの作業が行われ，これが河川を通じて，東京湾付近まで運ばれた（**第２章１節**）。この石材を二次加工し，梵字や紀年銘を彫った工房が東京湾周辺に何か所かあったことが，梵字の下に描かれる蓮座の彫り方などの特徴から推定されている。隅田川と旧中川に面した浅草の工房の他，鎌倉街道などの陸路で多摩川付近や相模川付近まで運搬されて，それぞれ別の工房で加工された。板碑の流通から，中世の人の動きが可視化できる。

このような板碑の作成は，東日本から全国に広がり，各地で得られる石材を利用して制作された。徳島県でも三波川変成帯の緑色片岩（伊予（いよ）青石）が用いられ，阿波型板碑とよばれている。石材の加工のしやすさによって板碑の形は変わるが，仏を示す梵字もしくは仏像が必ず彫られている。また，ほとんどのものに紀年銘が，また多くのものに造立趣意が刻まれるという共通点がある。

平安時代から，人々は仏教が説くところの末法[14]の時代に入ったことを信じ，来世の極楽浄土を願った。鎌倉時代になって武家の世になると，武士が貴族に代わって寺社や供養塔の建立を行うようになった。これが東国で板碑が盛んに製作された背景とされている。その後，貴族や武家のものであった仏教が大衆化すると，来世での極楽浄土よりも現世での救済が信仰されるようになり，現在のように人が亡くなると個人を弔うようになった。板碑が廃れるようになったのは，このような仏教思想の

14）仏教の考え方で，釈迦の入滅後から遠く隔たり，教えの効力が失われる時期。日本では西暦 1052 年（永承７年）から末法に入ったとされた。

変化やそれを信仰する人たちの心の変容によると推測されている（千々和，2007）。信仰の対象から外れると，板碑はただの石になり，破壊されたり，建材として再利用されたりするようになった。同じ岩石であっても，それを扱う人間の心のありようによって，かくも価値が変わるものである。

4. おわりに

日本列島はジオダイバーシティが高く，大地を作る岩石は多種多様である。本章では，多種多様の岩石のうち，白い石灰岩と緑色の変成岩を取り上げた。これらの岩石は，収束型プレート境界の海溝で形成された付加体堆積物や，それが変成作用を受けてできたものである。日本列島に住む人は，付加体堆積物とそれが変化してできた変成岩を眺め，これをさまざまに感じ，そして利用してきている。石材としての利用や流通，および使用目的などから，多種多様な岩石と日本に住む人の動きや心の中を映すジオストーリーを読み解くことができる。

【課題】

本章では白い岩石と緑の岩石について扱ったが，白や緑の岩石について別のジオストーリーも編むことができる。また，本章を手掛かりにして，真っ赤な岩石や真っ黒な岩石についても扱うこともできるだろう。調べてジオストーリーを考えてみよう。

参考文献

鈴木寿志編，（2024）『変動帯の文化地質学』京都大学出版会，557 頁．
日本の文化地質学研究者による成果をまとめたもの。本書では扱わなかったテーマについて相補的に読むことができる。

8 「石」で読み解くジオストーリー 2

大森聡一

《**目標＆ポイント**》 岩石に関わるジオストーリーを，岩石の成因にさかのぼって考えることで，物語のシステムを拡げる。地球の岩石は多様化の過程を経て生成したので，それぞれの岩石自体に地球スケールの物語が存在する。その物語を読み解き，私たちの暮らしと固体地球の営みをつなげよう。
《**キーワード**》 ジオストーリー，岩石，造山帯，多様性

1. 造山帯と「石」の多様性を造る過程

（1）造山帯

地球は，太陽系の地球型惑星の中で最も岩石の多様性が大きい惑星であると考えられる。液体の水が存在し，プレート運動により地表とマントルの間に物質の循環が存在し，そして生命が存在することが，地球の岩石を多様に分化させた。**第7章**では，日本列島を構成する物質に注目して，石灰岩，ひすい輝石岩，および緑色片岩のジオストーリーを紹介したが，これらの岩石はいずれも地球の岩石多様性を象徴する岩石である。このような岩石が，日本列島に分布しているのは偶然ではない。

第7章でもふれたように，日本列島は，プレートの沈み込みに関係して形成された，造山帯という地質体である。太平洋型造山帯は，プレートの沈み込み，火成活動，および付加というプレート運動に関係した現象と，岩石の風化・侵食・運搬という地表の作用を主な駆動力として形成され，これらの作用により生成した岩石が物質的な構成要素となって

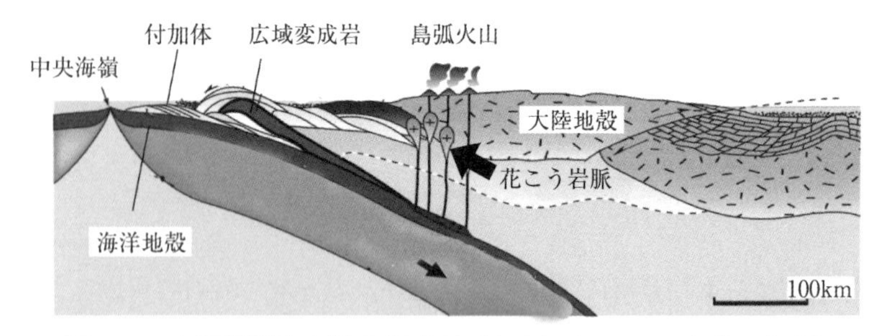

図 8-1　太平洋型造山帯の模式図（丸山ほか，2011 を基に作成）

いる（**図 8-1**）。次節からは，これらの造山帯の現象と岩石多様性の関連について説明しよう。

（2）プレートの沈み込み

プレートテクトニクスでは，地球表面を覆う十数枚の岩盤の水平移動とそれらの相互作用が，大地の変動の原動力になっていると考えている。プレートが相対的に近づく方向に運動している場合に，その境界で片方のプレートがもう片方の下に潜り込むという現象が起きる。これをプレートの沈み込みとよび，プレートが沈み込んでいる場所を沈み込み帯とよぶ。沈み込むプレートは海洋地殻に覆われたプレート（通称で海洋プレートとよぶ[1)]）である。大陸地殻を載せたプレートも 150 km 程度の深さまで沈み込むことが知られているが，この場合は，大陸と大陸の衝突と見なして，衝突帯とよんでいる。

沈み込み帯の範囲についての厳密な定義はないが，後述する海溝から沈み込まれる側へ数百 km の範囲を指す場合もある（**図 8-2**，**図 8-3**）。沈み込まれる側のプレートには，表面に密度が小さい大陸地殻が存在する場合が多い（通称で大陸プレートとよぶ）。しかし，沈み込み帯が新

1）プレート運動の説明で，海洋プレートや大陸プレートという表記をしばしば用いるが，これらは通称であって，プレートが 2 種類に分けられるわけではない。多くのプレートにおいて，1 枚のプレートに「海洋プレート」の部分（表面が海洋地殻）と「大陸プレート」の部分（表面が大陸地殻）の両方が存在している。

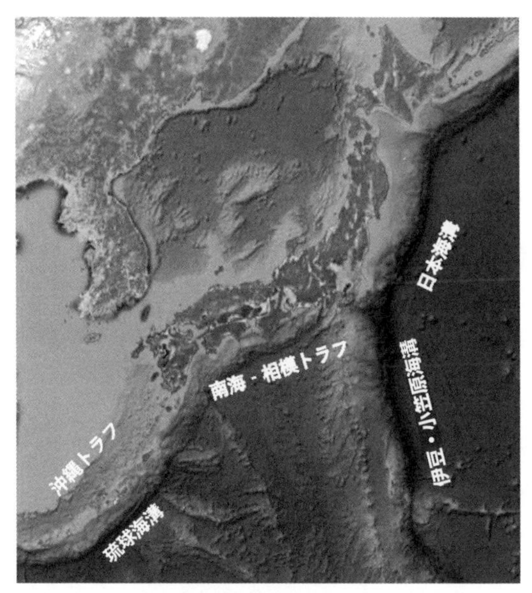

図 8-2 日本付近の海底地形（Google map）

たに誕生する場所では，海洋プレートに海洋プレートが沈み込んでいる。伊豆－小笠原の沈み込み帯は，海－海の沈み込みの例である。

プレートの沈み込みは海底に谷のような地形を造り，この地形は海溝またはトラフ[2)] とよばれている（**図 8-2**）。プレートの沈み込みは，地表物質をマントルへ輸送し変成岩を生成し岩石を多様化させる。また，後述する火成活動も岩石を多様化させる原因となっている。地震の多くは，プレートの沈み込みに関連して岩石に歪みとして蓄えられたエネルギー

---

2)「海溝」と「トラフ」は，プレートテクトニクスが提唱される以前から存在していた地形的に定義された用語である。よって，厳密にはその成因（プレートの沈み込み）とは関係ない用語であるが，地球の海溝は結果的にはプレートの沈み込みに関係して形成されているため，「海溝」が沈み込み帯のプレートの入り口を指すと考えて間違いはない。一方，海溝よりも浅い海底の谷状地形を表す「トラフ（舟状海盆）」には，海溝のようにプレートの沈み込みによって形成された場所（例えば南海トラフや相模トラフ）と，プレートが引っぱられて盆地状にくぼんだ場所（例えば沖縄トラフ），というプレートテクトニクス的には反対の意味をもつ場所が含まれるので要注意である。

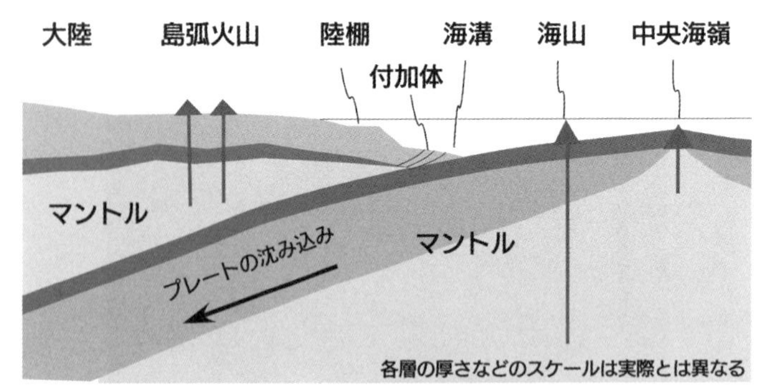

図 8-3　沈み込み帯の模式断面図

が原因で発生している。

(3) 火成活動

沈み込み帯では，マントルからは玄武岩質のマグマが生成し，また地殻内での分化，融解，および混合によって，安山岩質～花こう岩質のマグマが生成する。プレートが沈み込み始める初期の段階では，プレートの海洋地殻が融解してマグマが発生する場合もある。マグマが火山から地表に噴出すると，火山岩や火山砕屑岩を形成する。マグマが地下でゆっくり冷えると深成岩となる。これらのマグマや岩石はマントルよりも密度が小さいので，マントルの上に浮いて陸を形成することになる。沈み込み帯の火成活動で生成した陸を，島弧[3] とよんでいる。

---

3)「島弧」も，もとは地形的に定義された用語であるが，プレートテクトニクス以後は沈み込み帯の火成活動と付加で生成した陸を指す語としても用いられている。ややこしい話ではあるが，例えばアンデス山脈は地形学的には島弧ではないが，プレートテクトニクス的には島弧である。一方，ハワイ諸島は地形学的には島弧だが，プレートテクトニクス的には島弧ではない。さらにややこしい話になるが，現在の日本列島は地形的にもプレートテクトニクス的にも島弧である。しかし，その形成過程のほとんどはユーラシア大陸の縁に位置していて，アンデス山脈のようにプレートテクトニクス的には島弧であったが地形的には島弧ではなかった。現在のように地形的にも島弧となったのは，2500 万年前から始まった日本海の形成にともない大陸から分離し，隆起して陸化した後のことである。

マグマが地表付近に存在すると，地表からしみ込んだ雨水がマグマの熱で熱せられて，熱水が生成する。熱水が地表に戻ったものが温泉である。熱水は加熱されると同時に岩石と化学反応を起こし，岩石の化学成分が熱水に移動するので，岩石の化学組成を改変し多様性を増加させる。また，熱水に溶けた岩石成分が，温度の低下や pH の変化などで沈殿して固結すると，ここにも新たな岩石が生じることになる。

(4) 付加と構造侵食

プレート運動にともない発生する「付加」とは，沈み込むプレートの表面の物質や海溝の堆積物が，沈み込まれるプレート側の縁に加えられる現象のことである。付加によって形成された地層を付加体とよんでいる（**図 8-3, 図 8-4**)。付加体は，海溝に平行な方向に延びた分布を示し，陸側で古く海側で新しい。

沈み込む海のプレートから付加する物質は，玄武岩質の海洋地殻およびその上に堆積した遠洋性堆積物（微細な泥やプランクトンの殻，塊状マンガン・コバルトなど）であるが，海山がプレートに載って移動して来た場合には，**第7章**で紹介したように，海山そのものが陸側に付加する場合もある。付加により，広大な海洋底の岩石が，陸の縁に圧縮された形で保存されることになり，造山帯の岩石の多様性を増加させている。伊豆半島は，海洋プレート上に形成された島弧が本州に衝突したもので，これも大規模な付加であると考えることができる。

一方で，沈み込むプレートは沈み込まれる側の物質を下から削り取りながら，マントルへと運搬する働きももっている。この作用を構造侵食とよび，付加とは逆に陸を減少させる作用になる。世界の沈み込み帯は，付加型と構造侵食型に分類されていて，堆積物の供給量が多いと付加型，少ない場合は構造侵食型とするモデルが提案されている（山本，2010)。

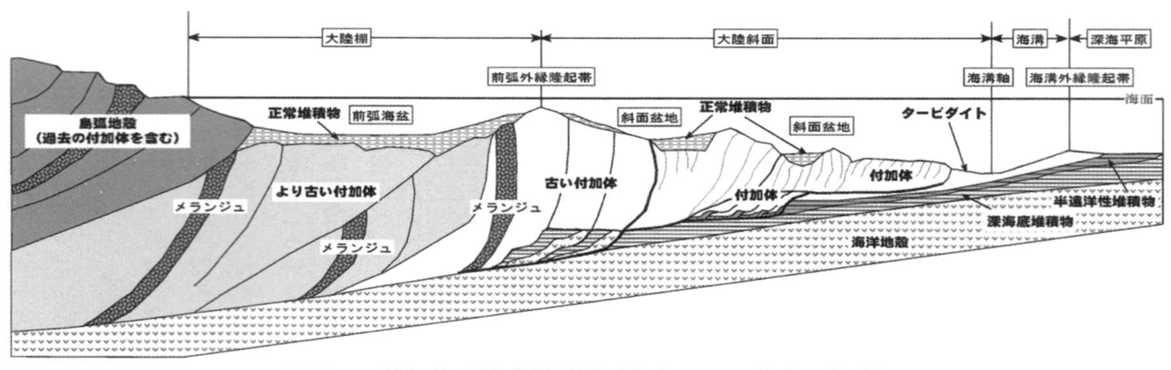

図 8-4　付加体の模式断面図（小出，2010 を基に作成）

日本列島においては，日本海溝は構造侵食型で南海トラフは付加型である。

（5）風化侵食

陸地を構成する岩石は，風雨にさらされ物理的に破壊されて，その姿を変えてゆく。このような作用を物理的風化とよんでいる。島弧や山脈の形成は，岩石の風化を促進し，砕屑物（砂や泥）が生成され河川を経由して，これらが海底に堆積する。砕屑性堆積岩は，このようにして生成した，礫（直径2mm以上の小石），砂，泥が河川を経由して河口から海中に堆積して生成する。この移動の間に，粒径や密度による分別が起きて，礫を含む礫岩，砂を主とする砂岩，最も粒子が細かい泥岩，という分化が起きる。もととなる陸の岩石（初期においては火成岩）が風化という過程によって，異なる化学組成の堆積岩に変化するという過程である。

風化による侵食で生成した堆積物は，陸の付近に積もって地層となるが，海底土砂崩れが起きると，斜面に積もった堆積物がより深い場所へと移動する。この時の体積の移動で津波が発生することもある。陸の付近で最も深い場所は海溝で，そこまでたどり着いた堆積物は，プレートの沈み込みによってマントルへ運搬される場合もあるし，付加によって付加体に取り込まれることもある。

物理的風化が起きる際に，岩石の成分が雨水などに溶け出す化学的風化とよばれる現象も同時に起きている。化学的風化によって雨水は，純水ではなく，いわゆるミネラル成分を含む水となり，海に岩石の化学成分を運搬することになる。このようにして海に運ばれたカルシウムイオンは，海の生物が殻を作る原料として使われることになる。

2. 岩石のストーリー

（1）岩石の個性

前節では，造山帯で起きる現象と岩石の多様化の関係について説明したが，ここでは，岩石を中心にして，その多様な岩石がもつストーリー（私たちが岩石から読み取れること）について説明しよう。そもそも地球科学の流れとしては，多様な岩石が分布する場所があるという記載から始まって，その岩石の情報と，実験岩石学やプレートテクトニクスの理論を総合することによって，先に説明したような造山帯のモデルが作られた。

ここまで，「多様な岩石」と書いてきたが，そもそも岩石の多様性とはどのようなものだろうか。岩石は，まず，その成因（どのようにしてできたのか）によって分類されている。火成岩，堆積岩，変成岩，および熱水変質岩といったくくりは成因的な分類に基づいている。その分類の中で，さらに成因を細分する場合もある。同じ成因をもつ岩石は，その化学組成，構成鉱物[4]の種類，および組織などによってさらに分類される。これらの性質が，岩石の個性となっている[5]。

岩石の化学組成は，構成物質の大部分を占める主要成分としては，Na_2O, K_2O, MgO, CaO, FeO, MnO, Al_2O_3, SiO_2 の 8 成分，これに加えて含有量が少ないその他の元素と揮発性成分（高温になるとガスとして放出される H_2O, CO_2 など）で表される。主要成分は岩石の分類などに用いられるが，資源としての活用を考える場合などは，微量元素の含有量も個性として重要視されることがある。これらの性質を反映した，有用・

4）「鉱物」と「岩石」というのもややこしい用語である。岩石は鉱物の集合でできている。鉱物は，化学組成と結晶の性質で定義される無機物質である。「石」と一般的によぶ場合には，岩石と鉱物の両方を指すことが多いが，専門的な名称では，○○岩という名称は岩石，××石という名称は鉱物を指す。石材などでは，しばしば岩石を△△石とよぶが，これらは学術名とは異なる通称である。

5）地球科学の流れとしては，岩石の個性の記載から始まって，その岩石の成因が明らかにされ，成因的な分類が可能になったということになる。

希少な鉱物の含有，物理的な性質（強度など），および色や模様や形状などの特性が，私たちの暮らしと岩石を結んでいる。

以上は岩石学的な多様性であるが，もう1つの岩石多様性の軸が年代である。放射年代測定法や岩石に含まれる化石の情報から，岩石の生成年代を絞り込むことができる場合がある。岩石の生成年代は，その岩石を含む地域の形成史の解明に不可欠の情報であり，また，岩石の成因の解明にも大きな役割を果たしてきた。

地表において，どこに，どの年代の，どの種類の岩石が分布しているかを調べるのが，地質調査の基本であり，その結果を地図上に示したのが地質図である（**口絵4**）。日本列島が5億年間続いた造山帯であることも，このような地質図を作る過程で明らかにされてきた。足元（の地下）にある岩石の種類を知るだけでも，私たちの暮らしを含むシステムの理解の一端になるが，さらに一歩踏み込んで，その岩石がそこにある意味を考えると，さらに地球とのつながりを感じることができるだろう。次節からは，主な岩石の分類について，その概要とジオストーリー的な含意について紹介しよう。

（2）マントルの岩石（超苦鉄質岩）

マントルは，表層をおおう岩石の層である地殻（厚さ5～80 km程度，平均30 km程度）の下から，深さ2900 kmまでの範囲に分布する岩石の領域である。マントルの岩石が融けたり固結したりする過程を経ることで地殻が作られ，岩石の多様化が始まった。マントルの岩石は基本的には地殻の下に存在しているが，この岩石が地質図に示すことができる程度の広域に露出している場所も少なくない。地表に出現したマントルの起源や成因には未解明の点もある。現在も地球科学の興味の対象となっている。

比較的研究が進んでいるのは，オフィオライトとよばれている超苦鉄質岩を含む一連の岩体で，この岩体は，地殻とその下のマントルの一連の岩石の連なりであると推定されている。オフィオライトにもいくつかの分類がされているが，基本的には，沈み込まれた側のプレートの物質であると考えられている。沈み込むプレートの上に乗り上げたマントルの岩石が地表に表れたのである。

海底にも，マントルの岩石が露出している場所があることが，潜水艇による調査で明らかになってきている。海洋底では地殻が厚くても7 km 程度であり，マントルの岩石が比較的地表（海底）付近に存在している。水平移動する海洋プレートには引っ張り力が働いているため正断層ができて，下部海洋地殻とその下のマントルが海底に露出する高まり地形が形成されることがある。これを海洋コアコンプレックスとよんでいる。海底にかんらん岩が露出したり，断層経由で海水が浸潤することにより，かんらん岩が水と反応して含水鉱物である蛇紋石が生成して，蛇紋岩となる場合もある。蛇紋岩の密度はかんらん岩に比べて20％程度小さいので，浮力を得て海底の高まりとなる。日本付近では，フィリピン海プレートの海洋コアコンプレックスが知られている。海洋コアコンプレックスもプレートとともに移動するため，沈み込み帯に到達すると，海洋プレート上の物質と同様に沈み込んだり付加したりすることになるだろう。地表の起源不明の超苦鉄質岩体の中には，付加した海洋コアコンプレックスもあるだろう。

近年，地表のかんらん岩体や海洋コアコンプレックスは，地球温暖化との関連でも注目されている。マグネシウムとカルシウムを比較的多く含むかんらん岩は，CO_2 と反応すると，炭酸カルシウムや炭酸マグネシウムなどが生成される。大気中の CO_2 を固体の化合物として固定する媒体としての利用が検討されているのである。また，かんらん岩と水が化学反応して蛇紋岩が生成される際に，かんらん岩中の2価の鉄が水の酸素を奪って3価の鉄になり，酸素を奪われた水が水素となる反応が起きることが，天然の観察や実験から知られている。このようにして発生した水素は，natural hydrogen とよばれる天然産水素の一種で，近年，エネルギー資源としての活用が模索され始めている（**第14章**）。また，この水素が作る還元的な環境が，生命誕生の場や初期生命の生息環境である可能性も提案されていて，地球生命史的な観点からも，地表や海底に現れたマントルの岩石は注目されている。

（3）火山岩（流紋岩，安山岩，玄武岩など）

マグマが固まってできた火成岩という分類のうち，火山などから地表に噴出して急冷されて固まった岩石である。火山ガスを含んだまま冷えると，気泡を含むスカスカの岩石になる。化学組成の違いによって異なる岩石名が付けられている。化学組成の違いは，構成鉱物と岩石の色に反映されている。マグマが冷却する場所や冷却速度などを反映して，枕状組織や柱状節理などの露頭スケールの構造を呈する場合があり，特有の景観を作ることがある。

ある地域に火山岩が分布するということは，すなわちマグマを地表に放出する火山噴火が起きたことを示している。プレートテクトニクスを考慮すると，その場に火山があった場合だけでなく，別の場所（海山や中央海嶺）で生成した岩石がプレートに載って移動してきて付加した岩体である可能性もあることに注意が必要である。同じ玄武岩であっても，中央海嶺で生成した海洋地殻，島弧の火山活動，およびホットスポット火山などの異なる起源があり得るが，岩石の組織や周辺の地質との関係に加えて，岩石に含まれる微量元素組成を分析することによって，マグマの起源に関する情報を得ることができる。もし，中央海嶺やホットスポット起源の玄武岩が日本列島に分布していたとしたら，それはプレートの移動で運搬されて付加したものであると推定できる。

また，多くの場合，火山岩は放射年代測定により噴火年代を測定することができるため，噴火の時期，噴火の間隔などを見積もることが可能である。火山岩の年代が決まると，同時期に噴出したマグマの量の下限を見積もることができるので，過去に起きた噴火の規模も推定可能である。

火山岩には，マグマが固結した時点の地磁気の向きや強度も記録されている。火山岩に含まれる磁性鉱物が，冷却過程でキュリー点を下回って磁化された時点の地磁気の情報が残るのである。この記録を解読することで，地球の磁場の向きがときどき反転していたことが発見された。地磁気逆転の発見においては，1926 ～ 1930 年の松山基範による研究の貢献が大きい。兵庫県豊岡市の玄武洞の約 160 万年前の玄武岩から，現在とは逆の方向の磁気を帯びている岩石が発見されたことをきっかけに，現在と磁気の向きが異なる時代の存在が示された。

火山岩は，その地域の地下水の形成にも関係している。古い溶岩と新しい溶岩の境界は水を通しやすく，地下水の通り道となるため，複数回の噴火で形成された火山には地下水が豊富である。

火山噴火は，その規模によって，全地球的な気候変動に関わることもあるし，溶岩流による地域災害をもたらす場合もある。地球上には巨大火成区（LIPs：Large Igneous Provinces）とよばれる数百万 km^3 以上の溶岩の噴出をともなった火山活動の痕跡が残っている（シベリア 250 Ma，デカン 66 Ma，オントンジャワ 160 Ma など）。LIPs は，マントルプルームの先端が地表付近に到達した際に起きると考えられている。このような火山活動は，気候や生命の絶滅にも影響を与えた可能性が示唆されている。

身近な防災の観点からは，現在活動中の火山の 100 年～ 10 万年に一度起こるような噴火の周期性の有無と，あればその周期を知ることが重要である。地震と同様に，歴史記録以前の情報が不可欠であり，火山岩と後述する火山砕屑岩の記録の解析が重要である。

（4）火山砕屑岩（火山角礫岩，凝灰岩，溶結凝灰岩など）

火山噴火によって噴出した粒子物質（火山砕屑物）が堆積した岩石。火山灰のように空中を漂い噴火口から遠く離れた場所に堆積する場合や，火砕流として高温の砕屑物が火口から大量に高速に移動して堆積する場合もある。火山砕屑物は，物質的には火山岩と同様であるが，ガスを含む割合が大きく，マグマがガス中に浮いているような状態で噴出，移動する。

火砕流は，噴火により放出された火山灰や岩塊，およびすでに形成されていた溶岩ドーム（内部は高温）が，噴火で上昇した高度と噴火口の高さによる位置エネルギーを流下速度に変えて山を駆け下りるため，その速度は時速 100 km 以上に達することが珍しくない。溶岩流の移動速度は一般的に時速数 m ～数十 m であるので，止めることは難しくても避難することは可能であるが，火砕流の移動速度は人の移動速度を超えるため，大きな人的被害をもたらす場合がある。

火山砕屑岩も火山岩と同様に，過去の火山活動の記録である。火山灰は溶岩に比べて，はるかに広範囲に広がることが特徴である。その火山灰の広がりが，噴火の規模を推定する手がかりとしても用いられている。火山岩と同様に，火山砕屑岩も放射年代測定により噴火年代を見積もることができる。火山灰は短時間に広範囲に降り積もり，地層の中に数 mm から数 m の凝灰岩層として保存されることがある。異なる地域の地層に，同じ時間に堆積するので，地層の対比に用いられる。また，その噴火年代からその凝灰岩を含む地層の堆積年代を求めることができるため，地質学的にも非常に重要な鍵層としての役割をもっている。

（5）砕屑性堆積岩（れき岩，砂岩，泥岩など）

物理的風化により生成した砕屑物（礫や砂や泥）が堆積し，その後の続成作用とよばれる過程を経て固結した岩石を砕屑性堆積岩とよぶ。砕屑物は，主に水によって移動するが，風によって陸上を移動する場合もある。砕屑物が移動する間に，粒径や密度による分別が起きて，礫を含む礫岩，砂を主とする砂岩，そして，最も粒子が細かい泥岩，という分化が起きる。

砕屑物は風化生成物なので，砕屑性堆積岩が生成した分だけ元の岩石が失われていることになる。言いかえると，風化でなくなってしまった過去の山の物質的情報が，砕屑性堆積岩に記録されていることになる。

砕屑物が水中で堆積する際には，その場所の水流の向きや強度などの環境が反映される場合がある。極端な堆積環境が発生した場合には，特徴的な堆積物や堆積岩として，その出来事が記録されることになる。例えば，津波が発生した場合には，海底に堆積していた物質が陸上に運搬されて堆積する現象が発生する（**図 8-5**）。後で，一連の地層として観察すると，突然異なる種類の物質がある瞬間だけ堆積していることで，この現象を認識することができる。このような堆積物を津波堆積物とよび，歴史時代やそれ以前の津波の記録として重要視されている。また，海底で土砂崩れが起きた場合には，巻き上げられた泥砂が，粒子の大きな砂から沈降し最後に細かい粒子の泥が積もることで，砂岩と泥岩の地層のセットが形成される。このようなセットが繰り返される地層を互層とよぶが，これは繰り返す海底土砂崩れの記録であり，大規模な海底土砂崩れの原因の１つである巨大地震の記録もそこに含まれていることになる。**第６章**で述べたように，数千年に一度起こるような巨大地震を

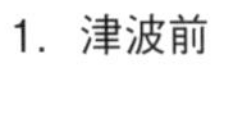
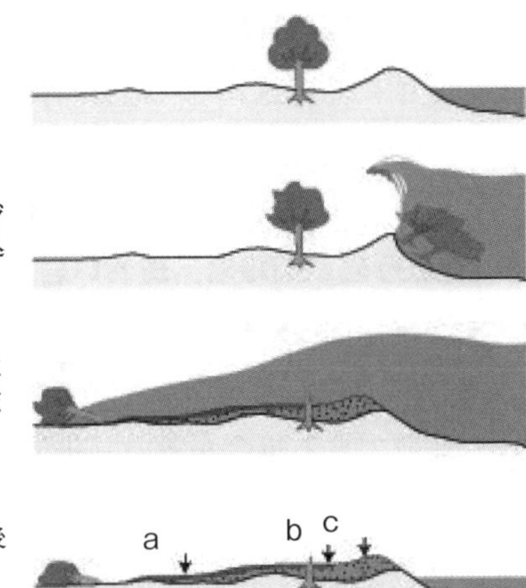

図 8-5 津波堆積物の形成過程
(産業技術総合研究所：津波堆積物データベース)

扱う場合には歴史記録以前の情報が不可欠であり，堆積物や堆積岩の記録の解析の重要性はとても大きい。

一方で，湖や湾など相対的に静かな環境で堆積した堆積岩は，堆積物の時間変化を層状に記録するという性質をもち，気候変動を含む環境の変化の記録媒体として重要である。堆積物には花粉や植物化石など環境を反映する物質が含まれているため，これと併せて解析することで，その地域の気候変動を見積もることができる。この場合，堆積時や堆積後に層が乱されないことが重要なのである。湖の堆積物には，年縞(ねんこう)とよばれる 1 年の季節変化に起因する堆積物の変化を反映した縞模様が 10 万年以上保存されている場合がある。福井県の水月湖の湖底堆積物からは，1 年で 0.7 mm 程度の年縞が 16 万年分採取されていて，国際的にも非常にまれな情報を提供している。また，先に述べた地磁気の向きは，堆積岩中の磁性粒子（砂鉄）の向きにも記録される。古東京湾で数百万年前から50万年前頃に堆積した砂岩〜泥岩はこの記録をよく保存しており，国際的な地層の基準に認定されて，地質時代にチバニアンの名称が付けられた。

（6）深成岩（花こう岩，閃緑岩，斑れい岩など）

深成岩は，マグマが固まってできた火成岩という分類のうち，地下深部でゆっくりと固まった岩石である。結晶がすき間なく大きく成長し，肉眼でも粒子が確認できる場合が多い。化学組成の違いによって異なる岩石名が付けられている。化学組成の違いは，構成鉱物と岩石の色に反映されている。鉱物の色や結晶の形が特徴的な模様を作る場合もある。

地表に噴出した火山岩が風化によって削剥されて失われた場合にも，地下に埋没している深成岩体は，10億年の時間スケールでも保存されることがある。火山の下のマグマだまりが地下で固結した深成岩は，その上に過去に火山が存在した痕跡ということになる。太平洋型造山帯では，島弧火成活動によって生成されたマグマによって火山と深成岩が生成され，地下に残る深成岩が蓄積することによって陸の体積が増加することになる。

深成岩が地表で風化する際には，大きなブロック状の塊から，しだいに規則正しい割れ目が発達し，砂へと変化する。この過程で，特徴的な景観が作られることがある。一方で，風化が進んだ時点で大規模な土砂崩れが発生する場合があり，花こう岩が広く分布する西南日本では，花こう岩の風化に起因する土砂災害もしばしば発生している。

（7）化学岩

化学的風化や温泉などで生成された岩石成分を溶かした水溶液中のイオンが，化学的に沈殿した岩石を化学岩とよぶ。化学岩の形成は，地球が液体の水をもつことに起因しているといえる。地球型惑星の中では，火星の表面に水中で沈殿したと思われる通称「ブルーベリー」とよばれる粒子が発見され，かつて火星の表面に液体の水が存在していた証拠と考えられている。

生物の生体鉱化作用（次項参照）が本格的に開始したのは，約6億年前頃と考えられており，それ以前の海洋では，化学的沈殿が海洋の組成をコントロールしていたと考えられる。全球凍結の後に，高 CO_2 濃度になった大気と海洋のカルシウムイオンが一気に反応して，ぶ厚い石灰岩が生成するなど，環境の激変を記録する場合もある。また，光合成生物が活動を開始し始めた後に，酸素と海洋に溶けていた2価の鉄イオンが反応して形成された鉄さびの地層（縞状鉄鉱層）も，生物起源の酸素を使ってはいるが沈殿は無機的な反応なので，化学岩の一種と考えてよいだろう。

（8）生物岩

生物が，その活動の一環として化学岩と同じような物質を生成し，それが堆積して固結した岩石が普遍的に存在する。これらを生物岩とよぶ。生物起源の砕屑物は，生体鉱化作用とよばれる生物の代謝活動にともなって鉱物が生成する過程によって作られる。主に水中の溶存イオンが原料として用いられるため，生物の作用によって析出した物質か否かという点の違いを除くと，化学岩と同じ岩石が作られる場合もあり，岩石の名称も化学組成が同じであれば，化学岩と同じ名称でよばれる場合もある（石灰岩，チャートなど）。

生物岩の形成は，生体鉱化作用の存在と密接に関連している。地球では，原生代初期から，生物の代謝生成物が反応物となって化学岩の原料として使われていた。しかし，遺伝プログラムに基づき，生命が自身の体（殻や骨格）として鉱物を生成するようになったのは，約6億年前からであると考えられている。生物岩が存在するかどうかは，動物などの高等生命誕生とも関係していることになる。

第7章で紹介された石灰岩は，代表的な生物岩の一種である。純度の高い石灰岩は，陸からの砕屑性堆積物の供給がほとんどない海洋で生成し，プレートに運ばれて日本列島に付加している。一方で，陸地付近で生成された石灰岩は陸の物質の混入を受け，化学組成的には不純物が多いが，その見た目の風合いなどから石材として利用されることがある。琉球石灰岩とよばれている琉球列島付近で生成された石灰岩は，その一例である。

（9）変成岩

ここまでに説明したような岩石が，マグマの熱やプレートの沈み込みによって，高温や高圧の環境に置かれると，岩石内部で化学反応が起こり新たな鉱物が形成される。このような化学反応による変化を変成作用とよび，変成作用を被った岩石を変成岩とよんでいる。

変成岩は化学反応の生成物なので，その個性は，反応物の種類（原岩：元の岩石）と反応が起きる物理条件で決まる。反応物は，すべての岩石が候補となり得るので多種多様であるが，広範囲に分布する変成岩の原岩は，沈み込むプレートの海洋地殻を作る玄武岩質の火成岩，陸の地殻を作る花こう岩～安山岩質の火成岩，および各種の堆積岩の3種類である。

それでは，変成岩が生成される温度や圧力の条件はどのようになっているだろうか。変成岩が経験した温度と圧力は，その反応生成物である鉱物の種類と化学組成を求めて，熱力学の原理を適用することで見積もることができる。現在のところ地表に出現している変成岩のうち，最も深い場所で生成したものは深さ 200 km（圧力 70 万気圧）程度である。プレートの沈み込みは，上部マントルと下部マントルの境界（660 km）にまで達していることは地震波の観測の解釈からわかっているので，この深さは，沈み込んだ岩石が地表に戻ってくる限界を示唆している。一方で，温度については，変成作用の始まりが 200 ℃程度，最も高温で 1200 ℃程度である。温度が上がると，岩石は融解を始めてマグマへと変化し，火成岩を生成するので，変成岩の最高温度はつまりその岩石が融けてしまう境目の温度ということになる。岩石の融解温度の組成依存性は大きく，堆積岩を原岩とする岩石は比較的低温（600 ℃程度）で融け始めるものもある。変成岩が記録している温度，圧力条件は，1）圧力 / 温度が高いもの，2）中くらいのもの，および 3）低いもの，の 3 つに分類される。1）は深いところでも比較的温度が低いことを示していて，冷たいプレートの沈み込みに関係した変成作用を示唆する。2）は大陸の下部，下部地殻付近の温度・圧力条件に対応している。3）は圧力が上がらず温度のみで焼かれたような状態で，マグマの貫入によってマグマとの接触部の岩石が変成作用を被るような場合である。

このように，変成岩はその個性のうちに，地球内部の温度の情報を含んでいる。そのような岩石が，その情報を保持したまま地上に出現して，現在は常温常圧の条件になっているというわけである。なぜ，元の岩石に戻らないのか？という疑問が湧くかもしれない。多くの変成反応は，水の放出をともなう脱水反応である。岩石中に放出された水は，密度が小さいため，岩石から上方へ逃げると考えられている。よって，変成岩が地表に戻る過程で逆反応が起こるためには水を加える必要がある。実際に，地表に表れた変成岩の中には，地表への行程の途中で水が供給されて逆反応が進行し，地下深部の情報を失っているものも少なくない。

プレートの沈み込みで生成する変成岩は，地表の物質がマントルの深度にもたらされた証拠であり，地表とマントルを結ぶ物質循環の証人であるともいえる。その過程では，水や二酸化炭素の放出をともなう化学反応が起きたり，または化学反応を起こさずに深部に至ることもあるだろう。その様子を，地表で採取した試料で解析できるというのは，地球の研究者にとってはとてもありがたいことである。

(10) 変質岩

水と岩石の化学反応により元素の移動と濃集，そして沈殿が起こり，特別な化学組成の岩石が生成する。これを変質岩とよぶ。常温常圧では化学的風化で変質岩が生成し，また，水がマグマの熱で加熱されている場合は，この作用を熱水変質とよび，大規模に変質岩が生成される場合もある。変質作用には水が重要な役割をもっているため，液体の水をもつ惑星特有の岩石である。

火成岩は SiO_2 を筆頭として主要成分が混じった化学組成をしているが，変質作用は特定の元素の選択的移動をともなうため，変質岩は少数の成分に偏った化学組成を呈する場合もある。変質が起きる際に，岩石中には微量しか含まれない有用元素が濃集すると，資源としての利用が可能になる場合もある。また，**第7章**で紹介されたひすい輝石岩は，熱水から沈殿した変質岩が変成作用を被って生成した岩石であると考えられている。

変質で特定の元素が抜け出した跡の岩石の方も資源として活用される場合がある。例えばボーキサイトはアルミニウム資源として用いられている岩石であるが，地表の風化で溶け出しにくいアルミニウムが残った変質岩である。また，焼き物などに用いられる粘土は，主に珪長質の火山岩が熱水変質して粘土鉱物へと変化したものである。

3. 岩石から地域のストーリーへ

地域を構成している岩石のもつストーリーから，地球の営みと足元の大地との関連を想像してみよう。日々の生活において，足元の地面は舗装されていたり土壌に覆われていたりしているが，その下には地域の特徴をもった岩石が分布している。その岩石は，川や崖など，地層の断面が出現する場所（露頭）で観察できる場合もあるが，この章で説明したような岩石の種類を鑑定するのは，経験に依存するところも大きく，難しいことも多いだろう。そのような場合は，これまでの日本の地質調査の成果の集成である地質図を利用してみよう。日本列島の地質図は，産業技術総合研究所の地質情報総合センターが，ウェブサイトで公開していて，地図アプリと同様の簡易なインターフェースで，地域の岩石の情報を閲覧することができる[6)]。岩石の情報を得るには20万分の1のスケールで公開されているシームレス地質図が便利である。また，変質岩などは，このスケールでは表示されない場合もある。地質図に現れない地域固有の情報は，さらに詳細な5万分の1の地質図幅とその解説書から得ることができる[7)]。

地質図を作成するための調査は，すなわち地域の地誌を読み解いていくことにほかならない。岩石の分布から，それぞれの岩石の関係が推定されることになり，地域の形成史が浮かび上がってくる。その調査結果の集大成である地質図の解説書は，地域のストーリーを読み解き，また語るための基礎情報の集積になっている[8)]。

---

6)「地質図ナビ」で検索，産業技術総合研究所の「地質図 navi」を選択。
7) 詳細は，「地質図 navi」サイトの「使い方ガイド」を参照。
8) 地域の地質図の解説には，岩石名とは別に付けられた地層名が頻出して，なかなかとっつきにくい。まずは，岩石の種類と年代に注目してみよう。年代は地質時代で表示されていて，これも慣れが必要である。地質年代表と見比べてみよう。地層は，ある時間の幅の中で堆積して形成されるので，「○○年前から××年前の間に堆積した」と書くよりも，地質年代による表記の方が，慣れればイメージがつかみやすい。

【課題】

地質図 navi を使って，本章で紹介した岩石の分布を確かめてみよう。

また，５万分の１地質図幅の説明書をダウンロードして，どのような項目が地質調査により記載されているのか確かめてみよう。

参考文献

『ダイナミックな地球』大森聡一，放送大学教育振興会
　基礎的な知識と考え方の復習のために。
『観察を楽しむ 特徴がわかる 岩石図鑑』西本昌司，ナツメ社
　岩石観察のはじめの一歩のために。

9　大地の恵みのジオストーリー 1

宮下　敦

《**目標＆ポイント**》 現在の日本列島の地下の物質を使う限りでは，**第７章**で扱った石灰岩や本章で扱うヨウ素以外の地下資源は，ほぼ自給ができない。しかし，歴史的にみると，日本列島は地下資源に富んだ国土であった。約5億年の間，プレートが近づいて沈み込むプレート収束境界にできた太平洋型造山帯であったことが，日本列島に存在した地下資源の種類や量を制約している。このことが日本の歴史や文化に大きく影響してきていることをみていこう。

《**キーワード**》 地下資源，鉱床，資源の偏在，資源の枯渇，複合構造理論

1．複合構造理論としての自然科学

日本を代表するジオロジー研究者であった都城秋穂（1920-2008）は，自然科学の構造には多様性があることを提唱した（都城，1998，**図9-1**）。従来の科学論・科学史ではニュートン力学のような物理学を自然科学の典型としていた。都城（1998）は，古典物理学のようにニュートンの運動法則のような中心理論をもち，そこから演繹的に力学の構成要素である法則(例えばケプラーの法則)が導かれるようなつくりをもった理論を「**演繹的階層構造理論**」とよんだ。これに対して，ジオロジーを典型として，はっきりとした中心理論をもたず，構成要素が複雑に関連しあってできている理論を「**複合構造理論**」とよんだ。

大地の恵みを扱う自然科学である鉱床学あるいは資源地質学は，ジオロジーの構成要素の１つであるとともに，それ自体が**複合構造理論**の特

科学理論の構造による分類	理論の具体的な例	理論の構造的特性	パラダイムや研究プログラムになるか	科学革命の有無と内容	模式図（◎が中心理論，小さい○や□は構成要素）
演繹的階層構造理論	ニュートン力学，熱力学，狭義のプレートテクトニクス	全体性をもつ。全体を変えることなしに，個々の部分を変えることはできない。	厳密な意味でのパラダイムになりうる。研究プログラムにはなるものと，ならないものがある。	科学革命はパラダイム変換である。そのとき古い理論全体が一度に崩壊する。	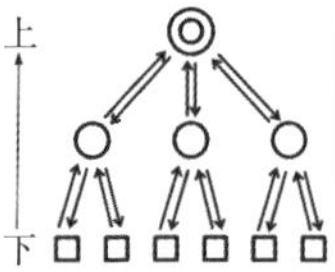 上 下
第一種複合構造理論	変成岩成因論，化学的物質観	構成部分が独立性をもつ。個々の構成部分を他の部分から独立に変えて修正できる。	厳密な意味でのパラダイムになりうるが，研究プログラムにはならない。	理論の個々の構成部分を独立に変化させて，修正できるが，それですまなくなるとパラダイムの転換として科学革命が起こるであろう。	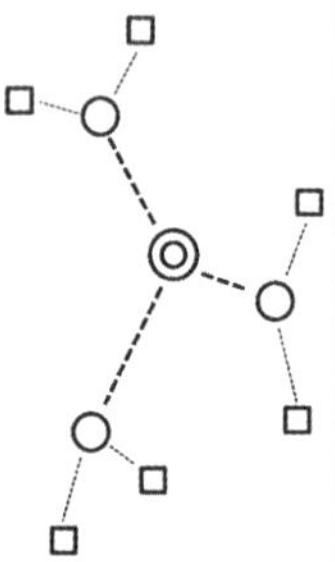
第二種複合構造理論	火成岩成因論，地向斜造山論	構成部分が独立性をもつ。個々の構成部分に異説があるので，さまざまな理論ができる。	パラダイムにも，研究プログラムにもならない。	パラダイムはないが，研究上の考え方の大きな急転換として科学革命が起こる場合があり，科学革命のない場合もある。	

図 9-1　演繹的階層構造理論と複合構造理論（宮下，2018）
パラダイム，科学革命，研究プログラムについては都城（1998）に詳しい。

徴をもっている。さらに，これらの科学は工学の側面や環境学との関連ももち，自然科学の枠組みを超えて，他分野と接点をもっている。**第1章**でみた地球システムと，そのサブシステムに対応して，ジオロジーと，ジオロジーを構成する各分野がつくられているといってもよいだろう。例えば，次節で述べるように，資源とよばれるもの自体が人間活動との関連で定義される。鉱床のでき方でも，地球上で働く種々の営力（火成作用，堆積作用，変成作用）が働き，これにマグマ水や地下水との反応の影響が加わる。日本列島の大地の恵みを調べ，あわせて，複合構造理論をもつ自然科学の特徴を探ってみよう。

2. 地下の恵み

将来は地球外物質も利用できるようになるかもしれないが，現状では人間は地球にあるものを使わなければ生きていくことができない生物である。人間が使うことができるものを資源とよぶ（**表 9-1**）。人間が利用する固体地球の一部が地下資源である。地球の大きさは半径約 6400 km と有限で，地球を作る物質の量も有限である。加えて，地下資源は，ゆっくりとした地球内部の動きによって生まれるので，資源ができるためには，人間活動のタイムスケールよりもずっと長い時間が必要であることが多い。地球内部から取り出して，戻すことをしなければ，すべての地下資源を人間が取り出してしまって，いずれ**枯渇**することになる。地下資源が枯渇リスクをもつことは，文明の**持続可能性**に関わってきている。

また，現在の地球でみられるプレートテクトニクスは，地球上の場所によって，その作用が違っている。地下資源は，その地域の地球史や地質の形成過程を反映して生まれるので，地域ごとに特徴的な地下資源が胚胎[1]される。そこで，地球上どこでも同じように地下資源ができるわけではなく，その種類ごとに形成される地域が限定され，地下

表 9-1　資源の分類（鹿園，1997 を改変）

	内容
エネルギー資源	化石燃料（石炭，石油，天然ガス，オイルシェール）
	放射性物質（原子力）
	地熱
	太陽光
	水力，波力，水素
	風力
	バイオマス（燃料木，廃棄物）
鉱物資源	金属
	非金属
生物資源	食料（農作物，畜産，水産）
	森林（森林生態系を含む）
水資源	生活用，農業用，工業用，漁業
土壌資源	林業，農業用，生態系

1）地下資源が形成されること。

資源は**偏在**することになる。日本列島でも，日本列島の歴史や過去のプレートの動きを反映して，特徴的な地下資源が胚胎される。

地下資源になるかどうかは，人間にとって利用価値があるかどうかで決まる（**表 9-1**）。現在は利用していなくても，技術の進歩などで利用できるようになると，それまでは資源でなかったものが地下資源に変わる。地下資源のうち，有用な物質が集まって空間的にある程度まとまりを作っている場所を**鉱床**とよび，有用な物質が岩石である場合は**鉱石**，鉱石が有用物質を含む割合を**品位**とよぶ。鉱床を見つけて有用な物質を取り出すためには，ふつう，**探査**（鉱床を探す）→ **採掘**（鉱床を掘り出す）→ **選鉱**（不要なものを取り除く）→ **製錬**（有用な物質・素材に変える）というプロセスをふむ。これらのプロセスや運搬などにかかるコストを足し合わせても利益が見込める場合に，地下資源は商業的に利用可能になる。

3. 日本列島の地下資源

第 7 章でみたように，日本列島は約 5 億年の間，プレートが近づく収束型プレート境界の沈み込み帯に位置していた。このため，日本列島の地下に存在する鉱床は，沈み込み帯で形成されたものが多いが，別種のプレート境界で形成されたものが，プレートの動きにのって日本列島に沈み込んで付加された場合もある。グローバルにみると数十億年前の地球の状況は現在の地球と違っており，それを反映して，古い地質体には現在と異なる型の鉱床が存在している。したがって，地球史（**口絵 5**）の上では若い沈み込み帯である日本列島には，そのような数十億年前に限定された鉱床は存在していない。日本列島に存在する鉱床について以下で説明しよう。鉱床型の分類や名称は，鞠子（2008）に準じる。

（1）火山成塊状硫化物（VMS）鉱床

海底での火山活動によって，マグマから出た熱水と地殻内に浸透した海水が，有用な物質を溶かし，これが晶出して沈殿したものを**火山成塊状硫化物（VMS）鉱床**という（**図9-2**）。以下ではVMS鉱床とよぶ。VMS鉱床が形成される場は，海の中でプレートが離れていく境界で，地殻に水平方向に引っ張る力（張力）が働く場所になる。アフリカ地溝帯のように陸上で離れていくプレート境界もあるが，そこでは関与する水が少ない[2)]。VMS鉱床ができるためには，引っ張られて開いた割れ目に，マグマから出た揮発性成分や染みこんだ海水がマグマに温められて循環したりする大規模な水の動きが必要である（**図9-2①**）[3)]。この水に含まれていた金属成分が，海底面近くで冷却され，硫黄と結びついて硫化物として沈殿する（**図9-2②**）ことで塊状硫化物鉱石（**図9-3**）が形成される。現在の地球上でもこの働きは継続しており，深海を含む海底探査によって，現在作られつつあるVMS鉱床が，世界各地の海底で観察されている。この鉱床は，プレートの運動が続く限り形成され続ける。現在形成中のVMS鉱床が発見されたとき，プレートの運動が続く限り枯渇しない資源が手に入ったのではないか，という考えがあった。しかし，その開発には深い海底から鉱石を海上まで運び上げる採掘技術が必要である。加えて，鉱床ができるスピードが非常に遅く，人間が消費している必要量ができるためには長い時間がかかることがわかった。資源が枯渇する理由は，地球史的な時間スケールで決まる資源の形成速度に対して，人間が消費するスピードが速すぎるからである。残念ながら，

---

2) 陸上の離れるプレート境界の場合は，別種の鉱床（例えば，カーボナタイト鉱床）が形成される。

3) この水は，離れるプレート境界で地球内部から上昇してきた海洋地殻の原料（苦鉄質マグマ）を冷やし，固める機能ももっている。

生成中の VMS 鉱床を枯渇しない資源とすることは，現在の技術では困難である。

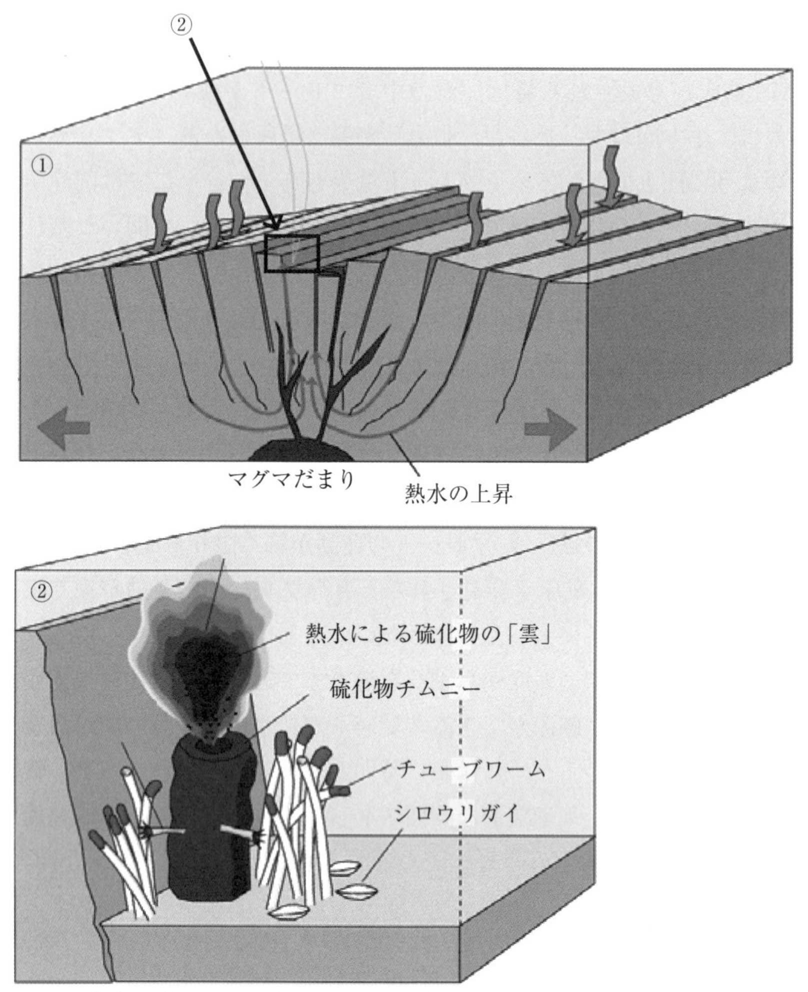

図 9–2　中央海嶺の VMS 鉱床形成のモデル図（B. Railsback の図を基に作成）
① 中央海嶺での熱水環境，② 熱水噴出孔の様子。

またVMS鉱床はできた後に海水にさらされると，しだいに海水に溶けていくことが知られている。このため鉱床として残るためには海水に溶けなくなるような仕組みが必要と考えられている。

VMS鉱床を作る場は2種類ある。1つは，大西洋中央海嶺のような海嶺拡大軸である。もう1つが，日本海のような縁海が海底の拡大によって形成される場である。前者にともなう鉱床を**中央海嶺型VMS鉱床**，後者にともなうものを**黒鉱鉱床**とよぶ。

日本にある中央海嶺型VMS鉱床は，北海道の下川鉱床以外は，ほとんどが白亜紀付加体堆積物である四万十帯と，それが地下深部で変成した三波川帯に集中している。このため，以前はほぼ同じ時代の帯に形成されるという意味で層準規制鉱床[4]とよばれたこともある。また，中央海嶺に関連した火成活動によって形成されるので，中央海嶺の火成活動を特徴付ける苦鉄質岩（特に玄武岩とそれが変成作用を受けたもの）が関係している。日本にあるこの型のうち，最大のものは愛媛県にある別子銅山で，約1億5千万年前に，日本からはるかに離れた中央海嶺で形成されたものである。別子銅山の鉱石は，形成後，地下深部で三波川変成作用を受けている。

黒鉱鉱床は，山形県から秋田県（主に北麓（ほくろく）地域）に分布する多金属種を産するVMS鉱床に対して付けられた名前で，文字通り真っ黒で鉛・亜鉛を多く含む鉱石（**図9-4**）が代表的である。日本で詳しく研究されたので，専門家の間では世界的にもKuroko typeで通用する。日本列島の黒鉱鉱床の代表としては，模式地である北麓地区（小（こ）

図9-3　VMS鉱石の例
別子鉱床銅鉱石。黄鉄鉱粒とその間を埋める黄銅鉱からなる。

4）同じ時代の地層に胚胎されることをいう。

図 9-4　黒鉱型鉱床鉱石
方鉛鉱，閃亜鉛鉱などからなる。この他に，黄鉄鉱や黄銅鉱を主体とし，金色になる黄鉱とよばれる鉱石も採掘される。

坂鉱山，釈迦内鉱山など）と関東地方の日立鉱床とが挙げられる。

黒鉱鉱床のうち，北麓地域を代表とするものは，日本海形成にともなってできており，新生代後半の時代に集中して形成されている。ともなう火成岩は，苦鉄質岩（玄武岩）とケイ長質岩（流紋岩）という２種類の異なるものがみられる。このような２種類の火成岩が同時にできることを**バイモーダル火成活動**とよぶことがある。現在の例としては伊豆諸島の火山列が，その典型である。バイモーダル火成活動による熱水の循環が黒鉱鉱床を作る（**図 9-5**）。

一方，関東地方の日立鉱床は約５億年前に形成されたことがわかっている。このことは５億年前の日本列島に日本海形成のような事件があったことを示している。同じような環境で形成されている黒鉱鉱床は，世界各地で，いろいろな時代のものが発見されている。また，現在，形成されている黒鉱鉱床は，沖縄トラフで日本の研究機関によって発見されている。

黒鉱のできかた

1　海底火山噴火によるグリーンタフ形成

2　流紋岩質火山活動

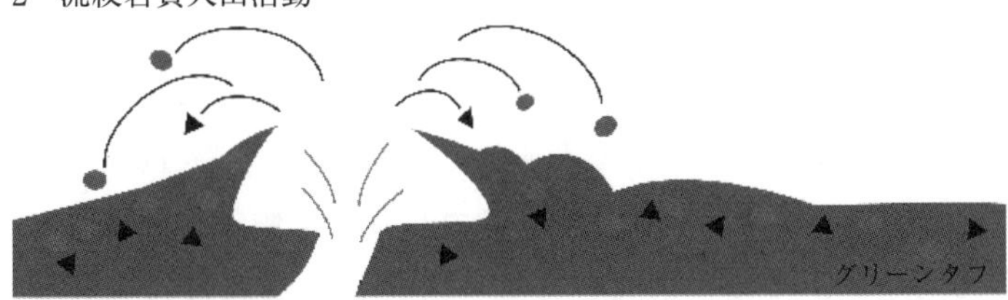

3　黒鉱形成

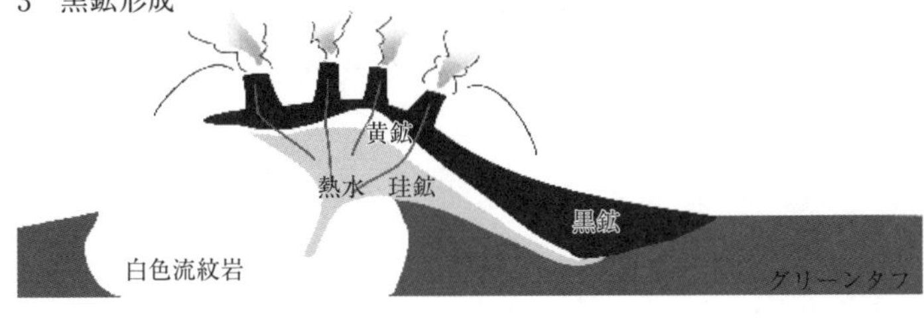

4　鉄石英沈殿と砂岩の堆積

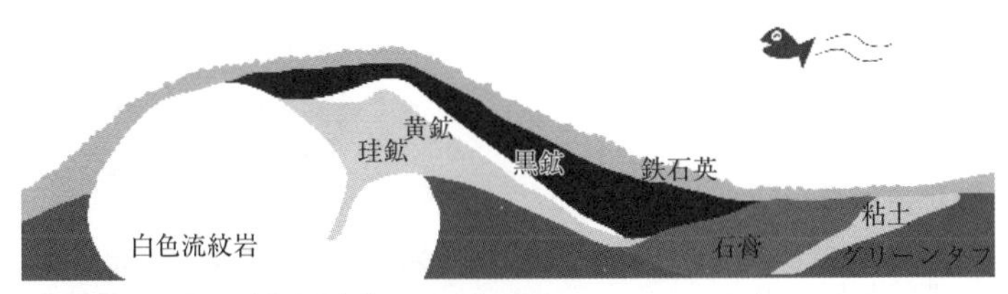

図 9-5　黒鉱型 VMS 鉱床形成のモデル図

ケイ長質海底火山周辺の熱水活動で鉱床が形成される。

（東北大学総合学術博物館ホームページ 企画展「まっくろ黒鉱」http://www.museum.tohoku.ac.jp/past_kikaku/kuroko/panel/kuroko-ore.htm を改変）

（2）スカルン鉱床

第7章でみたように，日本列島は主に，付加体堆積物と花こう岩類でできている。付加体堆積物中に石灰岩がたくさん存在するので，両者が接することがある。花こう岩類マグマ中の揮発性成分を起源とする水や，地表から浸透した地下水がマグマと反応すると，高温の熱水が生まれる。この熱水に，マグマの揮発性成分中に含まれる有用成分や，熱水の循環によって岩盤から溶かし出された有用成分が溶け込む。有用な物質を含む水を**鉱液**とよぶ。鉱液に有用物質を供給したり，鉱液の温度を上げたりする働きをする火成岩を**関係火成岩**とよぶ。この場合，花こう岩が関係火成岩類である。花こう岩類と石灰岩が接した場所で，鉱液が炭酸カルシウムを主成分とする石灰岩と反応すると，大量の二酸化炭素が発生し，鉱液の液性が変化して，**スカルン**[5] **鉱物**とよばれるカルシウムに富んだ結晶が多量に形成される（**図 9-6**）。これにともなって，有用金属成分が硫化物や酸化物となってスカルン鉱物の粒間に沈殿する（**図 9-7**）。このような成因の鉱床を**スカルン鉱床**とよぶ。

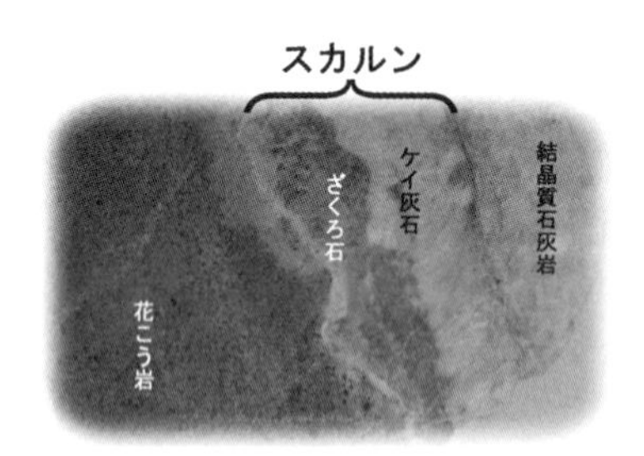

図 9-6　スカルンの帯状配列
花こう岩から石灰岩に向かって，二酸化炭素量が増え，それにともなって生じるスカルン鉱物が変わり，帯状配列ができる。
（提供：倉敷市立自然史博物館）

図 9-7　スカルン鉱床鉱石
岩手県釜石鉱山産銅鉱石。金属光沢のある部分が黄銅鉱。

5）スカルン（skarn）は，スカンジナビア半島で稼行されているスカルン鉱床で，鉱山労働者の間で使われていた言葉である。

日本列島では，昭和時代までたくさんのスカルン鉱床の鉱山が稼行していたが，現在はほぼすべて閉山している。日本列島のスカルン鉱床では採掘されている金属が多様で，代表的なものとして，岐阜県神岡（かみおか）鉱山（鉛と亜鉛），埼玉県秩父鉱山（鉄，銅，鉛，亜鉛），岩手県釜石鉱山（銅と鉄）を挙げることができる。

（3）鉱脈鉱床

⑵ でみたように，マグマから放出される熱水や地表から浸透する地下水，およびそれが混じりあった鉱液が，地殻の中に存在している。地殻中に弱線があると，鉱液が弱線に沿って流動し，もともとあった場所から異なる温度圧力条件のところに移動すると，有用物質の溶解度が変化することによって，鉱液から有用物質を含む結晶が弱線に沿って晶出する。弱線が板状の割れ目であると，晶出した結晶も割れ目の形で固まる。このような割れ目の形の鉱物集合体を**脈**とよぶ。脈が有用物質を含む場合は**鉱脈**といい，この型の鉱床を**鉱脈鉱床**という。鉱液が循環する際に，弱線の

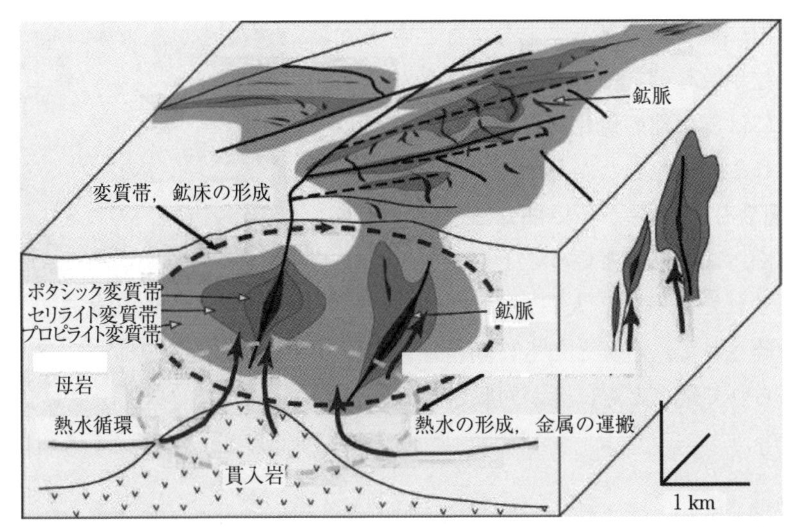

図 9-8　鉱脈鉱床モデル（林（2009）を基に作成）
貫入岩によって暖められた熱水が，周囲の岩石と反応して変質帯を作りながら，割れ目に沿って流動し，鉱脈を作る。

周辺の岩石が鉱液と反応して元の岩石とは違う鉱物ができることがある。反応する作用を**変質作用**，反応したゾーンを**変質帯**，できた岩石を**変質岩**という。鉱脈鉱床は，鉱液の液性や形成される深度や温度によって性質が変化することがあり，それは変質帯の特徴によって調べることができる。

プレート沈み込み帯にある日本列島には，火山やその深部にある深成岩に関係して，数多くの鉱脈鉱床が存在する。そのうち歴史的に重要なのは，島根県石見（いわみ）銀山，兵庫県生野銀山，新潟県佐渡金山などである。

現在，国内でほぼ唯一，坑道掘削による金属鉱山として稼行する鹿児島県菱刈（ひしかり）鉱山も鉱脈鉱床に分類される。菱刈鉱山は，九州南部の新生代末火山活動によって形成されたもので，形成年代が約100万年前と若い鉱床であるため，現在でも温泉をともなっている。この金鉱脈は世界的にみても鉱石が高い金含有量をもっていることでも知られている。火山の熱で温められた熱水が，金銀を溶かしこみ，これが浅所に移動することで温度圧力が低下するとともに，熱水が気水分離することで金や銀の溶解度が下がって，多量の金や銀が石英鉱脈中に沈殿した。この作用は，鉱脈の形成時に繰り返し起こり，石英脈の中に縞々ができる。金を含むというと金粒が散らばっていると想像するが，実際には銀や他の硫化物とともに**銀黒**（ぎんぐろ）とよばれる黒い色をした部分に金が濃集する（**図9-9**）。銀黒が多い部分ほど金品位が高く，よい鉱石ということができる。採掘された鉱石は，人間がより分けた後，粉砕されて，石英とともに銅精錬工場に送られて銅とともに金が回収される。

図9-9　菱刈鉱山鉱石
全体は石英でできており，左はじなどに見られる黒いすじ状の部分が金や銀が多く含まれる銀黒という組織。

（4）堆積鉱床

風や雨水の作用によって地表は削られ，砕屑物（さいせつぶつ）となったり，水に溶けたりする形で物質が移動する。移動の際に，比重の重い鉱物が選択的に集まったり，水に溶けていた有用物質が沈殿したりして濃集し，鉱床を作る。このようにして形成されるものを堆積鉱床とよぶ。世界的にみると，非常に大規模なものもあるが，日本国内のものは一般に小規模である。歴史的に重要なものとしては，**砂鉄や砂金**[6]がある。

砂鉄（**図9-10**）は，火山岩類や花こう岩類中に含まれている鉄鉱物が，河川や海岸の砂の中に濃集したものを採取する。砂場の砂に磁石を入れると，砂鉄がついてくるので，微量であれば日本の砂には，ほぼどこにでも含まれる。鉱床となるためには，比重選鉱法[7]で純化できる程度に鉄鉱物が集まっている必要がある。中世以降の日本国内では山砂鉄には鉄穴流し（かんなながし）[8]という方法で，水流を使って大規模に砂鉄を採取していた。日本に産出する花こう岩類のうち，チタン鉄鉱系に由来する砂鉄は，チタン鉄鉱（**イルメナイト**，$FeTiO_3$）からなる。一方，磁鉄鉱系花こう岩類と火山岩に由来する砂鉄は，**磁鉄鉱**（Fe_3O_4）からなる。現在，製鉄に使われている鉄鉱石は，ほぼ**赤鉄鉱**（Fe_2O_3）である。赤鉄鉱に比べると，磁鉄鉱やチタン鉄鉱は還元して金属鉄にしにくい性質をもっている。古来，日本で行われていた**たたら製**

図9-10　稲村ヶ崎の砂鉄の拡大画像
粒が円磨されていることがわかる。

6）砂金については**第10章**で扱う。
7）鉱石鉱物を水中などで比重によって分けて，有用なものを取り出す選鉱方法。
8）鉄穴流しは，人工的な地形壊変を起こした。跡地は棚田などに利用される場合もある。また，流された砕屑物は，現在でも集中豪雨の際の土砂崩れの原因となることがある。

鉄は，こうした還元しにくい鉄原料を使う点で，世界的にみてもユニークな製鉄方法とされている（**図 9-11**）。

図 9-11　たたら製鉄
『先大津阿川村山砂鉄洗取之図 鉄ヲフク図』
（東京大学工学・情報理工学図書館工３号館図書室所蔵）

（5）石炭・石油

地層中に含まれる有機物が，長い時間をかけて変化してガス，油，および炭になると，燃料などとして活用され，**有機鉱床**とよばれる。

日本国内の**石油**は，ほぼ日本海沿いの新生代の地層中に胚胎されている。海の中に生息していた微生物が死後に沈んで堆積物中に混じり，これが長い時間の間，圧密や地中の熱によって**ケロジェン**とよばれる石油前駆（ぜんく）物質に変わる。ケロジェンは，さまざまな種類の有機化合物の混合物であり，これがさらに反応して天然ガスや石油に変化する。石油やそれにともなう**アスファルト**は，縄文時代から石器と治具をつなぐ接着剤などで用いられ，石器原料などとともに交易された。近代になって，エネルギー資源や化学原料としての石油の重要性が高まると，日本海沿岸にある油田でも小規模ながら採掘された（**図 9-12**）。

この他，海水中の有機物起源のものとしては，房総半島の**水溶性天然ガス**がある。地層中に含まれる化石海水（鹹（かん）水）中に，有機物が分解してできたメタンが多量に含まれ，これを地表までくみ上げることでメタンが遊離し，天然ガスとして利用することができる。また，同時に組み上げられる化石海水中には，おなじく生物起源である**ヨウ素**が含まれており，併せて回収されている。**第7章**で扱った石灰岩とともに，ヨウ素も日本列島で自給できる数少ない地下資源の1つである。

図 9-12　石油生産井（新津油田）

石炭（**図 9-13**）は，浅い海や河口など堆積作用が働いている場で，大量の植物が埋積され，これが地中の熱や圧力で分解して，炭素だけになったものである。植物の体を作るセルロースは炭素，酸素，水素のみの化合物で，分解すると炭素と水になる。木を蒸し焼きにする炭焼きでは，この反応によって木炭ができる。反応にかかる時間の長さは大きく違うが，地層の中でも同じことが起こると考えてよい。炭素のみになった後も，地中の熱や圧力によって炭素の結晶化が進み，石炭の品質は変化し，いろいろな品質のグレードに分類されている。日本列島における石炭は，北海道では中生代後半のもの，本州では新生代前半に形成されたものが多い。国内の石炭は，江戸時代から20世紀前半を中心に盛んに採掘され，第二次世界大戦後の日本の復興を支えたが，資源の枯渇と，海外産のものに価格的に対抗ができず，数か所を残して閉山している。また，

図 9-13　国産石炭

輸入したものも含めて石炭を使用することは，脱炭素社会を目指すうえでの課題となっている。

4．おわりに

日本列島の地下の恵みのでき方には，マグマ，地下水，風化，堆積といったさまざまなジオロジカルな作用が働いており，これが人間の活動と複雑にからみあっている。そのような意味で，地下資源についての科学は，自然科学のみにとどまらない複合構造理論となっている。人間活動と複雑にからみあうために，日本列島に住む人の将来にも深く関わることが予想される。国内の金属鉱山はほぼ閉山してしまっており，世界的にみても金の含有量が多い鹿児島の金鉱床だけが生き残っている。今の日本は，海外から資源を輸入し，これに付加価値をつけて輸出する科学技術立国によって経済が成り立っている。今後の科学技術立国のあり方や**資源安全保障**は，今後の日本にとって重要な問題である。

【課題】

本章では扱わなかったが，水銀や硫黄も日本に住む人にとって関わりの深い地下資源であった。水銀や硫黄の鉱床のでき方などについても，調べてまとめを作ってみよう．

また，海外でジオストーリーを編む場合，日本には存在しない地下資源に対して，どのようなストーリーが可能か考えてみよう。

参考文献

鞠子 正，(2008)『鉱床地質学 - 金属資源の地球科学』古今書院，580 頁．

日本語で読むことができる最も詳しい金属地下資源とその成因についての教科書。日本では発見されていない鉱床型についても扱われている。

10 大地の恵みのジオストーリー 2

宮下 敦

《**目標＆ポイント**》 **第９章**で，鉱床学は複合構造をもつ自然科学であることをみてきたが，社会科学を含めていろいろな分野が複合するという特徴は，それだけ人間の活動との接点が多く，大地の恵みのジオストーリーを生むことができる理由の１つにもなっている。古来，日本列島に住む人は，豊かな地下資源を活かして生活をしてきている。これが日本の歴史や文化に与えた影響をみてみよう。

《**キーワード**》 資源，地下資源，黒曜石，土器，金，銀，銅，環境破壊

1．古代の地下資源利用

日本に住む人にとって，古代から大地は恵みをもたらしてくれる存在であった。旧石器時代には石器が，縄文時代になると土器が生活の道具に加わったが，石器や土器の材料は，石ならなんでもよい，土ならなんでもよい，というわけではなかった。

石器の場合，優れた道具を作るための石材は，特定の場所に行かなければ得ることができず，その場所を知っている人たちに財をもたらした。縄文時代においても，黒曜石や**第７章**で扱ったひすい輝石岩や緑色片岩といった特別な素材は，特定の産地から広い範囲で交易された。石器の材料としてよく利用される**黒曜石**（**図 10-1**）は，マグマが急冷してできた火山ガラスからなる岩石で，沈み込み帯の火山活動が活発な日本列島には豊富である。黒曜石を産する火山は，ケイ長質マグマの活動をともない，活動時期や場所は日本列島の中でも偏在している。産地によっ

て黒曜石の岩石学的性質が異なるので，これを用いて，遺跡から発見された石器の石材がどこからもたらされたかを知ることができる。黒曜石はいくつかの産地から日本全国に流通した（**図 10-2**）。どの産地のものが，どこで使われていたかを調べることで，縄文時代の人々の交易をたどることができる。**図 10-2** でみるように，北海道，本州中部，中国地方，九州地方はそれぞれ独自の流通圏をもっていた。

図 10-1　長野県霧ヶ峰産の黒曜石

土器を作る胎土（たいど）も，よい器を作るためには特定の場所から掘り出す必要があった。氷期が終わり間氷期に入ると，縄文時代の人は，世界的にみても早い時期に土器の使用を開始した。氷期の狩猟生活から，狩猟・漁労と併せて，栗やトチノミなどの堅果（けんか）を煮炊きして食べるという食習慣の変化が，土器使用の開始要因とされている。加えて日本列島では，沈み込み帯に形成された火山のまわりの変質帯や，土壌でできる粘土が土器の原料に適していたということも，土器が早くから使用された要因であろう。

金属器の材料となる金属は，宇宙から落ちてくる隕鉄や，最初から金属の形で得られる自然金や自然銅を利用したが，しだいに鉱石を製錬（せいれん）して金属を得るようになった。岩石から人為的に金属を取り出すことは，文字通りの神業であった。8 世紀に成立した記紀においても，金山彦神という山の神が，鉱山・冶金の信仰対象として組み入れられている。

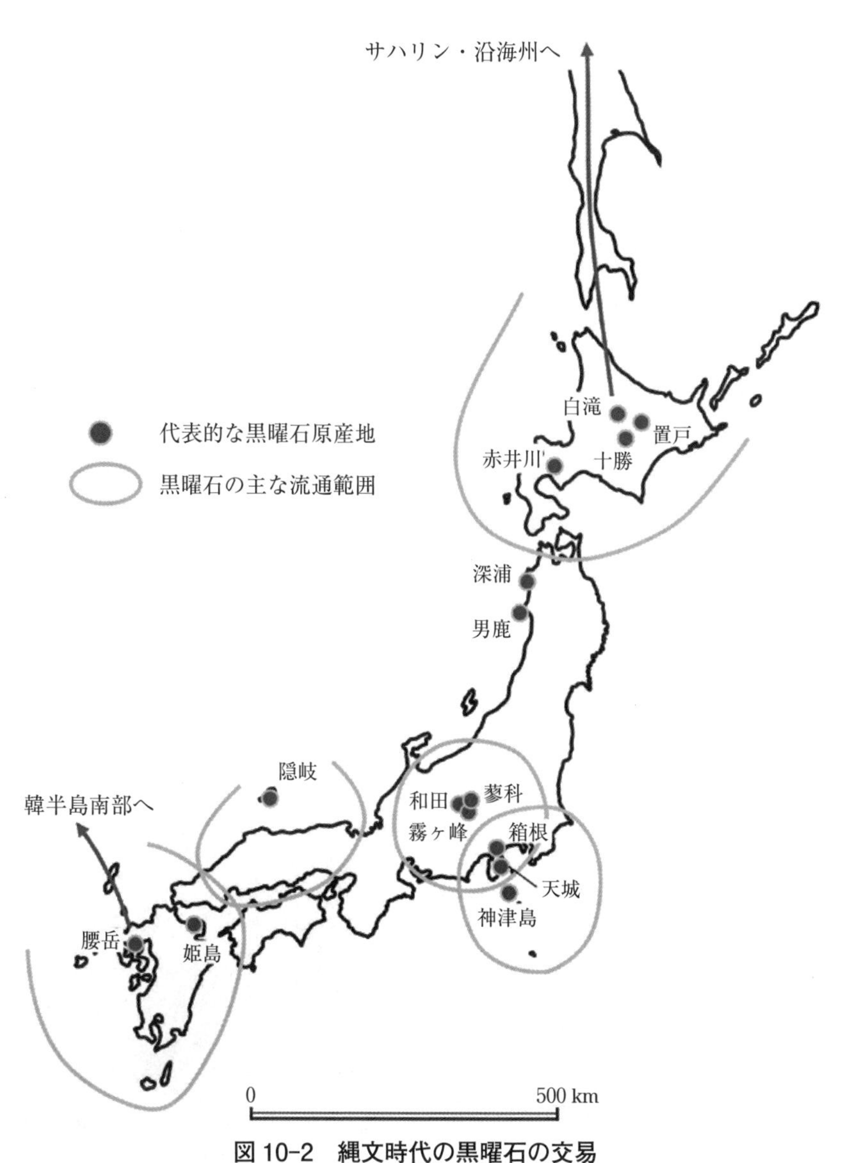

図 10-2　縄文時代の黒曜石の交易
池谷信之博士（明治大学黒曜石研究センター）提供

2. 中世の地下資源探査

自然科学が発達していない時代には，狩猟など深山で仕事をしていた人たちや，修験道など宗教的な理由で山奥に分けいった人たちが，経験的な自然観察による方法で地下資源を発見したのであろう。例えば，金属鉱床が地面に露出しているところでは，その下流の川で河床の岩が褐色に染まることがある。これを「ヤケ」という。あるいは，河原のれきをよく観察すると，金を含む石英脈のかけらを発見することもあるだろう。また，河床の砂を「椀ガケ」(パンニング）という方法で処理すると，底に沈んだ比重の大きい重鉱物の中に砂金が見つかることがあるだろう。砂金が多く見つかる川の上流には，金鉱脈が存在する可能性がある。近代以降の自然科学を用いた探査法は生まれていない時代ではあるが，河床堆積物の特徴，その供給源に地下資源がないか探査する方法は，現在の資源探査でも有効である。

続日本紀の元明天皇の条に，「和銅元年春正月乙巳 武蔵国秩父郡献和銅」とあり，708年（和銅元年）に現在の埼玉県秩父市の和銅山（埼玉県指定旧跡，ジオパーク秩父・ジオサイト）で自然銅が発見されたことが記されている。この自然銅は，**第9章**でみた三波川変成帯の緑色片岩にともなう火山成塊状硫化物（VMS）鉱床中の銅硫化物が，地表近くで還元されて金属銅になり，さらに二次的に堆積したものと推定される。採掘跡とされている場所の近くの聖（ひじり）神社には自然銅の鉱石が伝わる。

図 10-3　長登鉱山跡大切4号抗口
（美祢市教育委員会提供）

ほぼ同じ7世紀末から8世紀にかけては，山口県の長登（ながのぼり）銅山でも銅鉱石の採掘（**図 10-3**）と製錬が始まっている。長登銅山は，**第 9 章**でみたスカルン鉱床中の銅硫化物で，奈良時代には，これが風化してできた銅の炭酸塩鉱物や硫酸塩鉱物を木炭中で焙焼（ばいしょう）[1]するなどして製錬し，金属銅を得ていたものと推定されている。

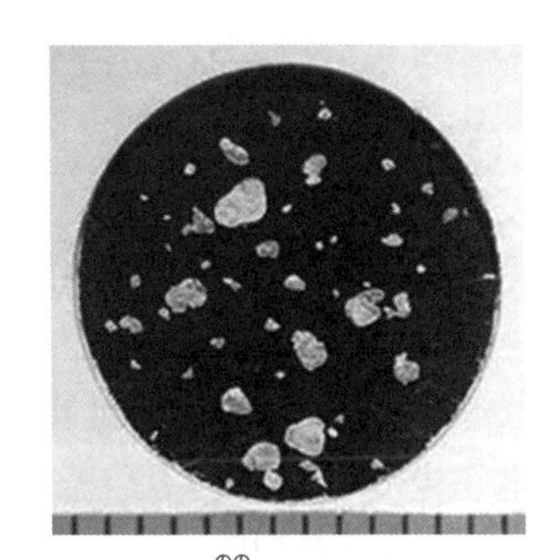

図 10-4　篦岳（のの）の砂金
（東北大学総合学術博物館 http://www.museum.tohoku.ac.jp/img/exhibition_info/mini/nonodake_gold.JPG）

同じく続日本紀の天平二十一年の条に「陸奥国始貢黄金 於是 奉幣以告畿内七道諸社」とあり，749年（天平21年）には現在の宮城県涌谷町（わくやちょう）（現在の黄金山（こがねやま）産金遺跡）で産金があったことが記録されている。この記事が日本列島で記録のある最古の産金[2]であり，現在も砂金を採取することができる（**図 10-4**）。この金は，長登銅山からの銅とともに，東大寺盧舎那仏（るしゃなぶつ）鍍金（ときん）[3]に使われたと推定されている。

701年（大宝元年）に制定された大宝律令では，銅鉄金銀玉石などの調査発見を促し，届け出すれば採掘も許す旨の記述がある。産銅や産金の記録と照らし合わせると，日本国内で金属地下資源の採掘と製錬が，ある程度の規模で始まったのはこの頃からといってよいだろう。しかし，その生産は国内で貨幣として流通するものを賄う量に限られ，天平から室町に至る間は，平均年50 kgという推定値がある（葉賀，1985）。次

1）銅の炭酸塩＋炭→金属銅＋二酸化炭素＋水；
$Cu_2CO_3(OH)_2 + C \rightarrow 2Cu + 2CO_2 + H_2O$
硫化物から金属銅を製錬していたという説もある。

2）陸奥の産金の様子などが，マルコ・ポーロの伝聞などで広まったのが黄金の国ジパングという説もある。

3）水銀に金を溶かしてアマルガムとし，これを銅像に塗った上で加熱すると，水銀が蒸発して金だけが薄膜となって残る。

節でみる16世紀以降のように，海外との交易品となるようなものではなかった。

3. 近世から現代まで

戦国時代から江戸時代以降になると，地下に坑道を掘って鉱石を採掘できるようになった（**図10-5**）。また，海外からの情報も入れて精錬技術も進歩し，灰吹き法[4]などにより酸化物や硫化物からなる鉱石から金属を効率的に回収できるようになった。これらの技術の発達により生産量も増えた。江戸時代初期には，世界で生産される銀の1/3は日本産で，そのうちのかなりの割合が世界遺産に指定されている石見銀山からの産出といわれている（**図10-6（a）**，岸本，1998）。また，佐渡金山の金や別子銅山の銅などは，江戸時代の貨幣用などの金属使用を支えた。**第9章**でみたように，石見銀山や佐渡金山は，日本列島の火山活動にともなう鉱脈鉱床で，別子銅山は白亜紀付加体の中に取り込まれた中央海嶺にともなうVMS鉱床である。日本列島の火山活動も付加体堆積物も，ともにプレートの沈み込み帯にある太平洋型造山帯を特徴付けるものである。

石見銀山の銀は戦国時代から，佐渡金山の金，別子銅山の銅は，江戸時代に入ってから，密輸も含めて盛んに中国に輸出され，主要な貿易品であった（小葉田，1968）。**図10-6（b）**は，アジアへの銅の輸出量で，江戸時代中期までは日本からの輸出量はヨーロッパを上回っている

© 島根県大田市

図10-5　世界遺産の石見銀山坑口

江戸時代は坑道を「間歩」とよんだ。

4）韓半島から伝わったとされる金銀の製錬法。鉛と鉱石を加熱すると，鉛と銀が合金を作り，不純物が抜ける。この合金を灰の上で一定温度で加熱すると，融点の低い鉛が先に溶けて灰に沈み，金銀だけが残る。

ことを示している（島田，2006）。**図10-6（c）**は，日本と英国のGDPの推移を表したもので，大英帝国となった英国には及ばないが，日本も江戸時代になってからのGDPの伸びが大きくなり，経済規模が拡大していることがわかる。これは，鉱工業生産の拡大にともなって，流通経済が発達したためとされている（高島，2017）。地下資源の輸出量によって17世紀〜18世紀の日本から世界へのものの流れが可視化できる。

明治時代以降になると，秋田県北麓地域を中心に金銀山として採掘さ

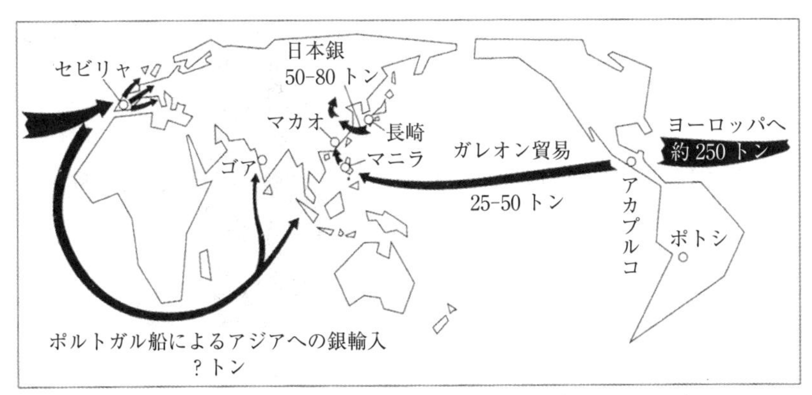

図10-6（a）　17世紀の世界の銀の移動（岸本，1998）
（出典：山川出版社『世界史リブレット013. 東アジアの「近世」』

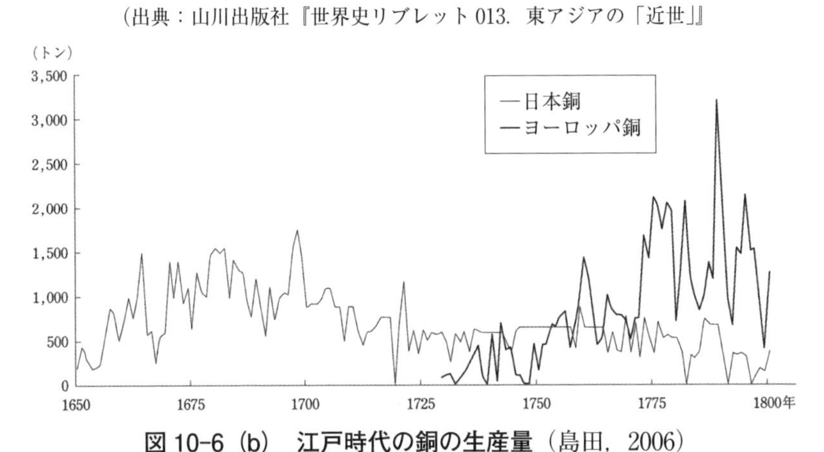

図10-6（b）　江戸時代の銅の生産量（島田，2006）

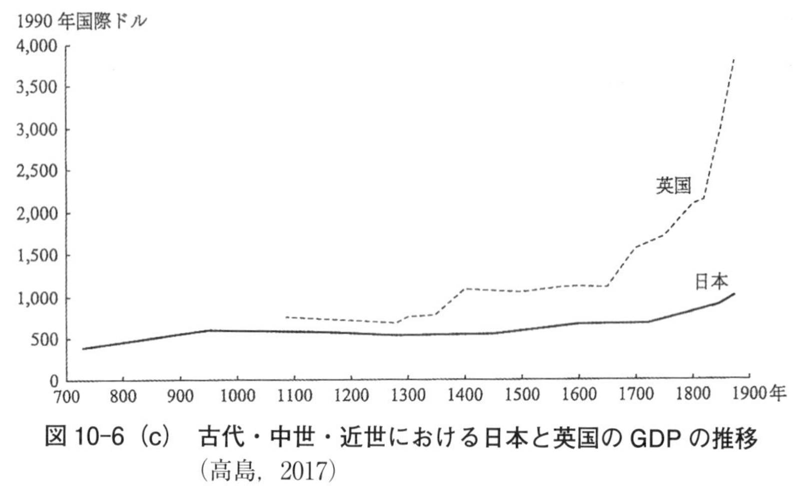

図 10-6（c） 古代・中世・近世における日本と英国の GDP の推移
（高島，2017）
（出典：名古屋大学出版会『経済成長の日本史 古代から近世の超長期 GDP 推計 730-1874』）

れていた黒鉱鉱床は，西欧の精錬技術の導入によって，銅・鉛・亜鉛を中心に多種の金属資源を供給できるようになった。また，白亜紀花こう岩と付加体堆積物中の石灰岩岩体が豊富な日本列島では，花こう岩から供給される熱水と石灰岩が反応してできたスカルン鉱床もたくさん存在し，ここから産出した鉄・銅・鉛・亜鉛などの金属資源の採掘・生産も進んだ。これにより製鉄や国内地下資源を基にした鉱工業の発達をみた。第二次世界大戦後の日本の復興においても，これらの金属鉱山は，北海道，常磐，北九州の炭鉱とともに，日本の復興を支えた。

一方で，こうした西欧の技術による鉱山開発は，深刻な環境破壊ももたらした。代表的な例が近代日本の公害問題の原点といわれる足尾鉱毒事件である（広瀬，2001）。足尾銅山は 1550 年（天文 19 年）の発見とされ，江戸時代から銅生産が行われていた鉱脈鉱床であった。明治時代になると民営化され，1877 年（明治 10 年）からは古河財閥の創業者である古河市兵衛によって開発が進められ，1884 年（明治 17 年）には生産量が国内1位となった。一方で，銅精錬にともなう亜硫酸ガスによる煙害や，廃水にともなう鉱毒，燃料用の樹木伐採に起因する土壌喪失などが，周辺に深刻な環境被害をもたらした（**図10-7**）。これに対し，被害を受けた周辺の農民は，繰り返し政府に対して「押出し」とよばれる抗議運動を起こした。当時，衆議院議員で，かつ鉱毒の被害者でもあった田中正造（1841-1913）は，救済を訴え世論を動かした。明治時代の鉱毒防止令から対策が始められ，坑廃水処理や治山緑化対策は現在も継続されている。公害問題は，足尾銅山だけでなく，別子銅山や日立銅山などでも起こっていた。現在の技術でも，地下資源開発は環境負荷が非常に大きい事業である。地下資源は，そこに住む人にとって富をもたらすが，環境破壊という負の遺産も生むことがわかる。

図10-7　足尾銅山精錬所と公害の影響の残る山並み（2023年撮影）
精錬所煙突の後ろの山肌は植生が回復していない。

4. おわりに

日本列島に住む人々が，太古から日本列島の地下の恵みの特色を生かしてきた歴史を概観してみた。日本列島を行き交う人の流れは，いろいろなデータから可視化できるが，**第7章**で扱ったひすい輝石岩，石灰岩，緑色片岩なども含め，石材や地下資源の動きからも，それを推定することができる。銀についてみると世界的なものの流れも可視化できる。昭和時代までは，地下の恵みは日本に住む人たちにとって身近なものであったが，残念ながら，現在は，その存在は希薄になりつつある。石灰岩やヨウ素を除き，地下資源は海外からもたらされるものになったが，それが重労働による採掘や激しい環境破壊をもたらすことは想像しにくくなってきている。日本に限らず，人間は地下の恵みを使って文明を築いていることを忘れてはいけないのではなかろうか？

【課題】

地下資源開発が深刻な公害や環境破壊をもたらす例としては，足尾鉱毒事件の他に，富山県神通川のイタイイタイ病や，宮崎県の土呂久砒素公害などの例がある。将来の地下資源開発で，そのような被害を防ぐためには，どのような方法があるか考えてみよう。

参考文献

村上　隆，(2007)『金・銀・銅の日本史』岩波新書.
日本の金属地下資源を通じ，日本の歴史を技術史の面から概観するこの分野の第一人者による著作。この章の内容をより詳しく知る上で参考になる。

11 露頭からジオストーリーを読む

宮下　敦

《目標＆ポイント》 大地やそれを取り巻く環境を読むリテラシーを身に付けると，オリジナルなジオストーリーを作ることができるようになる。ジオロジーを使って露頭を読むリテラシーについて調べ，ジオストーリーを作る方法を考えよう。
《キーワード》 視覚言語，露頭，チバニアン，生田緑地，地球年代学，地球史年表

1．ジオロジーと視覚言語

ジオロジーは，自然科学の１分野だが，同じ自然科学の物理学や化学とは違う特徴をいくつかもっている。

イギリスの科学史家ラドウィック（M. J. S. Rudwick, 1932- ）は，ジオロジーの特徴の１つは，視覚的なもの，例えば，地図，地質図，スケッチ，写真などを多用する点にあるとしている（Rudwick, 1976）。このような視覚的な情報を用いて意味を伝える方法を**視覚言語**（visual language）とよぶ。現在は，デジタル画像を処理して，その特徴を定量的に測定する方法はあるが，視覚から総観的な情報を短時間に読み取る力は，人間の脳の方が優れている。ジオロジーでは，崖に出ている岩盤の模様，岩石の組織あるいは顕微鏡で見た像など，視覚情報で情報伝達をしている。専門家が書くジオストーリーにも，視覚言語が理解できることが前提になっていることがある。ジオストーリーを読む側としては，情報提供が

図 11-1　露頭の例

埼玉県秩父市小鹿野の国指定天然記念物「ようばけ」露頭。植生のない部分は岩石が露出している。

視覚言語でなされていることを意識する必要があるだろう。また，ジオストーリーを作るためには，視覚言語で表されているものを，文章に変換して示すことが重要になってくる。

ジオロジーの野外調査をするときに，一次情報になるのが**露頭**（ろとう）である（**図 11-1**）。露頭は，地下の岩盤の「頭」が地面に露出しているところをいう。露頭を観察して，その岩盤の特徴を読み取るところから調査が始まる。岩盤が複数の岩石からできている場合には，その岩石の性質の違いやできた順番を読み取ろうとする。一般に，露頭は空気や雨水にさらされて，岩石の状態は地下にある状態から変化している。この変化のことを**風化**（ふうか）という。風化を受けることによって岩盤の特徴が強調されることもあるが，失われる情報もある。このため，風化を受けていない新鮮な岩盤を見るために，固結した岩盤の場合は専用のロックハンマーを使って表面を割って断面を調べ，未固結の場合はネジリ鎌[1]などを使って露頭表面を削って観察することになる。露頭を観察する場合，一般的には，まず露頭全体を見て，新鮮な地層や岩石が観察できる部分を見分けたり，あるいは特徴的な模様や構造が見られたりする場がないか調べることから始める。そのうえで，露頭の中でよい情報が得られるところをクローズアップして観察する。得られた情報は野帳とよばれるノートに記録したうえで，視覚言語化するために写真を撮ったり，スケッチをしたりすることもある。また，露頭だけでは得られない情報を調査するために，地

1）ネジリ鎌を使って，露頭表面を削るのは，日本発の調査方法である。

層や岩石の標本を採取する。標本は，手のひらや拳骨くらいの大きさのものを採るが，化学組成を調べたりする場合には，もっと大きなサイズのものを採取することもある。

ちなみに，ジオロジーでは，ふつうは岩盤の上にのっている土壌は扱わない。土壌は，近接領域の自然地理学や土壌学[2]の研究分野である。また，土壌や岩盤の中に人間が残したものがあると，それは人類学や考古学の研究分野になる。もっとも，これらの近接領域の境界線がはっきり決まっているわけではなく，いろいろな分野の科学が協同して研究を進めていくことは珍しくない。

もう1つのジオロジーの特徴は，時間の流れを扱うところである。**第1章**で扱ったように，ジオストーリーの流れの1つが時間である。同じように時間の流れを扱う自然科学としては天文学を挙げることができる[3]。

露頭の岩盤の特徴を示したうえで，各部分ができた順番を示すことができれば，時間の流れにそって，岩石，地層，および地質構造が形成された**地史**を作ることができる。その場合，ジオロジーでの時間の流れは，現在からさかのぼる年数で表される。具体的な数値として地質年代を分析することができるようになったのは，原子核崩壊が発見されて以降の20世紀前半からで，**放射性同位体元素崩壊**を用いた数値年代測定法が用いられている。この測定法によって，今から何億年前という具体的な数値（**数値年代**）を示すことができるようになった。それ以前は，時間の流れはダーウィンの進化論に基づいた生物の進化を指標にしていた。魚綱→両生綱→爬虫綱→鳥綱→哺乳綱というように生物が変化していくことを使って地質時代を区分し，時間の流れを相対的に順番で表現した。

2）ただし，土壌の中に火山灰が挟まれていると火山学の研究対象になり，また地層の中に挟まれている土壌（古土壌）はジオロジーの対象になる。

3）天文学では，時間は天体までの距離で示される。光速度が有限であるため，遠くからくる光ほど過去の情報をもっている。天文学でより遠くを見ることは，より古い過去を見ることになる。

現在は，物理学的な年代測定法や**古地磁気学データ**[4]などとあわせて，生物進化が不明な時代まで延長し，**地質時代区分**を行っている。この地質時代区分の国際標準は，万国地質学会議（IGC）で批准されたものが使われる（**口絵 5**）。日本の地層を使った地質年代区分名としては，千葉県市原市田淵（たぶち）の上総層群の地層（チバセクション，**図 11-2**）を基準とした**チバニアン期**（千葉時代）がある。2024 年の時点では，チバニアン期は，地磁気が現在の地球磁場と同じ方向になった 77.4 万年前から，リス氷期が終了する 12.9 万年前[5]までの時代区分を指す。

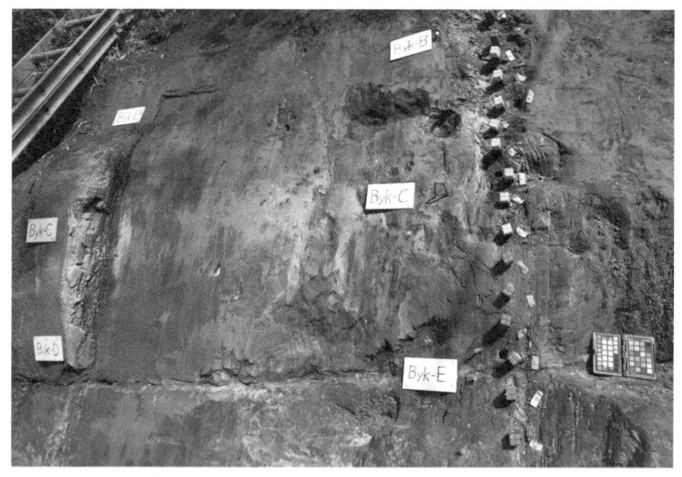

図 11-2　チバニアン露頭

「Byk-E」が百尾火山灰 E 層で，それよりも上の部分がチバニアン期の地層。それよりも下の部分がカラブリアン期の地層。現在は国際標準となったことを示すゴールデンスパイクが設置されている。

4）方位磁石の N 極が北を指すのは，現在の地球の地磁気の向きが，北極側が S 極になっているからである。地磁気の極の位置や極性は長い地球の歴史の間で変化してきた，この変化を調べる地球科学分野を古地磁気学といい，地層や岩石に残されている古地磁気のことを岩石残留磁気とよぶ。

5）12.9 万年以降は後期更新世とよばれるが，基準となる地層は未決定で，チバニアンの終わりは，今後，年代値が変わる可能性がある。

2. 生田緑地での野外観察

神奈川県川崎市の生田緑地[6]は，その東側を多摩川が流れる多摩丘陵の一部で，周辺は住宅地である。このような身近なところでもジオストーリーを語ることができる。ここでは生田緑地公園東側入口から枡形(ますがた)山展望台に登り，「かわさき宙と緑の科学館」(川崎市青少年科学館) に下りるルートで野外観察をし，その結果に基づいてジオストーリーを作る方法を具体的に検討してみよう。

この地域の地層は，ほぼ水平に重なっているので，標高の低いところから高いところに移動すると，古い地層からしだいに新しい地層を観察しながら，時間の流れに沿って見ていくことになる。地層が下から上に

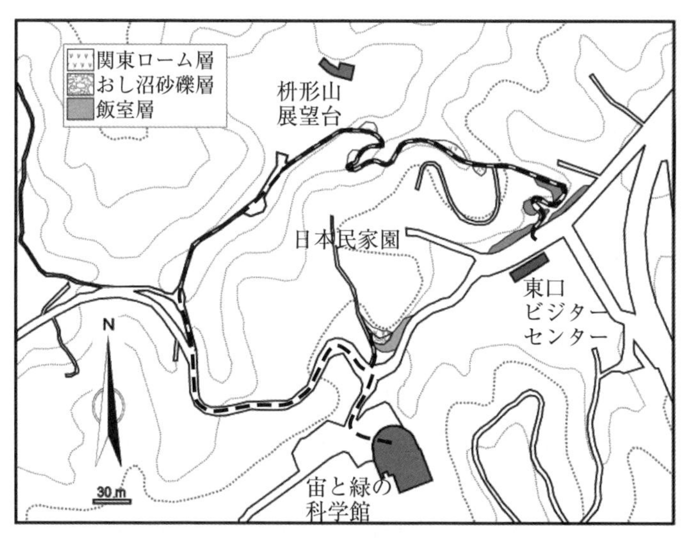

図 11-3　生田緑地のルートマップ
破線が東口ビジターセンターから宙と緑の科学館までの観察ルート。

6) 生田緑地憲章によって利用ルールが定められているので，観察にあたっては留意する必要がある。

順に重なることを**地層累重**(るいじゅう)**の法則**ということがある。この地域で時間の流れに沿ったストーリーを考える場合には，低いところから高いところへ観察した順に話をしていけばよい。地質調査の場合，移動するルートに沿って，露頭から読み取った情報を書き込んでルートマップという地図（**図 11-3**）を作りながら観察していくことが多い。まず，枡形山登り口のところにある説明板（**図 11-4**）で，これから見る地層の重なりについて確認しよう。入口から枡形山までの間に，飯室層→おし沼砂礫層→関東ローム層の順に地層が重なっていることがわかる。ルートに沿って登りながら，これを順番に見ていくことになる。

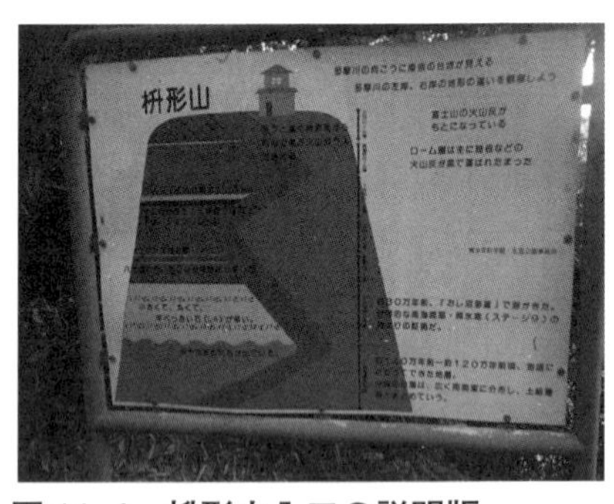

図 11-4　枡形山入口の説明版
枡形山の地層の重なりを示す地質断面図。地下の様子をこのように図示することが，地質学における視覚言語使用の始まりの1つとされている。

（1）飯室層(いいむろ)

生田緑地公園東口入口付近は丘陵の裾野になっており，道路ぎわに露頭が連続している。ルートマップでは一番標高の低い地点になるので，この地域では一番古い地層を観察することになる。東口ビジターセンター付近の標高は約 31.8 m である。GNSS の測定装置があれば，実際に標高を測っておこう。

この付近は昔，飯室谷とよばれていたので[7]，この地層を飯室層とよぶ。地層の名前は，その地層が一番よく観察できる地域名を付けることがふつうで，その地域を**模式地**とよぶ。飯室層の模式地は，公園入口の

7）現在の地番は，東生田になっている。

図 11-5　層が見えにくい飯室層の露頭
あるべきものがない，というのも大事な観察結果となる。

さらに北東側の旧・稲田登戸病院[8]の露頭である。

飯室層が堆積した時代については，詳細なジオロジー的研究が多くある。まず，飯室層には微細な磁性鉱物（砂鉄）が含まれており，これが海底に沈んで積もるときに，方位磁石と同じように磁性鉱物の磁極がその時の地球磁場の方向と同じ向きになる。今と同じ地磁気の方向（**正帯磁**）であればN極が北を向き，逆（**逆帯磁**）であれば南を向く。砂や泥などが固まった堆積岩試料に残されている磁極の向きで示される磁気を**堆積残留磁気**とよぶ。飯室層に保存されている古地磁気は現在とは逆になっている。これはチバニアン期の前の時代であるカラブリアン期の地層の特徴である。地層の年代については，堆積残留磁気だけでなく，含まれている化石の種類からも調べることができる。多摩川川床の飯室層では，大きくて目に見える二枚貝や，ほ乳網の化石も見つかる。そうした大きなものが見つからないところでも，目ではわかりにくい微化石が含まれている。現在は絶滅してしまった化石の種類から，やはりカラブリアン期の時代に堆積した地層であることが知られている。数値年代で示すと170万年よりは若く，逆帯磁期が終わる77万年前よりも古い。このため，簡易的には約100万年前の地層と説明されている。

説明板から少し進んだところの露頭で，生田緑地公園の飯室層の地層にさわってみよう。露頭は完全には固結していない泥でできていること

8）現在は取り壊されて，大きな分譲集合住宅になっている。

がわかる。ジオロジーでは，1/16 mm 未満の粒子が全粒子の半分以上を占めているものを**泥**と定義している[9]。厳密に分類する場合には粒度分析という手法で確認する必要があるが，肉眼観察の場合は，ふつうの視力の人が肉眼で粒子の大きさが見えなければ泥と扱ってよいだろう。飯室層は泥の中でも少し粒が粗いものが多いので，**シルト**という，より詳細な分類を使うこともある。風化している飯室層の色は黄土色だが，風化していない部分の本当の色は青みのある濃い灰色である。さわってみるとわかるように，この地層は，完全に固まった岩石には変わっていない。100 万年前といえば，いまだ現生人類（ホモ・サピエンス）は地球上に存在しなかった昔であるが，そのような時間でも，海の底の砂や泥が完全に岩石に変わるまでには短いのである。この地層は完全に岩石に変わっていないために，やわらかく人力で掘ることができる。ある程度の深さになると，1 日の，あるいは年間の地中の温度変化は小さく，安定した温度環境を作ることができる。生田緑地の北側斜面には，古墳時代にたくさんの横穴墓が作られている。人力で掘ることはできるが，適当な強度があって横穴がつぶれることはない。古墳時代の人たちは，墓を作るために適した，安定した地下条件を見出していたことになる。

飯室層の露頭の風化した面をよく見ると，はっきりはしないが水平方向の筋が見え，海底にほぼ水平に積もった状態が保たれていることがわかる。しかし，理科の教科書に載っているような縞々の層は見られず，露頭の模様は不明瞭である。縞々がない理由としては，地層ができるときに，地層を作る砕屑物（さいせつ）[10] の種類が，地層が積もっている長い間に変化せず，砕屑粒の違いによる縞々ができなかった，という説明ができる。しかし。飯室層を作る粒子には，縞を作りやすい軽石なども含まれるので，もともとは縞々の模様があった可能性が高い。つまり，縞々がなくなったのは砕屑物が積もった後の可能性がある。

9)「泥だらけ」というときの泥と，科学的に定義された泥は意味が異なっている。
10）小石，砂，泥などの粒子。

質問1. 地層ができてから，その縞々がかき消されるためには，どんな作用が働いたと考えられるだろうか？

堆積岩岩石学の斎藤靖二博士は，この露頭について次のように解釈している（斎藤，1992)。「泥岩層に見られる不規則な形の模様は，底生動物[11)]が泥の中を動いていた痕跡です。地層にもっと細かな縞模様があったとしても，当時，この泥の中にいた生物が乱して消してしまったと考えられます。」この地層の縞々を消してしまう動物の作用のことを，**生物擾乱**あるいは**バイオ・ターベーション**とよぶ。現在の東京湾の砂浜でも，アサリ，ハマグリ，ゴカイ，カニなどたくさんの生物が巣穴を作ったり，動き回ったりしている。生田緑地の東側で，宿河原堰下流の多摩川河床では，アシカ科のほ乳綱のものを含めて飯室層中にたくさんの化石が見つかる。生田緑地の飯室層に生物擾乱があることから，当時の古東京湾の海底が，現在と同じように生物に満ちた豊かな世界であったことが想像できる。また，地層の縞模様という本来あるべき特徴がなくなっている，ということも露頭の観察では重要であることがわかる。

次に，最初の露頭を離れて，少し登ってみよう。地層は飯室層が続いているが，登ることによってしだいに地層の新しい部分を見ていくことになる。ヘアピンカーブを曲がって10 m くらい進んだところで，数十 cm の幅で地層の色が少し変わっているところがある。

質問2. この部分をよく観察してみよう。実際にさわってみて，まわりの飯室層との違いは見られるだろうか？

色の変わっている部分にさわってみると，まわりのシルトと比べてザ

11）海底面や，海底面を作る砂や泥の中に住む動物。

ラザラしている。また，目で見ると，まわりのシルトよりも色が白く，粒が見えている。つまり，地層を作っている粒が粗く，**砂**に分類される。また，目で見ると，赤い色の部分に幅数 mm ～数 cm の縦縞の模様が見えている。これは，まわりのほぼ水平な地層と直角の方向になっている。水平な地層を切って，垂直方向の模様をもつ砂が挟み込まれていることがわかる（**図 11-6**）。宿河原堰付近の多摩川川床で飯室層を観察すると，この砂は飯室層に垂直な板の形をしていることがわかる。このような地層を切って生じている板状の砂を，**砂脈（サンドダイク）**とよんでいる。このように，海底や地面を切って砂が挟み込まれてくるのは，地震の際の液状化現象の際にも観察される現象である。砂は，泥よりも粒が大きいので，同じ体積で比べると，泥よりも砂の方が粒と粒の間の隙間が大きく，水に浸されると泥よりも砂の方が，たくさんの水を含むことができる。地下に水を含んだ砂の層があるとき，これが地震の振動で揺さぶられると，粒と粒の隙間が小さくなるように砂粒が動き，そこに含まれていた水が分離してくる。砂よりも水の方が，密度が小さく軽いので，地下にひび割れなどの弱線があると，水はそこに集まって浮き上がっていく。これが液状化の仕組みである。吹き出す水には砂粒も巻き込まれるので, これが地面に出てくると**噴砂**になる。2011 年の東日本大震災時には，東日本で広く液状化現象がみられ（**第 2 章**），海岸の人口密集地であった浦安などでの被害（**図 11-7**）が有名になった。また，2024 年能登半島地震でも，石川県から新潟県にかけて広い範囲で起こり，建物

図 11-6　飯室層中の砂脈

の倒壊などの被害が多発した。

生田緑地の砂脈も，このようにして約100万年前の海底で噴砂が起こった痕跡といえる。大震災をもたらす大きな地震が，過去の東京でも起こっていたことを示している。東京を揺らす大きな地震が，日本列島に人間がいなかったころから続いていることを読み取ることができる。

図11-7　東日本大震災時に千葉県浦安でみられた，地盤液状化現象にともなった噴砂の様子

写真中央の縦方向に見える地盤の弱線に沿って砂が噴出していることがわかる。

（2）おし沼砂礫層

砂脈の露頭から少し登ると，道の横の崖がなくなり，地層は見られなくなる。次に崖が現れるのは，左側のあずま屋よりも少し高い所である。

この露頭では，まず水平方向の縞々がよく見える（**図11-8**）。また，さわるまでもなく，地層を作る粒子が目で見えている。この部分は，シルトではなく砂である。場所によっては，粒は小豆くらいの大きさの丸いものもある。粒が見えているので分類は砂になり，小豆大の小石は直径2 mmを超えるので，分類は**礫**（れき）になる。礫の岩石種は，現在の多摩川の河原の石と同じである。また，この地層の模式地は，生田緑地の少し南側で，現在もおし沼の地名が残る場所である。おしは漢字で書くと「鴛鴦」で，オシドリが住む沼であったのだろう。そこで，この地層はおし沼砂礫層とよばれている。

おし沼砂礫層の古地磁気は逆転しておらず，時代区分は，飯室層よりも新しいチバニアン期になる。チバニアン期の地層は，千葉だけというわけではなく，当時，海底であったところに積もったものはすべて，チバニアン期の地層とよばれることになる。

第3章で扱ったように，100万年前よりも新しい時代は，氷期と間氷期が繰り返し訪れていた。氷期になると，海水の温度が下がって密度が大きくなり，その分海面は低くなる。また，氷期には，南極と北極の氷河が厚く広くなり，海水の量が減って海面が下がる。海面が下がることを**海退**とよぶ。逆に間氷期は気候が温かくなって海水が膨らみ，氷期に比べると両極などの氷が溶けて海水が増え，氷期よりも海面が上がる。海面が上がることを**海進**とよぶ。現在の地球は，最終氷期以降の間氷期にあたっているので，海進の時期[12]にあたる。人為的な地球温暖化が進むと，さらに海進が進むことになる。

図 11-8　おし沼砂礫層
横方向の地層の縞模様が見える。

おし沼砂礫層が海底に積もった時期は，現在と同じくらいの気温で，海面が高い間氷期の時代であり，**第3章図3-7（上）**の酸素同位体ステージ9のピークに当たる30万年ほど前であろうと考えられている。ということは，現在の海面は間氷期のものに相当しており，おし沼砂礫層の時代とほぼ同じ海面の位置にあるはずである。おし沼砂礫層は浅く，流れが浅い海の底に堆積した砂や礫と考えられている。海面は標高0mの基準であるから，海底は標高0mよりも低かったはずである。

12）関東地方の縄文中期は現在よりも海面が高かったが，その原因は，氷床が溶けることによる海水量の増加と，それによる海水の荷重が増えることにより海底および海岸部が沈降することによる。

質問 3. 標高 0 m よりも低かった場所が，現在は丘陵地の中腹にある。これは何を意味しているのだろう？

海面が変化すれば，同じ場所でも海面下になったり，陸上になったりするが，前に考察したように，おし沼砂礫層の時代の海面は現在と同程度の位置と考えられる，そうすると，海面に対して動いたのは地面ということになる。おし沼砂礫層の露頭の高さを調べてみよう。標高は57.4 m ほどあるはずである。もともと標高 0 m 以下だった場所が，現在は標高 60 m まで高くなっているのである。同じ速さで高くなっていったとすると，30 万年で 60 m 高くなるということは，1 年間でどのくらい高さが変わるか計算することができる。60 m は 60000 mm であるから，約 0.2 mm/ 年の速さになる。小さいようにも思えるが，100 万年たつと 200 m（**図 4-6** 参照），1000 万年たつと 2000 m 高くなることになる。地球の固体部分の変化の速さは，このくらいのスピードが目安になる。隆起した山が全く削られなければ，地殻変動が起こることで，1000 万年あれば 2000 m の高さの山ができることになる。これは地球の長い歴史では短い時間である。地球の変化を考えるためには，このくらいの速さを考えておけばよいことになる。

生田緑地では，飯室層が約 100 万年前のもの，おし沼砂礫層が約 30 万年前のもので，飯室層とおし沼砂礫層の間には，少なくとも何十万年かの間，地層が形成されていない時代があることがわかる。このような現象を無堆積あるいは**ハイエイタス**とよぶ。チバニアン期の模式地である千葉県市原市田淵では，この無堆積の現象はなく，カラブリアン期からチバニアン期にかけて，とぎれることなく地層が積もっていたので，国際標式地になることができた。生田緑地でも無堆積がなければ，国際標式地になることができたかもしれない。生田緑地と千葉セクションとの違いは，生田緑地の方が，地面の隆起が早く，間氷期にも海面よりも高くなってしまったことに原因がありそうである。目と鼻の先の千葉と東京で，地殻変動の様子が違うことがわかるだろう。

図 11-9　関東ローム層

（3）関東ローム層

おし沼砂礫層の露頭から，さらに数十 m 進むと，赤土の露頭に変わる。おし沼砂礫層の底がわからないが，この地層の厚さは 10 m 以下であることがわかる。

赤土の層は，**関東ローム層**とよばれ，ユーラシア大陸からの黄砂や日本列島各地から風によって運ばれた火山灰などの粒子が，関東平野に降り積もって形成された土壌である（**図 11-9**）。**ローム**というのは本来，土壌学的に定義された分類[13]で，火山灰粒子が多い関東ローム層には合致しないが，明治初期のお雇い外国人が付けた名前がそのまま使われ続けている（**第 3 章 2 節**）。

生田緑地を含む多摩川流域の関東ローム層は，**河岸段丘**という地形に基づいて分類されている（**第 3 章 1，2 節**）。生田緑地の枡形山展望台に登って多摩川の両側を見ると，階段状の形をしていることがわかる。階段の水平部分を**段丘面**，斜面になっている部分を**段丘崖**という。この階段状の地形は，多摩川が下向きに地面を削る作用が強いときと弱いときが繰り返しており，現在の道筋に近く，低いものほど新しいことがわかっている。これに基づいて，段丘面には，古い方から順に，下末吉面→武蔵野面→立川面の順に名前が付けられている。関東ローム層も，古い段丘面の上では古いものから新しいものまですべて積もるので厚く，

13）土に含まれるシルト，粘土（シルトより細かい泥）の重量が 25 ～ 40％の土壌と定義されている。

新しい段丘面では面ができてから後のものしか積もらないのでローム層は薄くなっている。そこで,関東ローム層は,下末吉面の岩盤の上に残っているものは下末吉期，武蔵野面の岩盤の上に残っているものは武蔵野期，立川面の岩盤の上に残っているものは立川期のように区分する。日本列島で大きな噴火が起こり，関東地方にも火山灰が降ると，関東ローム層中に火山灰が挟まれる。元の火山の噴火活動史を調べるなどして，その火山灰の噴火した時がわかると，関東ローム層の積もった時代も決まる。このような同時代面を示す層を**鍵層（キーベッド）**とよぶ。火山灰層は,含まれている鉱物やガラスなどの特徴から,同定するためのデータが多くとれるため鍵層としては代表的なもので，小学校や中学校の理科の教科書にも載っている。火山灰鍵層を使って，地層や土壌に同時代面を設定していく研究を**火山灰層序学（テフラクロノロジー）**という（**図3-4**）。

生田緑地の関東ローム層は，下末吉期（約13～6.6万年前），武蔵野期（約6.6～3万年前），立川期（約3～1万年前）に形成されたとされている。枡形山への道を登っていくと，ところどころに「採集禁止」という看板が立っているところがある。この看板の露頭のところに，鍵層になる火山灰層が挟まれているはずだが，見た目では簡単にはわからない。火山灰層の名前はアルファベットと数字の組合せで表されることが多く，低いところから順に，下末吉期の部分にはPm-I（御岳第一軽石層，約10万年前），武蔵野期の部分にはTP（東京軽石層，約6.6万年前，箱根起源），AT（姶良Tn火山灰，約2.9～2.6万年前，九州の姶良カルデラ起源）などが知られている。「かわさき宙と緑の科学館」には，地下をボーリング調査したときに得られた風化されていない試料で，火山灰の位置がよくわかる展示がある。

（2）でみたように，生田緑地は地殻変動によって少しずつ隆起しているが，地表には雨や風など地面を削って低くする作用も働いている。生田緑地にもいく筋もの谷が入っている。この作用は，ふだんから少しずつ働いているが，台風などの大雨の時に激しく働き，地すべりや崖崩れなどの災害をもたらすことがある。生田緑地は，関東ローム層の崖崩れの研究の過程で，大きな事故が起こったことで有名である。現在の岡本太郎美術館付近の谷で，1971 年 11 月に人工的な散水によって崖崩れを再現する実験をしていたところ，実際に大きな崖崩れが起こって，研究関係者および報道関係者合わせて 25 名が生き埋めになり，うち 15 名が亡くなった。散策する生田緑地公園は，豊かな自然を感じられるが，時として，人命を奪うような災害をもたらす存在であることも忘れてはいけないだろう。

枡形山の頂上まで登ると，そこは鎌倉時代の城址であり，発掘の結果，縄文時代の狩猟用落とし穴も見つかっている。縄文時代から現代にいたるまで，地形や地下の地層を利用したり，災害にあったりしながら，人々が生活の場としてきたことがわかる。

（4）飯室層とおし沼砂礫層の境界

露頭を調べるときに，2 つの岩体が接している境界を調べることで，2 つの岩体の関係を知る大事な情報が得られることが多い。地表には境界の露頭はないが，2 つの岩体の関係がどうしても知りたい場合には，穴を掘ったりボーリングをしたりして，人工的に露頭を作ることすらあるくらいである。枡形山を登るルートでは，残念ながら層と層の関係がわかる露頭はなかった。これは，境界がない，ということではなくて，たまたま，その部分に崖ができていなかったのが原因である。枡形山から「かわさき宙と緑の科学館」に降りていくルートには，飯室層と，おし沼砂礫層が接している露頭が観察できる（**図 11-10**）。

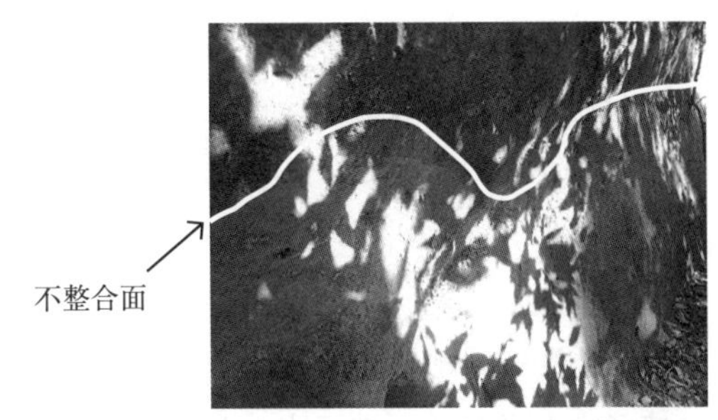

図 11-10　飯室層とおし沼砂礫層の境界露頭

この露頭のおし沼砂礫層は，礫（小石）がやや大きいが，見かけは同じである。両者の境目は，ほぼ水平になっている。しかし，（2）でみたように，両者の間には数十万年の間，地層ができていなかった期間がある。本当は，その期間の地層はあったのだが，おし沼砂礫層ができる前に，川や海の強い流れなどによって削り取られてなくなってしまった，という考え方もできる。しかし，おし沼砂礫層の時代が間氷期に一致していることから，そうではなくて，海面が上昇していた時期には地層ができていて，氷期で海面が下がっている陸地になっていて，地層ができなかった可能性の方が高い。いずれにしても，ずっと海底になっていればできていたはずの地層が無堆積で存在しないことは間違いなく，このような関係を**不整合**（ふせいごう）とよぶ。

3. おわりに：野外観察からストーリーを作る

川崎市は日本を代表する工業地帯の1つであり，生田緑地は都会の住宅地で，市民の生活の場である。だからこそであるが，地形や地下を作る地層と人々との暮らしが密接で，ジオストーリーを生むことができる場になっている。また，日本列島で一番新しい地層の1つであるがゆえに地殻変動などの影響が少なく，現在の自然環境とのつながりをもったジオストーリーを考えることができる。ジオストーリーは特別な地球科学的特徴をもった場でなくても，誰でもが語ることができるものである。

ジオストーリーの基となるデータは，地球科学的な調査・分析で得られたものである。野外観察で得られたものばかりではなく，室内での精密な分析データと既存のデータセットを合わせて推論する。そのうえで，それらのデータと人間との関係を考察し，ジオストーリーが作られることになる。

質問 5. 生田緑地の地球科学的な情報を読んだうえで，ここから編み出すことができるジオストーリーはどのようなものだろうか？

質問 5 については，読者が各自で作成してみてほしい。例えば，生田緑地の地形地質と古代からの人との関係のストーリー，数百万から数十万年前の古東京湾の海底を見に行くストーリー，東京近郊で地形・地質と災害の関係を知るストーリーなどを作ることができるだろう。生田緑地でなくとも，身のまわりで露頭が観察できるところがあれば，その情報を基に，その地域のジオストーリーを考えてみるのもよいだろう。ジオストーリーは，特別な場所でなくても語ることができるものである。

参考文献

斎藤靖二，(1992)『日本列島の生い立ちを読む，自然景観の読み方 8』岩波書店，172 頁.

生田緑地も含めて，露頭で示される情報からジオロジーを組み立てていく方法が平易に説明されている良書。本書を含め「自然景観の読み方」シリーズは，ジオストーリーを読むうえで参考になる。

12 日本の水のジオストーリー 1

松山 洋

《目標＆ポイント》 世界と日本における水の量とその循環について大観し，私たちが利用できる水資源として地下水が最も多いことを学ぶ。その地下水が地表水となったものが湧水であり，湧水は地中の温度を反映している。湧水の温度が地球温暖化や都市化の影響を受けて上昇し，水質も変化していることを，熊本県阿蘇地方や東京都内での調査結果に基づいて紹介する。
《キーワード》 地下水，湧水，水温，水質，地球温暖化

1. 世界と日本における水の量とその循環

地球は水の惑星である。地球上には水が約 1.4×10^9 km^3 存在するが，その 97 %は海水である（**図 12-1**）。私たちが使える淡水は全体の 3 %しかないが，そのうちの 75 %が南極大陸やグリーンランド，山岳氷河など利用しにくいところにある。実は，私たちが使える水のうち，最も量が多いのは地下水なのである。

図 12-1 には，大気，海洋，陸面における水の循環も示されている。地球上の面積の約 7 割を占める海洋からは，大量の水が蒸発し，大量の水が降水として戻ってくる。ただし，蒸発量の方が降水量よりも多く，両者の差は大気中を移流して大陸（陸地）に運ばれる。一方，大陸からも水が蒸発散し（水面からの蒸発と植物からの蒸散を合わせて蒸発散という），降水として大陸に戻ってくる。大陸では降水量の方が蒸発散量よりも多く，両者の差が地上における流出（河川流出および地下水流出）となっている。この流出した水を私たちが使っているわけだが，**図**

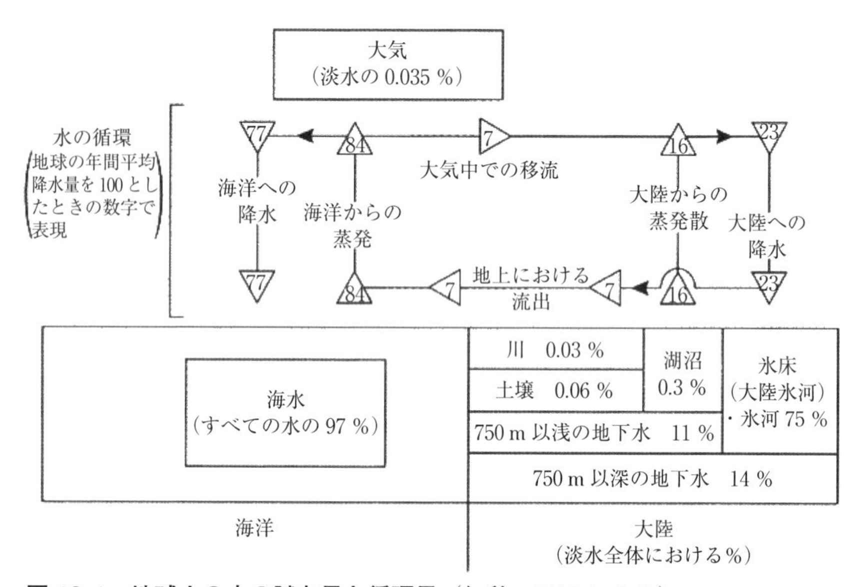

図 12-1 地球上の水の賦存量と循環量（仁科，2019 による）
（出典：古今書院『やさしい気候学　気候から理解する世界の自然環境』）

12-1 によれば，河川水，土壌水，湖沼水は，地下水に比べれば微々たる量に過ぎない。

以上が世界の水循環に関する概観であるが，私たちが住む日本に目を向けてみると，日本では温帯低気圧，梅雨，秋雨，台風，冬の季節風などによって降水がもたらされるため，1 年の中で目立った乾季がない。暖候季の高温によってイネなどの主要穀物を広域で栽培できることもあり，山がちな日本に 1 億人以上の人々が住めるのも日本の気候のおかげである。

表 12-1 によれば，日本の年降水量は約 1,700 mm/年である。世界全体の年降水量の平均値が約 1,000 mm/年であるから，日本は世界的にみても降水量の多い国である。しかしながら，人口 1 人当たりの降水量に

表12-1　世界の主な国における年降水量（面積平均値）と人口1人当たりの年降水量
（FAO，2019による）

国名	年降水量（mm/年）	人口1人当たりの年降水量（m^3/年/人）
インドネシア	2,702	19,584
日本	1,668	4,946
イギリス	1,220	4,491
インド	1,083	2,658
フランス	867	7,327
イタリア	832	4,223
アメリカ合衆国	715	21,667
ドイツ	700	3,048
スペイン	636	6,942
スウェーデン	624	28,171
カナダ	537	146,407
オーストラリア	534	169,080
ロシア	460	54,622
イラン	228	4,902
エジプト	18	186

換算すると，途端に水の乏しい国になる（**表12-1**）。これには，狭い日本に1億人以上の人々が生活していることが影響している。

降水量は100％水資源として利用できるわけではない。**図12-1**に示したように，陸地に達した降水の一部は蒸発散として失われる。そのため，水資源として使える水の量は，「降水量－蒸発散量」になる。これが，**図12-1**の地上における流出に相当するが，日本の場合，諸外国に比べて河川の勾配が急なため，すぐに海へ流れ出てしまう降水量が多いという特徴がある（**図12-2**）。降水量を有効利用するために，河川の上流部にダムが造られる場合があるが，それによって自然環境が変えられたり，集落の水没や住民の移住が生じたりする。また，地震が多く火山活動が

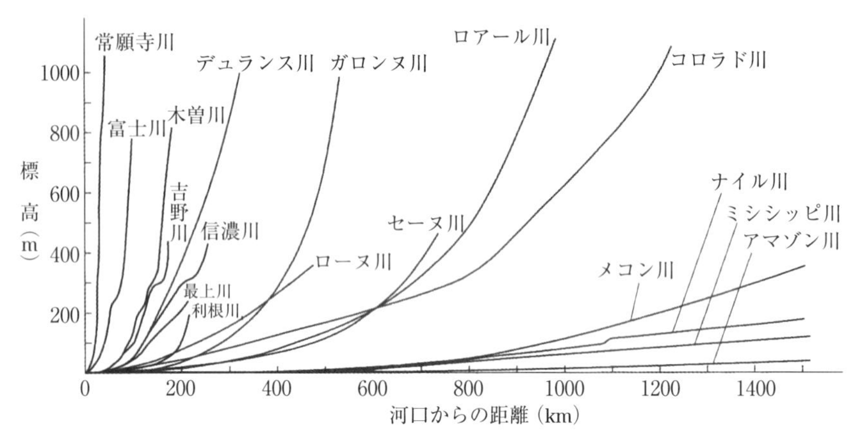

図 12-2　日本と世界の主な河川の縦断面形（阪口ほか，1986 による）
（出典：岩波書店『シリーズ日本の自然 3　日本の川』）

活発な日本では，ダムに土砂が堆積しやすいという問題もある。

2. 阿蘇の湧水調査のはなし

私たちが使うことのできる淡水で最も量の多い地下水が，湧水として地上に出てくると地表水になる。つまり，地下水と地表水は連続しているのである。

筆者の研究室では，21 世紀に入ってから九州の阿蘇地方を対象に，学生実習で湧水や河川水の調査を続けてきた。阿蘇地方を対象とするのは，東京から遠いこと，温泉が湧いていること，水だけでなく自然地理学的に興味深い現象がみられること，などによる（泉・松山，2017）。

阿蘇地方での調査では，湧出量ではなく水温や水質に着目しているが，2004 年の学生実習で面白いことに気が付いた。この年の 8 月に行った調査では，阿蘇外輪山北麓（熊本県阿蘇郡南小国町）に点在する湧水を調べて（**図 12-3**），1987 年の調査結果（島野・永井，1990）と比較した。

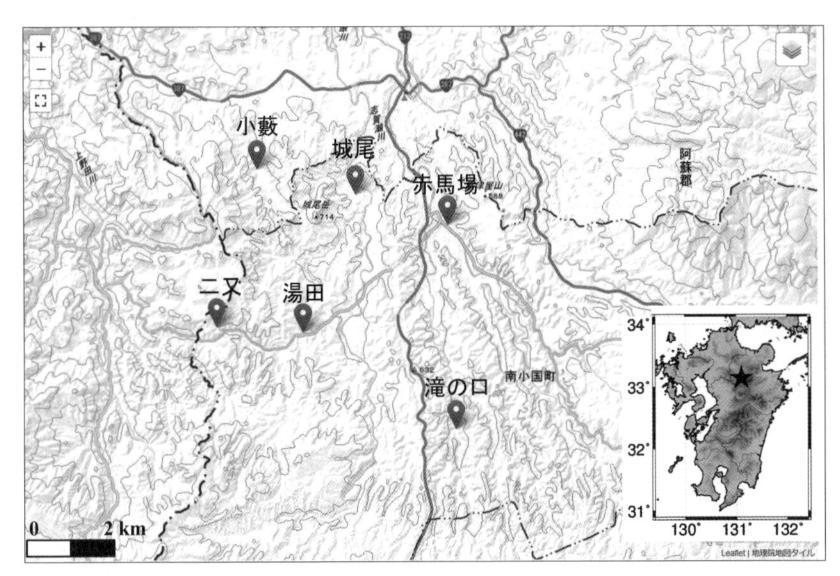

図12-3　2004年の調査地点のうち1987年と水質を比較したところ
右下の図中の星印は，図のおよその範囲(地理院地図タイルにより作成)。

図12-4は，1987年と2004年の水質について比較できる6地点のうち，3地点のデータを示したものである。この図はヘキサダイヤグラムといって，水質の特徴を直感的に理解しやすくするためのものである。ヘキサとはラテン語の6という意味で水質が六角形で示されている。図の右下が凡例で，左側が陽イオン，右側が陰イオンになっている。このヘキサダイヤグラムでは，陽イオンはNa^{+}+K^{+}（ナトリウムイオンとカリウムイオンの和）が左上段に，Ca^{2+}が左中段に，Mg^{2+}が左下段に，それぞれプロットされている。また，陰イオンはCl^{-}が右上段に，HCO_3^{-}が右中段に，SO_4^{2-}が右下段に，それぞれプロットされている。

図12-4中の右下の凡例にある単位のmeq/Lはミリエキバレントパー リットルと読む。これは，各イオンの濃度(mg/L)を原子量で割っ

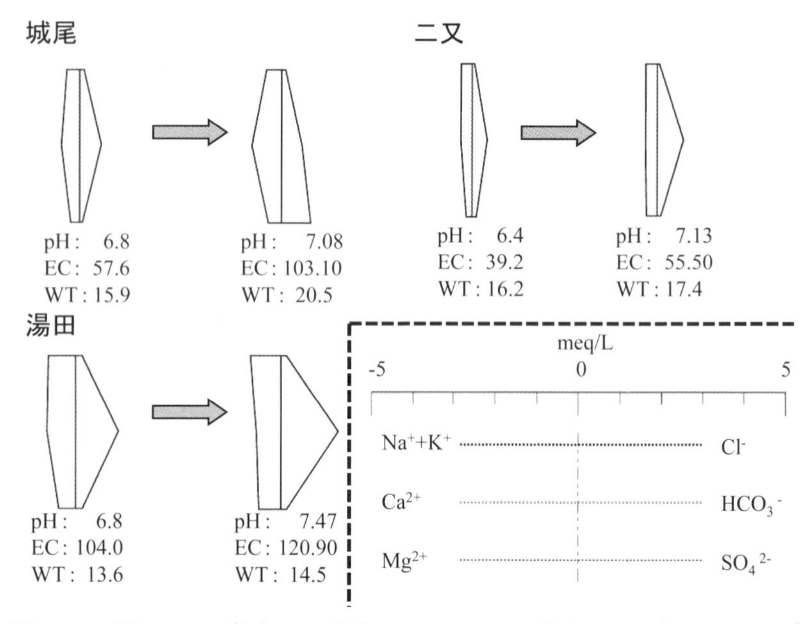

図 12-4　図 12-3 のうちの 3 地点における 1987 年と 2004 年のヘキサダイヤグラムの比較

pH は水素イオン指数（無次元），EC は電気伝導度（単位：mS/m），WT は水温（単位：℃）。右下の凡例の meq/L（当量，m はミリ）は，水質分析の結果得られる濃度（mg/L）を各元素の原子量で割ったもの。ヘキサダイヤグラムは，左側が 1987 年，右側が 2004 年である（分析は鈴木啓助さん（信州大学，当時），作図は成宮博之さん（朋優学院高等学校）による。一部修正）。

たものであり，電気的な当量を表している。例えば，NaCl（塩化ナトリウム）は水中で Na^+ と Cl^- に電離するが，Na^+（原子量 23）と Cl^-（原子量 35.5）は 1：1 で結合する。そのため，ヘキサダイヤグラムも，陽イオンと陰イオンが電気的に 1：1 で結合するように，それぞれの原子量で割ったもので表現する場合が多い。

図 12-4 中の pH は水素イオン指数（無次元）であり，pH 7 が中性，

これより値が小さいと酸性，大きいとアルカリ性になる。pH 5.6 は大気中の二酸化炭素が溶け込んだときの値であり，これより pH が小さい降水を酸性雨または酸性雪などという。EC は電気伝導度（Electric Conductivity，図中の単位は mS/m）であり，水がどれだけ電気を伝えやすいかを示す指標である。イオン化した物質が多いほど電気伝導度は大きくなる。WT は水温（Water Temperature，単位 ℃）であり，水の基本的な特徴を表す。なお，pH，電気伝導度，水温は必ず現場で測定する（泉・松山，2017）。

図 12-4 からは，ヘキサダイヤグラムの形は，城尾，二又，多賀神社のいずれも1987年と2004年で基本的に変わっていないことがわかる（城尾のように SO_4^{2-} が増えている地点もある）。一方，ヘキサダイヤグラムの面積は 3 地点とも，この 17 年間で増加している。ヘキサダイヤグラムの面積はイオン化している物質の総量を表しており，3 地点ともこの 17 年間で溶存物質は増えている。これは，**図 12-4** の電気伝導度（EC）の値の増加にも現われている。pH は 3 地点とも酸性からアルカリ性に変化しているが，これは観測方法の違い（島野・永井，1990 は比色法，本研究はガラス電極法）が影響している可能性がある。また，水温（WT）は 3 地点とも上昇していることが**図 12-4** からわかる。

図 12-4 は，いったい何を表しているのだろうか？ 1987 年と 2004 年のデータが得られた 6 地点の水温の差を横軸，電気伝導度の差および溶存物質量の差を縦軸にそれぞれ取って散布図を作成したものが**図 12-5** になる。この図から，電気伝導度の差および溶存物質量の差のいずれも水温の差と比例関係にあることがわかる。ちなみに，阿蘇外輪山北麓において，同一の湧水で繰り返し水温を観測した例は管見の限り見当たらないが，阿蘇カルデラ内の湧水で水温の季節変化を調べた研究（島野，1997）によれば，湧水の温度の季節変化は最大でも 3 ℃程度であるとい

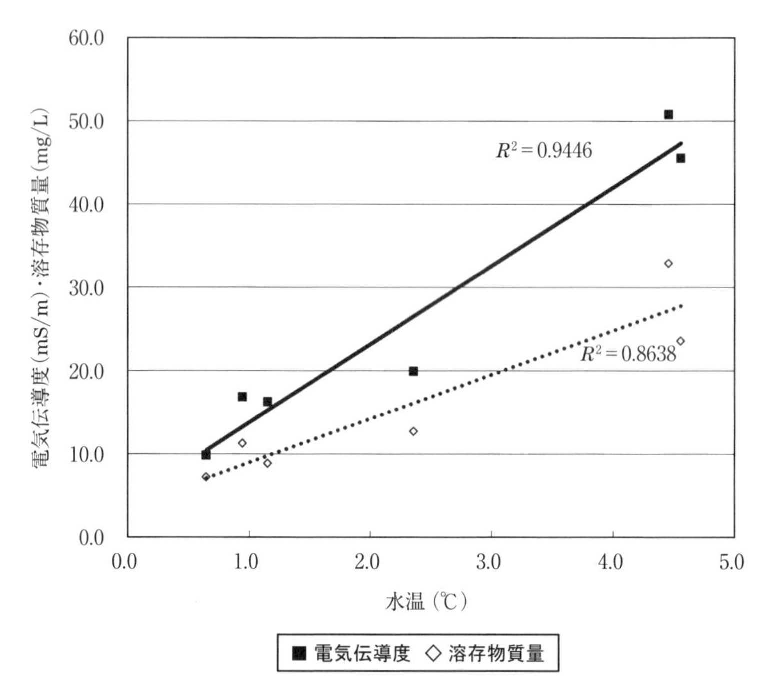

図 12-5　阿蘇外輪山北麓の湧水 6 地点における 1987 年と 2004 年の水温の差と電気伝導度の差および溶存物質量の差との関係
（成宮博之さん（朋優学院高等学校）作成。一部修正）

う。すなわち，**図 12-4** の湧水の中には，水温の差を季節変化では説明できないくらい大きなものもある。

湧水の温度はなぜ上昇するのだろうか？ 高校の化学の教科書を参考に，地球温暖化と湧水の水質との関係について考えてみたものが**図 12-6** になる。つまり，湧水の水温が上昇する以前に，地球温暖化によって気温が上昇していることが考えられる。都市化が効いている場合もあるだろう。一般に，水温が上がると溶解度（物質が水に溶け込む量）は増える（中には，二酸化炭素のように冷たい方が溶解度は上がる物質

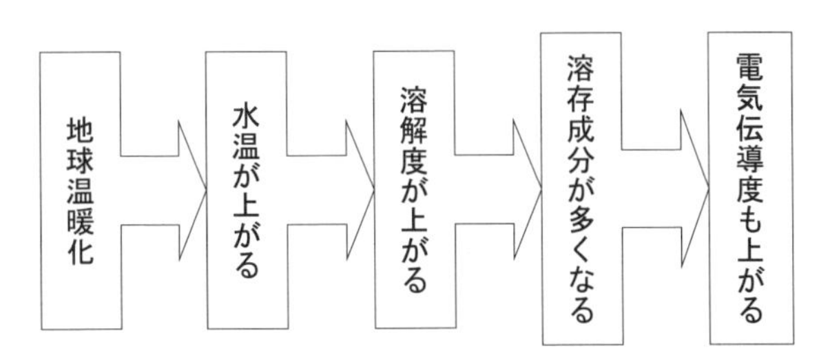

図 12-6　地球温暖化と湧水の水質との関係に関する仮説
（成宮博之さん（朋優学院高等学校）作成）

もある）。すると，溶存成分が多くなり，電気伝導度も上がるという考えである（**図 12-6**）。実際，この付近で1890年以降の気温のデータがある熊本地方気象台における月平均気温の長期変化傾向を，頑健な手法であるMann-Kendall検定で求めると（Kendall, 1938），危険率5％で有意な気温の上昇傾向がみられた。つまり，この地域においても地球温暖化は進行している。なお，時系列の最初や最後に外れ値があると，最小二乗法による線形回帰では外れ値の影響を受けやすいが，Mann-Kendall検定は値ではなく順序に注目するため，外れ値の影響を受けにくい。

しかしながら，2004年8月はものすごく暑かった。熊本地方気象台における2004年当時の8月の平均気温の平年値（1971～2000年の平均値）は27.7℃だったのに対し，2004年8月の月平均気温は28.8℃であった。一方，島野・永井（1990）が調査した1987年は，8月の気温は26.9℃であった。もし，水温が季節変化スケール（＝猛暑）で気温に反応しているとなるとお手上げで，**図 12-6**に示した仮説は御破算になる。つまり，**図 12-6**に示した仮説について検討するためには，1987年と2004年の2時期の観測値を比較するだけではだめで，水温の連続観測が行われているところで，**図 12-6**が成り立っているかどうか検討する必要がある。

そのような都合のよいところはあるのだろうか？ 少し調べてみると，東京都が1980年代から東京都内の湧水の調査をしていることがわかった（成宮ほか，2006）。地球温暖化と都市化の影響で，東京の気温も統計的に有意な上昇をみせている。小倉（2000）によると，東京の平均気温はこの30～40年間で1.6℃上昇しており，その影響は湧水にも表れているという。小倉（2000）では，1976～1997年の真姿の池（国分寺市）の湧水温と，1977～1997年の隣接するAMeDAS府中の気温のデータが示されており，水温が気温に4～8年ぐらい遅れて上昇していることが示されている。そして，1987～1997年に水温は0.8℃上昇した。

しかしながら，小倉（2000）は1地点のみの観測である。東京の他の湧水でも，果たして水温は上昇しているのだろうか？

3. 東京の湧水調査のはなし

（1）東京の湧水の概要

日本地下水学会・井田（2009）によれば，東京都内には湧水が930か所以上あるとのことである。東京都は2003年に「東京の名湧水57選」を定め（東京都環境局自然環境部，2003），その前段階として1980年代後半から2001年にかけて，東京都内30地点の湧水で水質調査を行った（東京都環境局自然環境部，2002）。このように，環境保全の観点から湧水は注目されている。

東京の湧水には2種類のタイプがある（**図12-7**）。1つは谷頭タイプであり（**図12-7**（a）），もう1つは崖線タイプである（**図12-7**（b））。谷頭タイプの湧水は，台地面上の馬蹄型や凹地形などから湧出するタイプ，崖線タイプは，台地の崖の前面から湧出するタイプである。東京の西方には富士山，箱根山，浅間山といった，過去数万年間に活発に活動

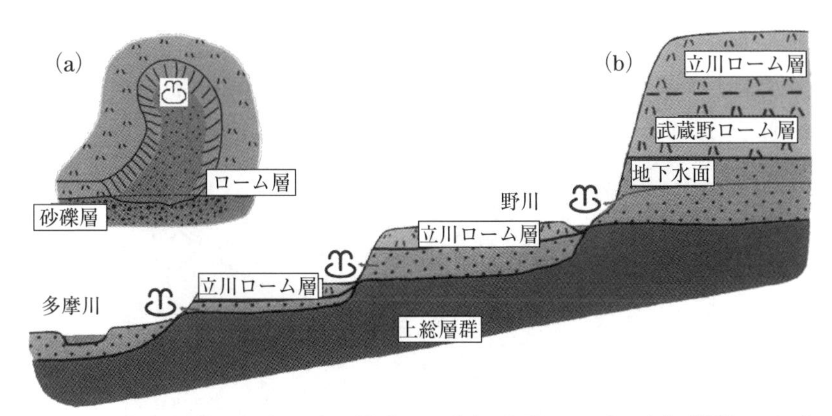

図 12-7　東京都内の湧水の湧出模式図　(a) 谷頭タイプ，(b) 崖線タイプ
(東京都環境局ホームページより作成)

してきた火山が位置しているため，武蔵野台地は厚い火山灰層に覆われている。なお，火山灰層は武蔵野台地西部で厚く，東部で薄い。

武蔵野台地に含まれる2万5千分の1の地形図「吉祥寺」で，標高50 m の等高線をなぞると面白いことがわかる（**図 12-8**）。図中，南から井の頭池，善福寺池，富士見池が分布しているが，これらはいずれも標高 50 m に位置している。さらに北上すると三宝寺池があるが，こちらの標高は 47.5 m である。これら 4 つの池がほぼ同じ標高にあるのは偶然ではない。これらの池はいずれも，かつては武蔵野台地の湧水（谷頭タイプ）を水源としていたのである。谷頭タイプの湧水の場合，火山灰層（ローム層）の厚さと地下水面との位置関係で湧出点は決まり（**図 12-7** (a)），武蔵野台地の東部ではそれが標高約 50 m ということになる。なお，人為的影響もあって，これらの湧水は現在，自然に湧出してはいない。

図 12-8 の左下には，標高 50 m と 60 m の等高線が詰まっている部分がある。これは標高が不連続に変化していること，つまり，ここが崖で

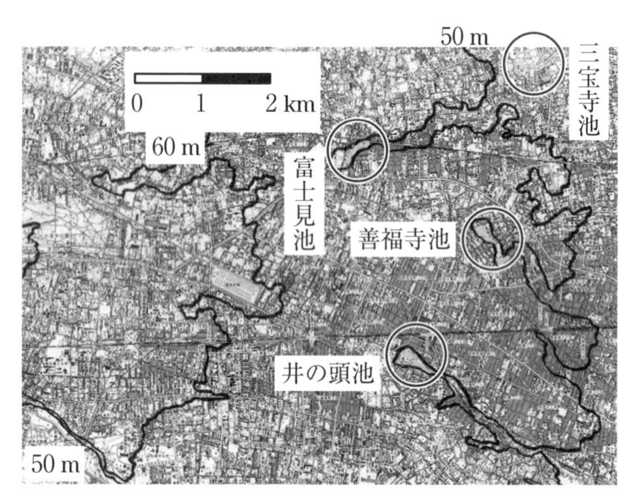

図 12-8　武蔵野台地の標高 50 m 付近に分布する 4 つの池
標高 50 m と 60 m の等高線を太線で記した（2 万 5 千分の 1 地形図「吉祥寺」の一部に加筆）。

あることを示している。これは国分寺崖線とよばれ，崖下では崖線タイプの湧水（**図 12-7**（b））が見られる。武蔵野台地では地下水を含む礫層の上に火山灰層が堆積している。これらの礫層は，最終氷期（今から約 7 ～ 1 万年前）に多摩川が運んだものであり，青梅を起点とする東側に扇状に分布している。これを扇状地という。一般に，扇状地では洪水が起こるたびに河川が流路を変えるので，河川が扇状地上の堆積物を削って段丘ができる。武蔵野台地の場合，礫層の上に堆積している火山灰土層（ローム層）が水を通しやすいため，降水は地下に浸透して砂礫層の中を動く（**図 12-7**（b））。段丘崖では砂礫層が地表に現れるため，湧水が見られるのである。現在の多摩川は**図 12-8** の左下よりもずっと南西側を流れているが，国分寺崖線は，かつての多摩川が現在よりも北東部を流れていたときに形成された。なお，かつての多摩川が流れていたところを，現在は野川が流れている（**図 12-7**（b））。

（2）東京の湧水温は上昇しているか？

最初に，**第 13 章**を含む東京の湧水調査に関する結論を述べ，それから個々の調査の話をする。東京の場合，地球温暖化と湧水の水質の関係に関する仮説（**図 12-6**）は必ずしも成り立っていない。これは，人為的影響（農地面積の減少や下水道の整備など）の方が大きい場合があるからである。すなわち，観測結果（湧水の水温や水質など）には人為的な影響（よい影響も悪い影響もある）が含まれることに留意すべきである。

図 12-9 は，筆者たちが調査を継続してきた湧水 30 地点の分布を示している。ただし，現在は調査していない湧水が 5 地点あるので，正確には 25 地点である。前節で述べた通り，東京都環境局は 1980 年代から湧水の調査を行ってきたが，2001 年に調査を中止してしまった（東京都環境局自然環境部，2002）。せっかくの調査を止めてしまうのはもったいないので，2005 年から筆者たちの研究室で調査を再開して，デー

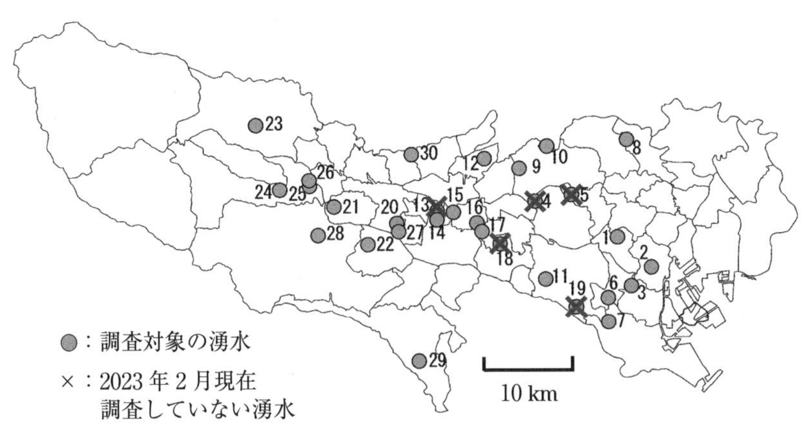

図 12-9　筆者たちが東京都内で調査を継続してきた湧水
（番号は**表 12-2**，**図 12-10** に対応する。）

表 12-2　筆者たちが東京都内で調査をしてきた湧水の諸元と湧水温の長期変化傾向

番号	地点名	緯度 (°N)	経度 (°E)	渇水期 (2月)	豊水期 (10月)	注
1	明治神宮（清正の井）	35.6739	139.6986	1％	1％	
2	御田八幡	35.6433	139.7411	5％		1)
3	氷川神社	35.6244	139.7153	5％	5％	
4	原寺分橋下	35.7097	139.5972	5％	1％	2)
5	都営鷺宮第7住宅脇橋	35.7175	139.6392		5％	3)
6	清水窪弁財天	35.6114	139.6861	5％		4)
7	東調布公園	35.5883	139.6869	5％		
8	赤羽自然観察公園	35.7736	139.7106		5％	
9	大泉井頭公園	35.7447	139.5769		1％	
10	稲荷山憩いの森	35.7664	139.6108	1％	1％	
11	親水公園（大蔵住宅）	35.6325	139.6094	1％	1％	
12	竹林公園	35.7547	139.5339	1％	1％	
13	日立中央研究所	35.7011	139.4747			5)
14	真姿の池	35.6942	139.4736	1％	1％	
15	貫井神社	35.6989	139.4933	1％	1％	
16	野川公園（三鷹市）	35.6883	139.5236	1％	1％	
17	野川公園（小金井市）	35.6808	139.5303			1)
18	都立農業高校神代農場	35.6664	139.5536	5％		6)
19	等々力不動尊	35.6036	139.6464		1％	7)
20	矢川緑地	35.6881	139.4242		1％	1)
21	拝島公園	35.7056	139.3453		1％	
22	黒川清流公園	35.6669	139.3875		1％	
23	金剛寺	35.7892	139.2492	5％	1％	
24	白滝神社	35.7236	139.2794	1％	1％	
25	二宮神社	35.7264	139.3142		1％	1)
26	森山会館（福寿院）	35.7325	139.3156	1％	1％	
27	ママ下湧水	35.6806	139.4264	1％	1％	
28	子安神社	35.6764	139.3253	1％	1％	
29	芹ヶ谷公園	35.5483	139.4508	1％	1％	
30	狭山公園	35.7592	139.4414		5％	

番号は，図 12-9，図 12-10 に対応する。

渇水期（2月），豊水期（10月）の列は，2023年2月までのMann-Kendall検定統計量の統計的有意性（危険率）を示す。注のない限り，水温は上昇傾向。
1）渇水期は低下傾向。
2）渇水期は2006年まで，豊水期は2007年まで。
3）渇水期は2005年まで，豊水期は2006年まで。
4）渇水期，豊水期ともに低下傾向。
5）豊水期は低下傾向。渇水期は2001年まで，豊水期は2000年まで。
6）豊水期は低下傾向。渇水期は2011年まで，豊水期は2010年まで。
7）渇水期は低下傾向。渇水期，豊水期ともに2021年まで。

タを蓄積してきた（成宮ほか，2006）。

表12-2および**図12-10**からわかるように，東京の湧水温は上昇傾向にあるものが多い。2023年現在，調査を継続している25の湧水で見ると（**図12-9**），湧水温が上昇しているのは，渇水期（2月）は24地点，豊水期（10月）は28地点である。なお，湧水の中には温度が低下傾向にある地点もあるが，極端に湧出量が少なかったりするなど，湧水らしくない特徴がある。

湧水温の上昇傾向が統計的に有意かどうか，Mann-Kendall検定で調べた。25の湧水のうち危険率5％で統計的に有意な昇温傾向にあった地点は，渇水期19地点，豊水期24地点であり，両時期ともに有意であったのは15地点であった。これらは主として武蔵野台地周辺に分布している（**図12-11**）。

東京の湧水温はなぜ上昇するのであろうか？ **本章2節**で述べたように1976～1997年の真姿の池（国分寺市）の湧水温は，隣接するAMeDAS府中の気温（1977～1997年）に4～8年ぐらい遅れて上昇している（小倉，2000）。このことから，**図12-12**のようなシナリオが考えられる。この図に出てくる恒温層というのは，地中温度の季節変化が生じなくなる深さのことであり，木内（1950）によれば，東京付近では恒温層上限の深さは約12 m，恒温層上限の温度は約16℃である。こ

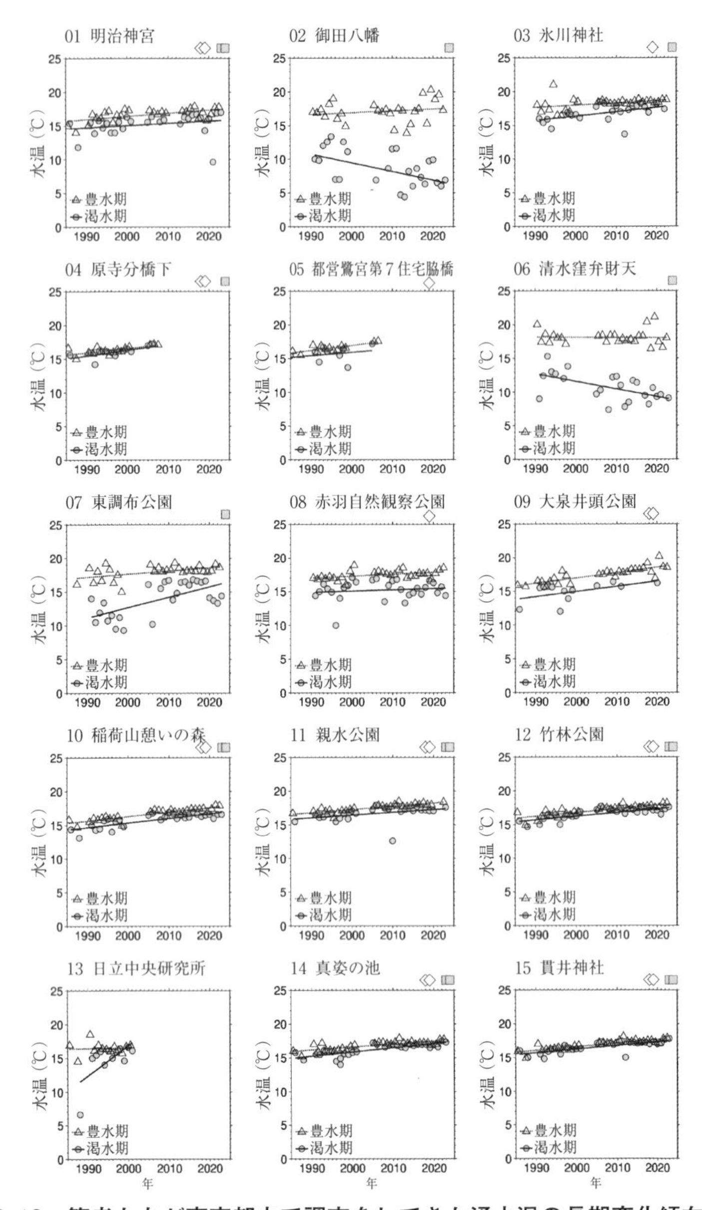

図 12-10　筆者たちが東京都内で調査をしてきた湧水温の長期変化傾向 ①

番号は**図 12-9**，**表 12-2** のそれらに対応する。図の右上にある記号の意味は以下の通りである。◇1つ／2つ：10 月の水温が危険率５％／１％で有意な変化傾向，□1つ／2つ:2 月の水温が危険率５％／１％で有意な変化傾向。

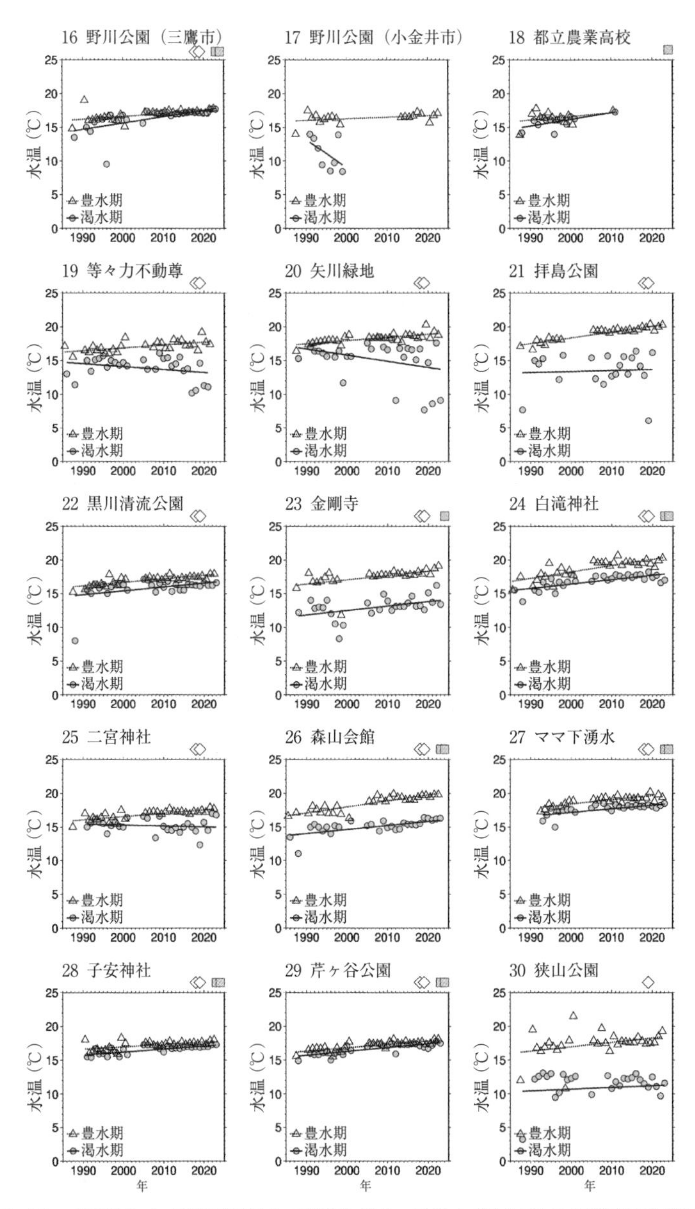

図 12-10　筆者たちが東京都内で調査をしてきた湧水温の長期変化傾向 ②

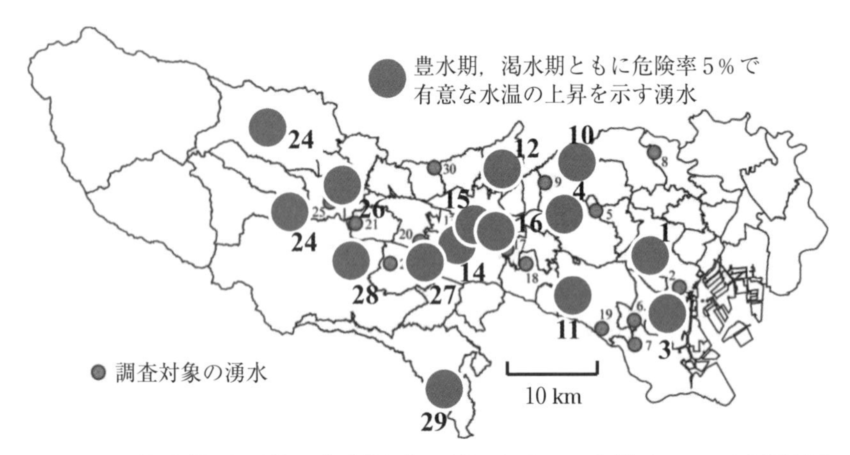

図 12-11　渇水期（2 月），豊水期（10 月）ともに，危険率 5％で水温が有意な上昇傾向にある湧水

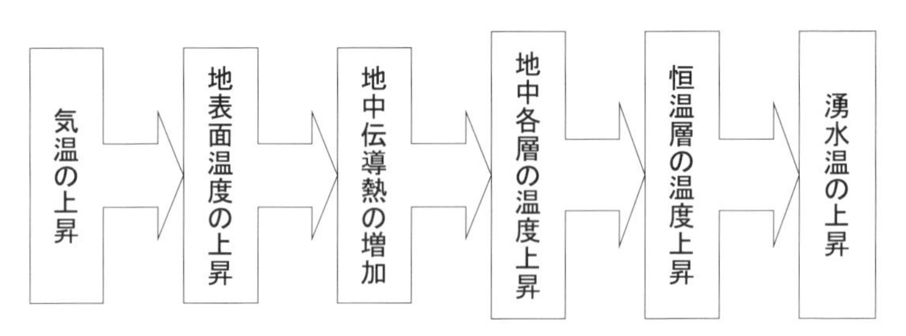

図 12-12　気温の上昇が湧水温の上昇に及ぼす影響に関するシナリオ

れは，東京の年平均気温にほぼ等しい。

そこで，実際に**図 12-12** のようなことが生じているのか，鉛直 1 次元の地中熱伝導を計算することによって調べた（Matsuyama and Miyano, 2011）。まず，東京管区気象台（大手町）における毎日の気象データを入力として 1951 ～ 2009 年の地表面熱収支を解き，毎日の地表面温度を求めた。ただし，土地利用の変化は考慮せず，都市的土地利用のみ

を仮定した。次に，日変化を考慮して，得られた地表面温度を 1/5,000 年に内挿し，これを入力として地中熱伝導を計算した。その際には，真姿の池で観測された湧水温が最もよく再現できるように初期値を決めた。そして，初期値の影響がなくなった頃の等温線の様子を調べた。

図 12-13 は，上述した計算によって得られた地中温度を，時間—深さ断面図として描いたものである。便宜上，等値線は 0.5 ℃間隔で描かれている。この図を見ると，地表面から深さ 4 m 付近までは 1 年周期の温度変化が卓越していることがわかる。しかしながら，16.0 ℃，16.5 ℃，17.0 ℃の等温線を見ると，1 年周期の温度変化を繰り返しながらも，等値線が下層に伝播していることがわかる。真姿の池は，崖下 14 m のところで湧出している。**図 12-13** を基に，16.0 ℃，16.5 ℃，17.0 ℃の等温線が地表面から深さ 14 m に達するまでの時間を調べると，4 ～ 8 年かかることがわかった。これは，小倉（2000）による観測事実と整合的であり，**図 12-12** のシナリオが成り立っているといえる。

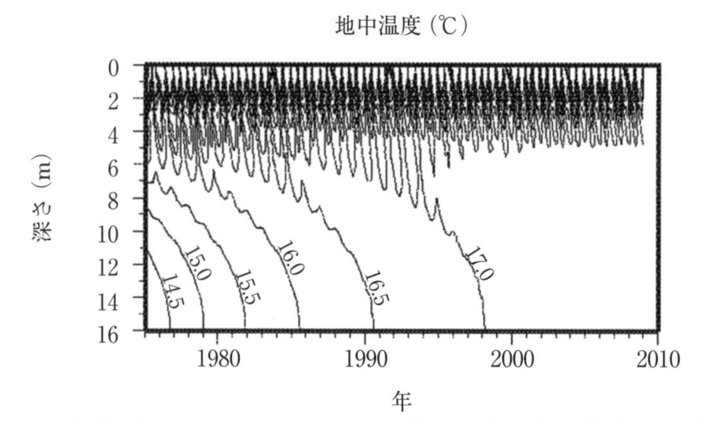

図 12-13　真姿の池における 1975 ～ 2009 年の地中温度の時間—深さ断面図
（Matsuyama and Miyano, 2011）

ただし，**図 12-13** の地中熱伝導の計算では，土地利用の変化は考慮せず都市的土地利用のみを仮定するなど，非現実的なところもある。さらなる精緻化が必要であろう。

【課題】

お住まいの地域や関心のある地域の湧水の分布について，地形図を用いて調べてみよう。

参考文献

泉 岳樹・松山 洋（2017）『自然地理学フィールド調査』古今書院，120p.

水の調査だけでなく，野外調査の面白さを実証的に示した書物。

菊地俊夫・松山 洋編（2020）『東京地理入門－東京をあるく，みる，楽しむ－』朝倉書店，150p.

地下水・河川水だけでなく，東京における人と自然の関わり合いについて解説した書物。

日本地下水学会・井田徹治（2009）『見えない巨大水脈 地下水の科学－使えばすぐには戻らない「意外な希少資源」－』講談社，270p.

水資源としての地下水について解説した書物（ブルーバックス）。

13 日本の水のジオストーリー 2

松山　洋

《**目標&ポイント**》 東京の湧水温は上昇しているが，電気伝導度は低下傾向を示すものが多い。また，pH はアルカリ性側に変化してきている。これら基本的なデータを阿蘇でも取り続けてきたことによって，筆者の研究室では2016 年熊本地震前後の阿蘇カルデラ内における水質の変化を明らかにしてきた。最後に，世界ジオパークに選ばれた阿蘇において，湧水の果たす役割について考える。
《**キーワード**》 湧水，電気伝導度，pH，2016 年熊本地震，世界ジオパーク

1. 東京の湧水における電気伝導度の変化 —秋留台地の湧水を事例に—

東京の湧水の話を続ける。そもそも，東京の湧水温について調べてきたのは，**第 12 章**で示した**図 12-6** が成り立っているかを明らかにするためであった。そこで，**図 12-9** の 30 湧水の電気伝導度の長期変化傾向について調べてみた（**表 13-1**）。

電気伝導度の長期変化傾向（1980 年代後半〜 2021 年）について，**図 12-11** 同様 Mann-Kendall 検定（Kendall, 1938）で求めた。**表 13-1** からは，電気伝導度が有意な上昇傾向（危険率 5 %）にある湧水は，渇水期（2 月）2 地点，豊水期（10 月）4 地点であった。一方，危険率 5 %で有意な低下傾向にある湧水は，渇水期 4 地点，豊水期 7 地点と，どちらの時期も上昇傾向を示す湧水より多かった。渇水期，豊水期ともに有意な上昇傾向（危険率 5 %）を示す湧水は 1 地点もなく，有意な低下傾向を示す湧

表 13-1　筆者たちが東京都内で調査をしてきた湧水の電気伝導度の長期変化傾向（1980 年代～ 2021 年）

No.	地点名	渇水期（2 月）		豊水期（10 月）	
		データ年数	検定結果	データ年数	検定結果
1	明治神宮（清正の井）	25		25	
2	御田八幡	25		25	
3	氷川神社	23		27	
4	原寺分橋下	13		15	
5	都営鷺宮第 7 住宅脇橋	8		12	
6	清水窪弁財天	22		24	
7	東調布公園	25		26	5 % で上昇
8	赤羽自然観察公園	27		27	5 % で上昇
9	大泉井頭公園	12	1 % で低下	26	
10	稲荷山憩いの森	26		26	
11	親水公園（大蔵住宅）	27		27	
12	竹林公園	28	5 % で低下	28	5 % で低下
13	日立中央研究所	12		12	
14	真姿の池	29		28	
15	貫井神社	28		28	
16	野川公園（三鷹市）	28		28	5 % で上昇
17	野川公園（小金井市）	8		17	
18	都立農業高校神代農場	13		13	1 % で低下
19	等々力不動尊	28		28	
20	矢川緑地	27		28	1 % で低下
21	拝島公園	21		25	
22	黒川清流公園	29		28	1 % で低下
23	金剛寺	26	5 % で上昇	26	
24	白滝神社	28	1 % で低下	28	1 % で低下
25	二宮神社	27		28	1 % で低下
26	森山会館（福寿院）	26	1 % で低下	27	1 % で低下
27	ママ下湧水	25		25	
28	子安神社	27		27	
29	芹ヶ谷公園	28		28	5 % で上昇
30	狭山公園	28	5 % で上昇	28	

※ 検定結果は Mann-Kendall 検定による。

水は3地点であった（**表 13-1**）。すなわち，統計的には，電気伝導度が上昇している湧水よりも低下している湧水の方が多いことになる。

表 13-1 の中で注目すべきは，**図 13-1**（b）に示す近接する3つの湧

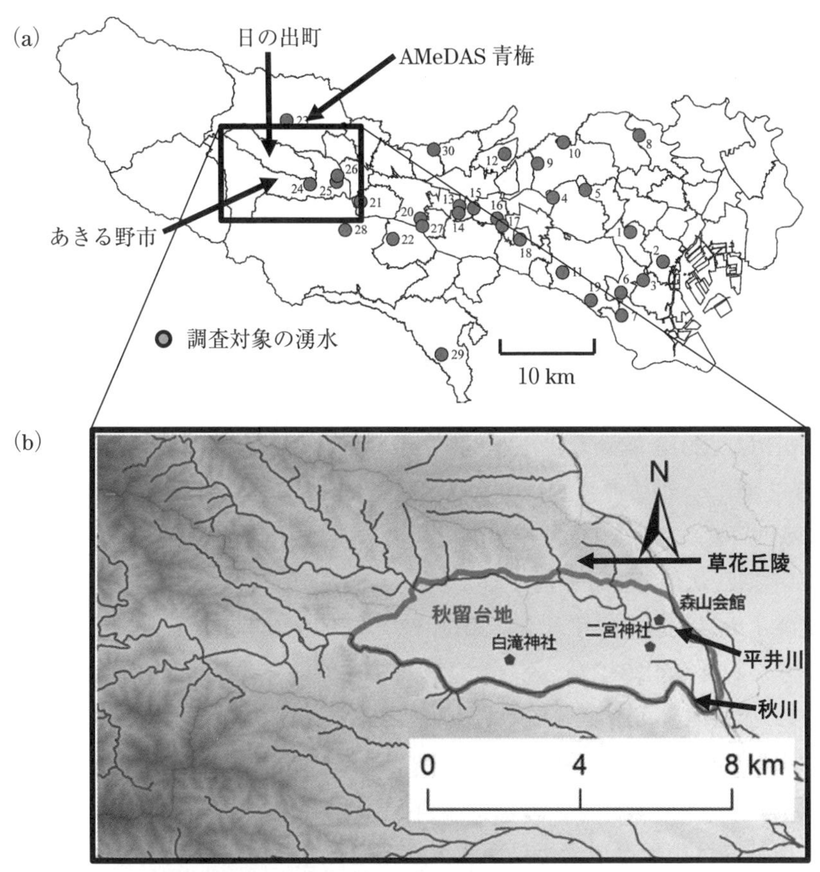

図 13-1　(a) 電気伝導度の長期変化傾向を調べた湧水の分布
番号は**表 13-1** に対応する。
(b) 秋留台地の範囲と本節で対象とする3つの湧水（白滝神社，二宮神社，森山会館（福寿院））の位置（松山ほか，2019）

水，24 白滝神社，25 二宮神社，26 森山会館（福寿院）の電気伝導度が，統計的に有意な低下傾向を示していることである。このようなシグナルがみられる地点が近接しているということは，必ず何かあるはずである。そこで，このことについて調べてみることにした。

これら3つの湧水については，1994年に土橋（1995）が毎月1回水質調査を行っていた。そこで，2018年に毎月1回水質調査を行い，この24年間の水質の変化について議論した（松山ほか，2019）。

図13-2は，白滝神社における水温と水質の季節変化について示したものである。水温は，1994年と2018年のいずれも10月に高くなる季節変化がみられた（**図13-2**（a））。データが比較可能な1～7月と10～12月には，2018年の水温は1994年よりも系統的に高くなっており，両年の水温の差は危険率5％で有意であった。このことは，**第12章**で述べた東京の湧水温の上昇を反映している。

pHは，2018年の方が1994年よりも系統的に値が大きかった（**図13-2**（b））。つまり，2018年の方が1994年よりも中性～アルカリ性側にシフトしていた（危険率1％で両者の差は有意）。このpHの変化については，次節で再び検討することになる。電気伝導度，硝酸態窒素濃度，硫酸イオン濃度はいずれも，2018年の方が1994年よりも系統的に値が小さかった（**図13-2**（c）～（e），危険率1％でいずれも両者の差は有意）。なお，硝酸態窒素濃度が上昇する原因として，(1) 施肥，(2) 畜産廃棄物，(3) 生活排水の主に3つが挙げられている（井上・小倉，2000）。これらの中でも施肥によるものが全体の6割以上を占めているといわれ，農村地帯では硝酸態窒素汚染が重大な問題となっている（鶴巻，1992）。また，硫酸イオン濃度は，種々の産業排水や家庭排水に含まれる。農業排水に化学肥料（硫化アンモニウム）起源の硫酸イオンが含まれることもある（半谷・小倉，1995）。なお，**本章4節**で述べるように，火山地

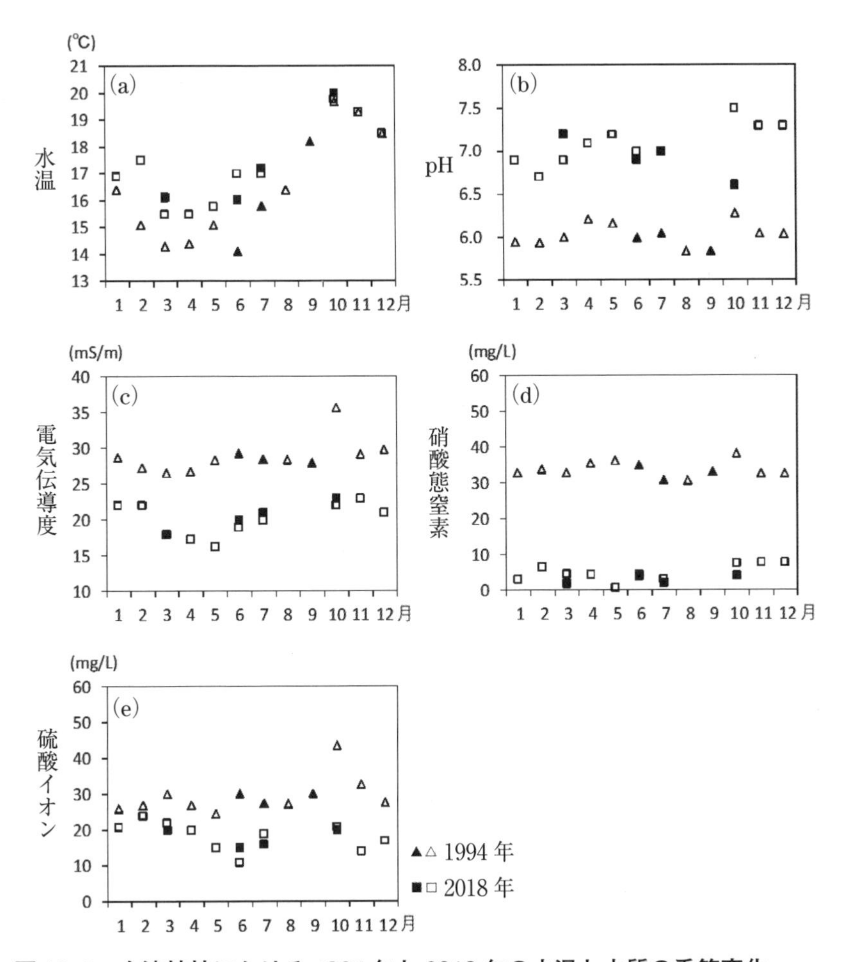

図 13-2　白滝神社における 1994 年と 2018 年の水温と水質の季節変化
(松山ほか，2019)
(a) 水温，(b) pH，(c) 電気伝導度，(d) 硝酸態窒素濃度，(e) 硫酸イオン濃度

1994 年, 2018 年ともに白抜きは当日を含めて 3 日間降水がない日のデータ，黒塗りは AMeDAS 青梅（**図 13-1 (a)**）において当日を含む連続 3 日間の降水量が 60 mm を超える日のデータである。

域における硫酸イオン濃度は火山性物質の指標でもある。電気伝導度は，イオン化している物質の総量に関する指標であり，この値の低下は，硝酸態窒素濃度や硫酸イオン濃度が減少していることと整合的である。

図 13-2（d）より，1994 年の硝酸態窒素濃度はどの月も，環境基準値 10 mg/L を上回っていたが，2018 年には水質が改善され，どの月も環境基準値を下回っていた。また，1994 年には，10 月に硝酸態窒素濃度と硫酸イオン濃度が高くなり，電気伝導度も 10 月に値が大きくなっていた（**図 13-2**（c）～(e)）。このように，1994 年よりも 2018 年の方が硝酸態窒素濃度と硫酸イオン濃度が大きく低下したという特徴は，白滝神社だけでなく二宮神社や森山会館（福寿院）でもみられた（図省略）。

このような水質の変化をもたらす原因について調べるため，秋留台地における土地利用分布の経年変化について調べた（**口絵 6**）。また，あきる野市における下水道普及率の経年変化についても調べた（**図 13-3**）。**口絵 6** から，秋留台地では 1990 年代以降，「その他農地」が減少していることがわかる。また，**図 13-3** からは，あきる野市の下水道普及率が 1990 年代以降上昇し，2015 年には 100 % 近くにまで上昇していることがわかる。すなわち，硝酸態窒素濃度や硫酸イオン濃度が 1994 年に高かったのは，自然由来（地質や大気）だけでなく人為的な汚染の影響が考えられる。**口絵 6** からは「その他農地」の面積が減少することによって，湧水の水質に大きな影響を及ぼす化学肥料や汚濁水が減少していることが示唆される。また，**図 13-3** からは，下水道の整備によって，湧水の水質に大きな影響を及ぼす家庭排水が減少していることが示唆される。

結局のところ，「**図 12-6** の地球温暖化と湧水の水質の関係に関する仮説は，東京の場合には必ずしも成り立たない。これは，本節で述べたような人為的影響（農地面積の減少や下水道の整備）の方が大きい場合

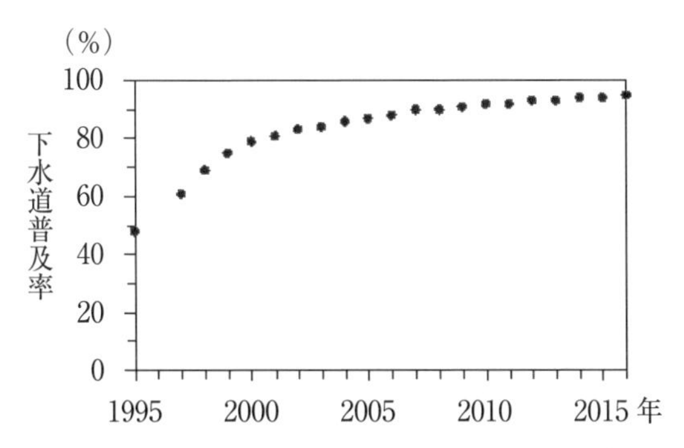

図 13-3　あきる野市における下水道普及率の経年変化（松山ほか，2019）

があるから」になる。すなわち，観測結果（この場合，湧水の水温や水質）には，このような人為的影響も含まれることに留意すべきであろう。

2. 東京の湧水における pH の変化 —ドジョウは 3 匹いた！—

現場で計測する水質の1つにpHがある。ある時，東京の酸性雨について調べる機会があり，各年次の『東京都環境白書』（東京都環境局，2021など）を基に，大気中のNO_2やSO_2（いずれも酸性雨の先駆的物質）濃度の経年変化を描いてみると，1990年代以降減少傾向にあることがわかった（**図 13-4**）。なお，図中の一般局は一般環境大気測定局の略で，住宅地に位置している。一方，自排局は自動車排出ガス測定局の略で，道路沿いに位置している。この図から，NO_2濃度，SO_2濃度ともに自排局の方が一般局よりも高い値になっていることがわかるが，これは，NO_2やSO_2は自動車から排出されるものが多いためである。この他，ユーラシア大陸から運ばれる酸性化物質が減少傾向にあることも**図 13-4**の減少傾向に影響を与えている（松山，2022）。

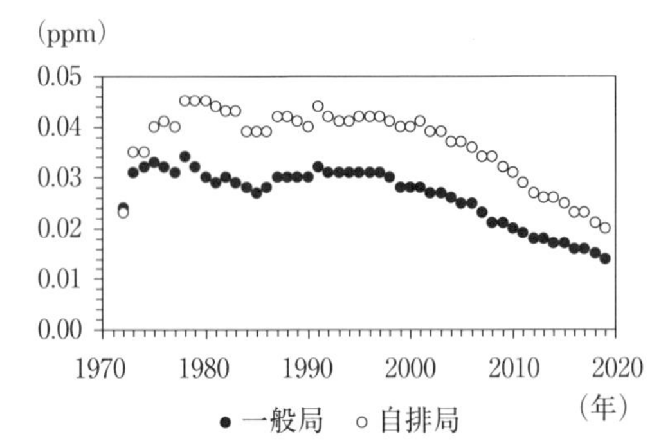

(b) SO_2

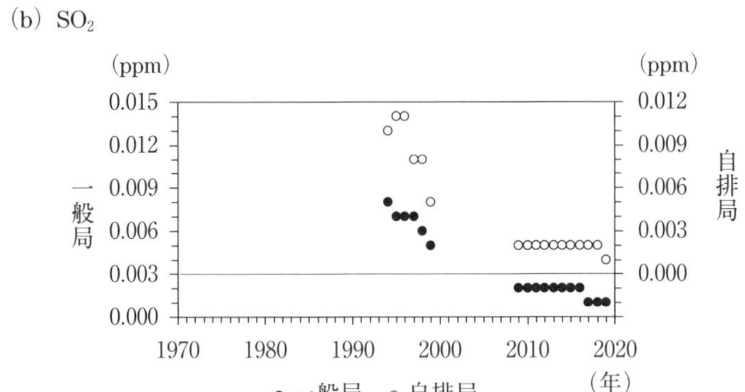

図 13-4　(a) 東京都一般環境大気測定局（一般局）および自動車排出ガス測定局（自排局）においてそれぞれ平均した NO_2 濃度の年平均値の経年変化，(b) (a) と同じ，ただし SO_2 濃度の場合
（松山，2022）
(b) では自排局のデータは右側の目盛になることに注意。

SO_2 濃度のデータが利用できるのは 1994 年度以降なので，1994 年度と 2019 年度の NO_2 濃度と SO_2 濃度の年平均値の分布を描いたものが，それぞれ**図 13-5** と**図 13-6** になる。どちらの図からも，1994 年度より 2019 年度の方が，全体的に濃度は低くなっていることがわかる。これは，

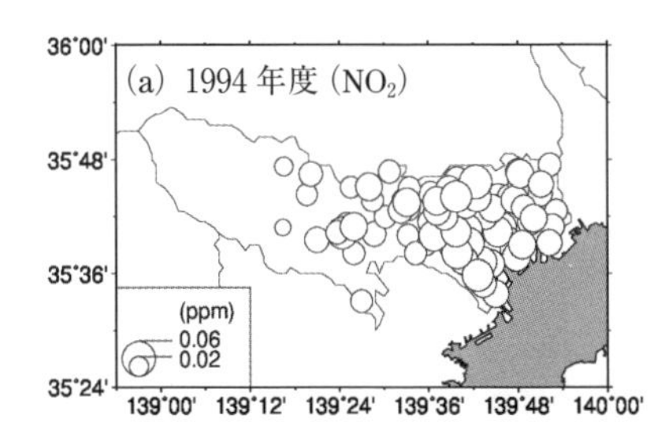

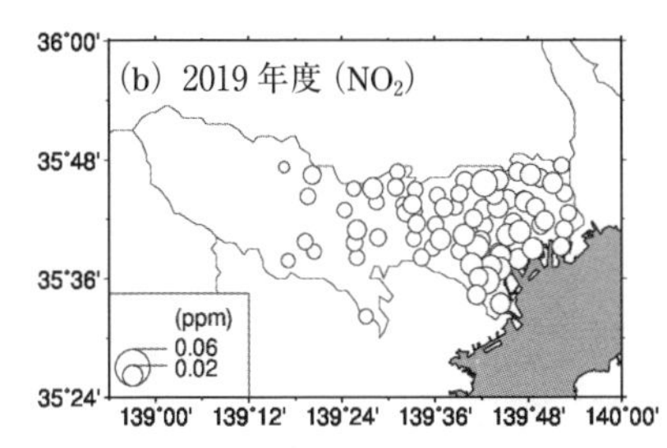

図 13-5　東京都における NO_2 濃度の年平均値の分布
（松山，2022）
(a) 1994 年度，(b) 2019 年度

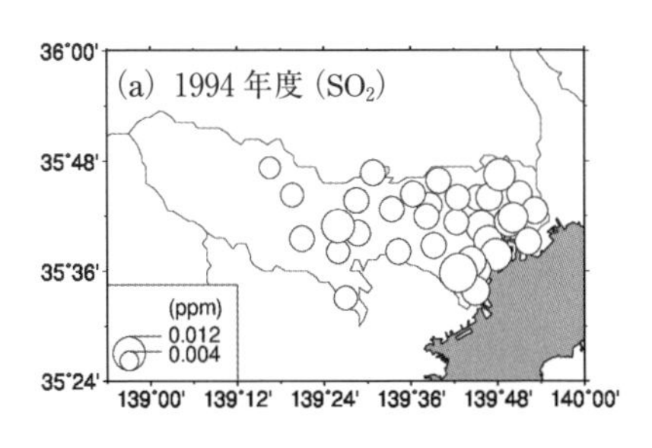

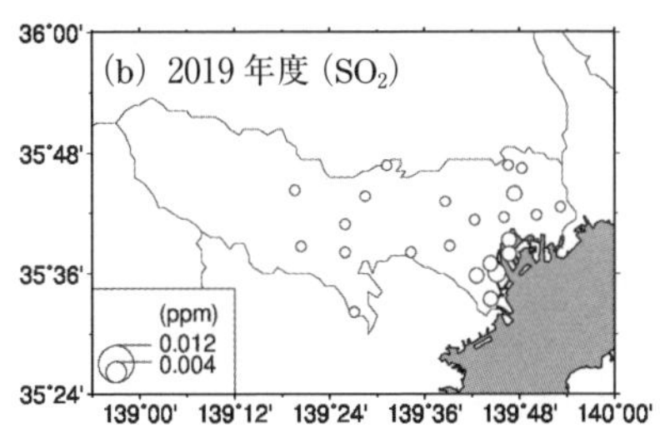

図 13-6　東京都における SO_2 濃度の年平均値の分布
（松山，2022）
(a) 1994 年度，(b) 2019 年度

図 13-4 の特徴を反映しているが，**図 13-5** と**図 13-6** からは，東京 23 区（東側）よりも多摩地区（西側）の方が低濃度であることもわかる。これは都心と郊外の交通量の違いを反映している。

東京の大気がきれいになっているということは，湧水の水質も変化している可能性がある。具体的には，湧水の pH がアルカリ性側に変化していることが期待される。そこで，**図 12-9** の湧水における pH の経年変化について，2021 年までのデータに対して Mann-Kendall 検定を施したところ，**図 13-7** のような結果が得られた。

豊水期（10 月）に pH が上昇傾向にある湧水は 20 地点であった。そのうち 10 地点が，危険率 5 % で有意な上昇傾向であった（**図 13-7 (a)**）。

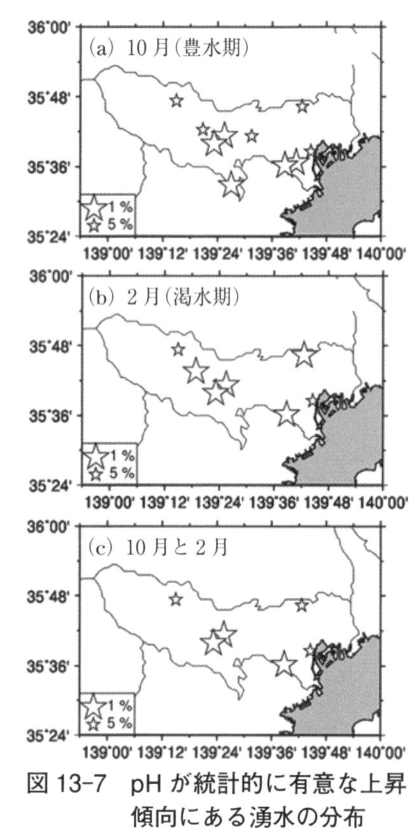

図 13-7　pH が統計的に有意な上昇傾向にある湧水の分布（松山，2022）
(a) 豊水期（10 月）
(b) 渇水期（2 月）
(c) 豊水期と渇水期の両方

渇水期（2月）に pH が上昇傾向にある湧水は 18 地点であった。そのうち 7 地点が，危険率 5 % で有意な上昇傾向であった（**図 13-7（b）**）。豊水期，渇水期ともに危険率 5 % で有意な上昇傾向だったのは 6 地点であった（**図 13-7（c）**）。統計的に有意な pH の上昇傾向がみられる湧水が，都心ではなく郊外に多いことは，都心よりも郊外の方が NO_2 濃度や SO_2 濃度が低いことが影響している可能性がある。

研究のネタはどこにあるかわからない。特に本節で述べたことは，「とりあえず取得したデータであっても，データが蓄積されてきて見方を変えれば，重要な意味をもつ場合がある」ことを示唆している。観測はやり直しがきかないから面白い。筆者は，「データを自力で取れなくなったら，自然地理学はおしまい」（松山，2014）だと思っている。この自然地理学の醍醐味を味わうためには，現場の経験を積むことが大切だと思う。

3. とりあえず取得したデータが功を奏した例

とりあえず取得したデータが功を奏した例として，「阿蘇カルデラ内の湧水，河川水における2016年熊本地震前後の水質変化」（松山ほか，2023）について紹介したい。2016年4月14日（前震）と16日（本震）に発生した熊本地震は，この地域の水循環にも大きな影響を及ぼした（例えば，嶋田・細野，2020）。熊本市は，人口約74万人（2023年8月1日現在）の飲用水すべてを地下水で賄うほど，地下水が豊富な都市である。その水は，阿蘇から流れてきた河川水が伏流して地下水となったものである。なお，熊本市と同じくらいの人口規模で，飲用水のすべてを地下水で賄っている都市は，国内では他にない。

このような状況であるため，熊本市では昔から地下水の観測が精力的に行われてきており，100地点以上の地下水観測井による30年以上の記録がある。そして，このデータを用いて，熊本市内における熊本地震前後の水循環の変化に関する解析がなされた（嶋田・細野，2020に詳しい）。しかしながら，同じく熊本地震の影響を受けた阿蘇カルデラ内の水循環の変化に関する解析は十分とはいえなかった。

一般に，地震後のデータは自力で取得できるものの，地震前のデータを取得することは容易ではない。熊本市における地下水観測井のデータは希少な例なのである。そして，地震前後の水質の差について統計的検定をしようとすると，例えば2つの標本の差の検定に広く用いられるWelchの検定（Welch, 1947，等分散を仮定できない場合にも適用できる方法であり，分散が等しい場合にはStudentのt-検定と同じである）では，2つの標本それぞれの平均値と標準偏差を使うので，データが最低3つずつ必要である。

ところが，筆者たちの研究室では，2002年以降阿蘇カルデラ内の湧水，河川水で調査を続けてきたので，幸か不幸か熊本地震前の水質のデータがある。「とりあえず取得したデータであっても，データが蓄積されてきて見方を変えれば，重要な意味をもつ場合がある」という例そのものである。もっとも，いざ解析を始めてみると，自分たちだけのデータでは足りず，かつてこの地域の調査をした島野（1997, 1999）のお世話になった。これらの論文では，水質の分析結果を表の形で公表してくれていたので，後に続く者たちがこれを参照できたのである。

表 13-2 は，阿蘇カルデラ内の湧水，河川水における熊本地震前後の水質変化のまとめである。pH は，カルデラ内の全観測地点で，地震後の方が値は大きくなっており，前節同様，ユーラシア大陸からの酸性化物質の減少（松山，2022）が影響していると考えられた。

カルデラ南部の湧水では，電気伝導度，RpH-pH，シリカ濃度のいずれも地震後の方が値は大きくなっていた（**図 13-8**）。ここで，RpH とは，水をきれいな大気で十分通気した時に示す pH 値である（半谷・小倉，1995）。筆者たちは水を試験管に採り，3 分間振ってから RpH を計測している。試験管を振ることによって水中の二酸化炭素が追い出されるため，RpH の値はアルカリ性側に変化する。そして，RpH-pH の値が大きいほど，地下の滞留時間や流動距離が長いとみなされている。シリカ濃度も地下の滞留時間や流動距離に関する指標である。シリカは降水にはほとんど含まれず，滞留時間や地層中の流下経路長に比例して濃度が増加するとされている（Haines and Lloyd, 1985）。

図 13-8 は，これらのうち電気伝導度の分布を示したものである（RpH-pH とシリカ濃度も同様の分布を示すため省略）。この図から，阿蘇カルデラ南部の地下水の滞留時間が地震後に長くなったことが考えられた。一方，カルデラ北部の河川水の硫酸イオン濃度（火山性物質の指標）の解析からは，（d）地点（新花原橋）において，統計的に有意な硫酸

表 13-2　阿蘇カルデラ内の湧水，河川水における熊本地震前後の水質変化
（松山ほか，2023 を一部修正）

地点名	種別	n	水温（℃）	EC（μS/cm）	pH	RpH-pH	SO_4^{2-}（mg/L）	SiO_2（mg/L）
(a) 車帰橋	R							
地震前		22	17.6	387	7.0	—	104	46.3*
地震後		6	22.3	425	7.6	0.5	77	48.2
(b) 的石天満宮	S							
地震前		8	14.8	109	6.9	—	3	43.9
地震後		4	16.1	114	7.6	0.4	7	44.8
(c) 下田代橋	R							
地震前		11	18.3	383	7.1	—	101	46.0
地震後		4	24.2	360	7.6	0.6	77	45.6
(d) 新花原橋	R							
地震前		12	17.8	90	7.0	—	7	33.5
地震後		4	23.7	130	7.4	0.7	12	36.2
(e) 黒流橋	R							
地震前		12	20.7	673	7.4	—	209	47.5
地震後		4	27.2	570	7.6	0.6	129	46.1
(f) 今町橋	R							
地震前		12	18.6	217	7.1	—	31	47.2
地震後		4	22.6	223	7.9	0.3	21	49.1
(g) 片隅橋	R							
地震前		12	17.6	169	7.1	—	14	52.9
地震後		4	20.4	159	7.9	0.3	10	51.8
(h) 三野	R							
地震前		12	20.1	239	7.6	—	24	53.0
地震後		4	22.5	268	7.8	0.6	19	44.4
(i) 阿蘇神社	S							
地震前		7	14.7	280	6.9	0.7	48**	59.7**
地震後		6	15.0	310	7.1	0.8	50	60.4
(j) 明神池	S							
地震前		6	15.0	273	6.3	0.8	60***	61.9****
地震後		5	15.4	288	6.7	1.0	58	63.6
(k) 白川水源	S							
地震前		19	14.4	217	6.7	0.4	43	58.5*****
地震後		6	14.4	265	7.1	0.8	43	58.9
(l) 高森湧水トンネル	S							
地震前		16	14.4******	149	7.2	0.3***	5	52.2******
地震後		6	14.0	170	7.6	0.2	7	54.0

種別欄…R：河川水，S：湧水，n：データ数，EC：電気伝導度，SO_4^{2-}：硫酸イオン濃度，SiO_2：シリカ濃度

—：データなし，もしくは　n=1 のため値を示さず。

下線を引いたもの：熊本地震前の値との差が危険率 5 %で有意。

*：n=19，**：n=6，***：n=4，****：n=5，*****：n=18，******：n=15

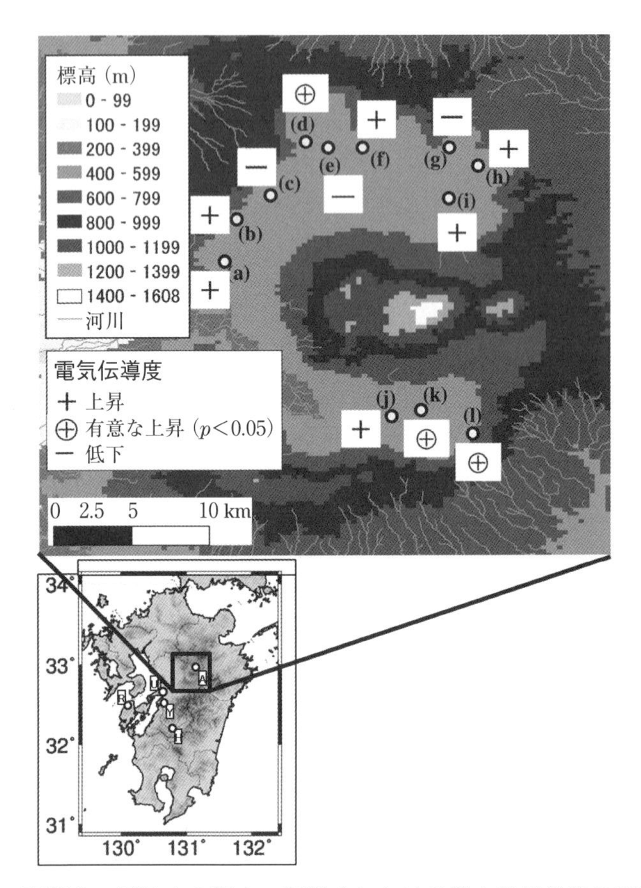

図 13-8　阿蘇カルデラ内の湧水，河川水における熊本地震前後の電気伝導度の変化（松山ほか，2023 を一部修正）
(a)～(l) は**表 13-2** のそれらと対応する。

イオン濃度の上昇が地震後に確認された（**図 13-9**）。これは，地震後に硫酸イオンに富んだ水の湧出地点が変わった可能性を示唆しており，先行研究（Tsuji et al., 2017; Hosono et al., 2018）と整合的な結果であった。

筆者たちが，21 世紀に入ってから継続して阿蘇で湧水や河川水の調

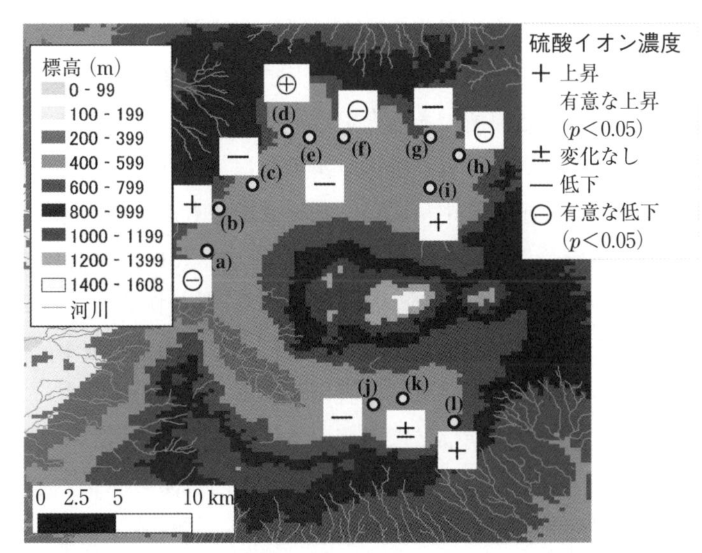

図 13-9　阿蘇カルデラ内の湧水，河川水における熊本地震前後の硫酸イオン濃度の変化（松山ほか，2023 を一部修正）
(a)～(l) は**表 13-2** および**図 13-8** のそれらと対応する。

査をしてきたことと，2016 年熊本地震の発生は全く無関係である。しかしながら，ここで述べたような解析ができたのは，とりあえず基本的なデータを取得してきたからである。まさに「継続は力なり」である。

4. 世界ジオパークに認定された阿蘇

第 12 章で述べたように，東京の湧水調査を始めたのは阿蘇での学生実習がきっかけであった。その阿蘇は，2009 年 10 月に日本ジオパークに認定され，2014 年 9 月に世界ジオパークに認定された（阿蘇ジオパーク推進室，2012）。2022 年 1 月現在，日本ジオパークには 46 地域が加盟しており，このうち阿蘇ジオパークを含む 10 地域が世界ジオパークに加盟している。

阿蘇ジオパーク推進室（2012）によれば，ジオパークとは，テーマと物語をもった自然の中の大きな公園であり，資源を守りながら，さまざまな分野で活用できる場所であるという。阿蘇ジオパークには３つのサブテーマがあり，それらは，(1) 巨大カルデラに刻まれた噴火の記憶，(2) 地球の息吹を間近に感じる中岳火口，(3) 火山がもたらした恵みと人々の暮らし，である。このうち，湧水はサブテーマ（3）に関連している。

火山は，自らの噴出物（溶岩や火山灰など）に覆われて成長していく。そのため，地表面の透水性は高く，火山体に達した降水は地下に浸透して地中を流れ，山麓で湧水として地表に現れる。阿蘇の場合もこの例にもれず，阿蘇カルデラの南部には阿蘇山で伏流した水が湧出する湧水地がたくさんある。そして，これらの湧水は，南阿蘇湧泉群ジオサイトを形成している（**図 13-10**）。湧水の中には今でも，「うまい水」を追求する数戸の民家に給水されており，日常生活の飲料水から生活用水までのすべてをまかなっているものがある。また，湧水地は周辺住民の憩いの

図 13-10　阿蘇ジオパークの一翼を担う，南阿蘇湧泉群
ジオサイトの１つ，池の川水源（撮影：2023 年 8 月，松山　洋）

場となっており，洗濯，農作物，農耕機の洗浄などに使用できるように整備されている（**図 13-10**）。地域で暮らす人々の，水に対する感謝の気持ちは強く，定期的に水源地のほか洗い場，水路等の清掃活動も行われている。このように阿蘇では，人々の生活にとって湧水が，極めて身近なものになっている。

阿蘇から始まって東京に飛び，またしても阿蘇に戻ってきた「水のジオストーリー」であるが，今後も阿蘇と東京で湧水の調査を続けていきたいと思う。

【課題】

日本ジオパークや世界ジオパークにはどのような地域があるのか，インターネットで調べてみよう。

参考文献

慶應義塾大学理工学部環境化学研究室編（2003）『首都圏の酸性雨―ネットワーク観測による環境モニタリング―』慶應義塾大学出版会，253p.

長期的な観測結果に基づいて，首都圏の酸性雨の実態を解明した書物。

サイエンスチャンネル（2005）未来を創る科学者達（72）水から見える地球の姿. https://scienceportal.jst.go.jp/gateway/sciencechannel/i056904072/（参照：2023/08/14）

筆者による湧水調査と積雪調査の様子を示した動画。

嶋田 純・細野高啓（2020）『巨大地震が地下水環境に与えた影響 − 2016 年熊本地震から何を学ぶか −』成文堂，224p.

2016 年の熊本地震に伴う地下水の変化について，実証的に示した書物。

田中伸廣（2000）『阿蘇山と水』一の宮町史編纂委員会，216p.

水のふるさと阿蘇について述べた，12 冊の阿蘇選書のうちの一冊。

14 岩石と水のジオストーリー

大森聡一

《**目標＆ポイント**》 水に関するシステムを拡げて，主に水循環と化学的性質の関連について学び，私たちの暮らしとの関係を考える。地表付近の水は，多かれ少なかれ岩石と化学反応を起こして，化学組成の多様性を増している。その多様性は，地球の歴史から私たちの暮らしまで，広大な時間空間スケールに及んでいる。水の多様性は地域の特徴であり，ジオストーリーを考える際の重要な鍵となる。
《**キーワード**》 岩石，水，ミネラルウォーター，温泉，海水

1．水の循環

私たちが利用している水は，地球表層を循環する水の一部であることを**第12章**で学んだ（**図12-1**）。地下水は，人類の生活範囲を拡げるうえで重要な役割を果たしたと考えられる。一方で，地下から水が湧いてくるという現象は，地下を物理的に探査できるようになる前には，地球深部の状態を反映する現象であると考えられた時代もあった。**図14-1**は，ともに17世紀の知識人であったデカルトとキルヒャーによる地球内部の描像である。地球内部から地表に現れる物質として，火山のマグマやガスと温泉水や地下水が同列に考えられたことによって，地球の内部に水源が存在すると推定されたのである。層状の構造を描いたデカルトの描像などは，現在私たちが知っている地球内部に通じるものもあるが，その水源の深さと規模については間違っていたことになる。地球の密度に関する情報がまだ得られていない時代では，致し方ないことであ

a)

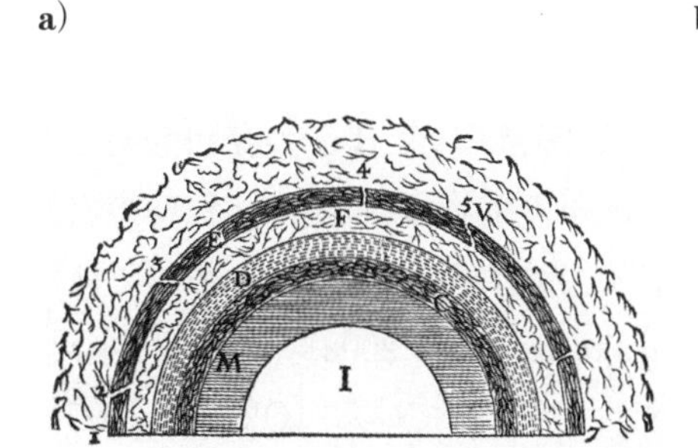

b)

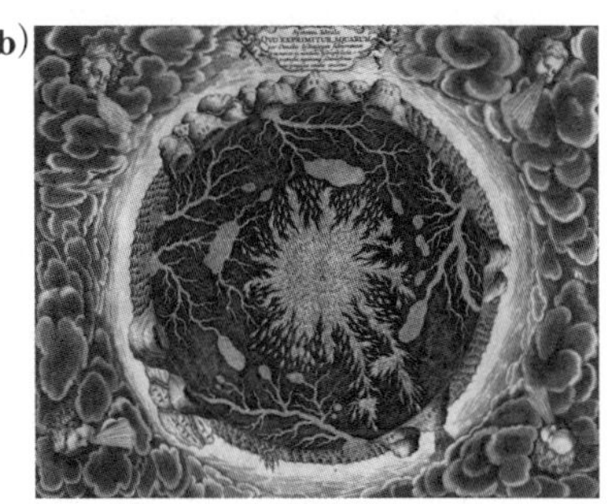

図14-1　a)　デカルトが考えた地球内部
D：地下水の層，E：地殻，F：空洞
b)　キルヒャーが考えた地球内部の水ネットワーク
海洋と陸の水と地下の水源がネットワーク状につながっている。
（a)，b）写真提供：ユニフォトプレス）

る。地球の質量と密度は，ニュートンの万有引力の法則から推定することができるが，そのために必要な万有引力定数の値は，18世紀末にキャベンディッシュが測定するまでわからなかった。20世紀になって地震波による地球内部の観測が行われるようになって，地表下の全地球規模の水の層の存在は完全に否定されたといえる。

一方で，20世紀中頃にプレートテクトニクス理論が提唱され，プレートの沈み込み現象が認識された後，沈み込み帯の火山（島弧火山）の成因の研究から，プレートによって地表のH_2O分子がマントルにもたらされる可能性が浮かび上がった。島弧火山は，プレートの岩石が変成作用を被った際に脱水反応で放出されたH_2Oの作用により，マントルの融点が下がって生成された密度の小さいマグマが地表付近に上昇して形成される，というのが，現在の認識である。火山ガスの主成分は水蒸気であるが，その中には，プレートにより運ばれ，マントルを経由して地表に戻って来た水が含まれている。

このようにプレートによる地下深部への H_2O の運搬が考えられるようになると，マグマができる深さよりも浅く冷たいところで放出される H_2O や，逆にマントルのもっと深くまで運ばれる H_2O の存在も明らかになってきた。高圧実験は下部マントルの鉱物に数百 ppm 程度の H_2O が含まれ得ることを明らかにし，含有され得る H_2O の最大値は，海洋の5倍にもなることを示した（Murakami et al., 2002）。また，中心核の金属鉄にも水素が含まれる可能性が示唆されている（Okuchi, 1997）。水の惑星である地球は，過去に想像された形とは異なるが，その内部に大量の水分子を含んでいるのかもしれない。この問題は，地球の形成過程と水の起源とも関連し，現在も研究が進行中である。

以上の知見をまとめて描いた全地球的水循環の模式図を**図 14-2** に示した。固体地球に関連した水循環は，太陽エネルギーと重力に駆動される地表付近の水循環に比べ，フラックスは2桁程度小さい規模であるが，リザーバーのサイズは1桁以上大きい可能性がある（ただし，上述の通り確定しているわけではない）。

デカルトやキルヒャーが描いた地球深部の水リザーバーは存在しなかったが，現在の私たちは，これが地殻内部に存在する地下水や温泉で

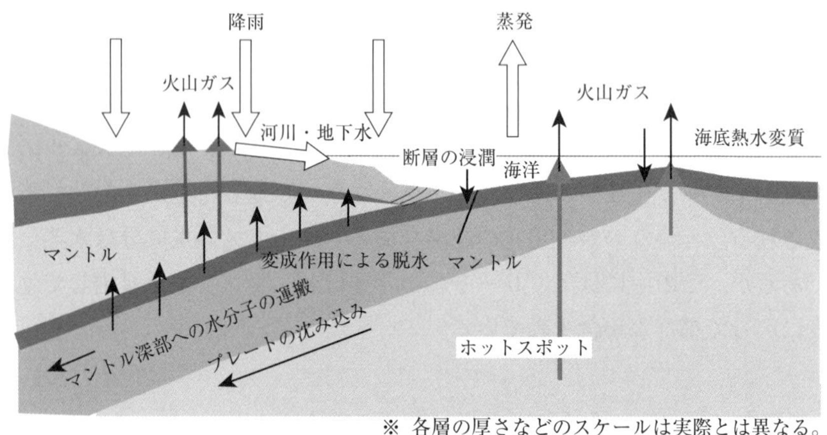

図 14-2　全地球水循環の図

あることを知っている。その水の起源は，ほとんどの場合天水（雨水）である。では，地表に降った水は，なぜ地下にたまるのだろうか。その理由には，岩石の組織に関連した性質が関係している。

図14-3は，地下水の循環を示した模式図である。この図が示すように，地下水が形成されるためには，透水性が高い（水を通しやすい）地層と透水性が低い（水を通しにくい）地層の2種類が必要であることがわかる。地表に降った雨は，水を通しやすい地層を通って地下に入り，相対的に透水性が低い地層との境界で，下方向への移動速度が低下する。この時の下方向への移動速度が水の供給量を下回れば，境界の上に水がたまることになる。このように水がたまった層を帯水層とよぶ。帯水層は，一般的に地下に水たまりがあるわけではなく，地層の隙間に水を蓄えていて，その隙間をすべて水が占める上限まで水がたまる。ただし，新しい未固結の堆積物などの場合には，水に堆積物が浮いているような状態も作り得て，このような状態で強い振動が加わると液状化現象が起きる

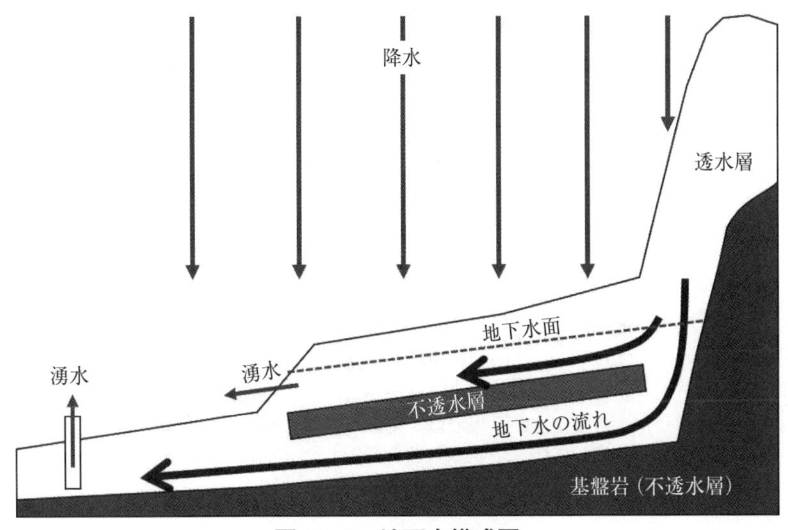

図 14-3　地下水模式図

ことになる。一般的には，地層の境界は傾いているので，水は水平方向にも移動することになり，水の出口（**第 12 章，図 12-7**）からの流出量と帯水層への流入量が地下水の増減に関係することになる。

このように，地下水の形成には，岩石や堆積物の透水性が重要な要因となっている。**表 14-1** に代表的な岩石の透水係数を示している。透水係数は，岩石の粒子の大きさや，空隙（くうげき）の割合とその連結の程度などの要因で決まるため，値の幅が大きいが，おおざっぱにいえば，泥岩などの細粒で緻密な岩石や，粒子がしっかりとかみ合っている深成岩は透水性が低く，砂岩や空隙の多い火山岩，および割れ目の発達した岩体は透水性が高い。同じ堆積岩であっても，続成が進んで隙間が減少する（カチカチに固まる）と透水性は減少する。

第 12 章で紹介された熊本県は豊富な湧水で知られているが，阿蘇火山起源の火山岩が広範囲に分布していて，複数回にわたる噴火で透水性が異なる層が重なっているため，深さ方向にも帯水層が大きいことが理

表 14-1　代表的な堆積物や岩石の透水係数
（小鯛，1984）

物質名	透水係数（cm/s）	物質名	透水係数（cm/s）
礫	$1 \sim 3 \times 10^{2}$	チョーク	$10^{-3} \sim 10^{-4}$
砂	$1 \sim 10^{2}$	石灰岩	$10^{-1} \sim 10^{-5}$
シルト	$10^{-5} \sim 10^{-1}$	玄武岩	$10^{-2} \sim 10^{-5}$
粘土	$10^{-5} \sim 10^{-2}$	凝灰岩	$10^{-2} \sim 10^{-7}$
砂岩	$1 \sim 10^{-4}$	花こう岩	$10^{-3} \sim 10^{-6}$
頁岩	$10^{-3} \sim 10^{-8}$	変成岩	$10^{-5} \sim 10^{-6}$

※ 透水係数は岩石の空隙率に強く依存するため，値の幅が広い。表では，文献から特に割れ目等が発達していない状態の値を選択した（割れ目が入ると透水係数は数桁以上増加する）。

由と考えられる。

2. 淡水

ここからは，水の化学組成に注目してみよう。淡水とは，塩分[1]が500 mg/L（0.05 %）以下の水と定義されている。陸にある水でも塩分が多い場合もあり，このような場合は塩水とよび淡水とは区別する。塩分をほとんど含まない水は純水とよばれている。つまり，淡水であるからといって塩分がゼロであるというわけではない。淡水の起源は，蒸発して水蒸気になった水が大気中で凝縮して雨や雪となったものであるので，蒸留水と考えれば純粋に近いように思われるかもしれない。しかし，雨水は大気中の微粒子と反応して不純物を含有するようになり，地表に降り注いだ雨水は土壌や岩石と接触することで，さまざまな成分を溶かし込むことになる。

表 14–2 は，雨水と河川水の代表的分析値を示している。Na^{+}, K^{+}, Mg^{2+}, Ca^{2+} は，淡水中の代表的な溶存イオンである。河川水の組成は，現在の日本では多かれ少なかれ人為起源の物質が混入している。また，雨水の化学的性質も大気中の人為起源微粒子物質の影響を受けている。そのために，水質のデータとしては，人為起源の影響が小さい過去のデータも重要である。**表 14–2** にはナチュラルミネラルウォーター[2]の分析値の例も提示している。ナチュラルミネラルウォーターは，流域からの人為起源物質混入の可能性が低く，地質との関連が現れやすいと考えら

1)　「塩分」の定義は分野によって異なるが，ここでは化学的な意味での「塩（えん）」の濃度であるとする。塩化物には限らない，いわゆるミネラル成分の量と考えてよい。

2)　食品衛生法で「水のみを原料とする清涼飲料水」がミネラルウォーター類と定義されている。ミネラルウォーター類は，さらに4つに分類されている。その分類の1つであるナチュラルミネラルウォーターは，特定水源から採取された地下水のうち，地表から浸透し，地下を移動中または地下に滞留中に地層中の無機塩類が溶解した地下水で，沈殿・ろ過・加熱殺菌以外の物理的・化学的処理を行わないものである。

表 14-2　雨水と河川水とミネラルウォーターの溶存化学成分

含有量 (mg/L)	日本雨水平均 (1986-88)	日本河川平均	世界河川平均	富士山ミネラルウォーター
SiO_2	—	19	10.4	33.4
Ca^{2+}	0.52	8.8	13.4	7.8
Mg^{2+}	0.26	1.9	3.35	3.2
Na^{+}	1.97	6.7	5.15	6.9
K^{+}	0.18	1.19	1.3	1.9
Cl^{-}	3.82	5.8	5.75	1.08
SO_4^{2-}	2.64	10.6	8.25	1.44
HCO_3^{-}	—	31	52	14.42

※ 雨水と河川水のデータは野崎（2005），ミネラルウォーターのデータは，鹿園（2012）による。

れる。これらの分析値が示すように，河川水や地下水は雨水に比べて明らかに多くの物質を溶かし込んでいる。このイオンは，雨水が接した土壌，岩石，およびガスが起源であり，すなわち地表の物質と水の間に物質のやり取りが存在している。岩石が雨水に溶解し河川から海に運搬される過程は化学的風化作用とよばれている。岩石中の CaO 成分が溶脱する化学的風化では，

$$CaO + 2CO_2 + H_2O \rightarrow 2HCO_3^- + Ca^{2+}$$

の反応で，岩石が弱酸性の雨に溶け，弱アルカリ性の海洋に運搬されて

$$2HCO_3^- + Ca^{2+} \rightarrow CaCO_3 + CO_2 + H_2O$$

の反応で，$CaCO_3$（炭酸カルシウム）として，CO_2 を固定する。地球の大気中の CO_2 濃度（0.004 % 程度）が，火星や金星（95 % 程度）に比べて著しく低い理由の 1 つが，この一連の化学的風化過程であると考え

られている。水の循環と陸をもつ地球ならではの過程であるといえる。

飲料の原料でもある水の味に関する性質として，しばしば取り上げられるのが，硬度（Ca と Mg 量の合計）とシリカ含有量である。これらは岩石の主成分元素であり，地下水が接触する岩石の種類とその接触時間により多様性が発生する。うまい水や酒造に適した水など，生活に関係する水の多様性は，地域の地質と水の関係により誕生するのである。

地質が水の個性によく反映されている例として，バナジウムを含有するナチュラルミネラルウォーターを取り上げてみよう。バナジウムは淡水中の微量成分で，地域により検出限界以下から数十 ppm まで，その含有量に幅がある。**表 14-3** は市販ミネラルウォーター中のバナジウム含有量の分析値の例である（中澤ほか，2005）。岩石中においてもバナジウムは微量成分である。火成岩では，磁鉄鉱，クロム鉄鉱，およびチタン鉄鉱という鉱物に比較的多く含有され，これらの鉱物を多く含む玄武岩で数百 ppm 程度，安山岩から花こう岩へと岩石の分化が

表 14-3　バナジウム（V）に富むナチュラルミネラルウォーターとその産地

地域	V（mg/L）
富士吉田（山梨）	0.087
西桂（山梨）	0.023
河口湖町（山梨）	0.122
下野部（山梨）	0.002
富士宮（静岡）	0.059
苫小牧（北海道）	0.005
釜石（岩手）	0.001
羽黒（山形）	0.003
塩沢（新潟）	0.001
白神山地	0.001
府中（富山）	0.004
嘉島（熊本）	0.003
南小国（熊本）	0.004
日田（大分）	0.011

※ 中澤ほか（2005）から，ナチュラルミネラルウォーターに分類されるもので検出限界以上のものを選択し，同地域に複数の生産地がある場合はその地域の最大値を示した。

進むにつれて含有量は数十 ppm 程度に減少する。バナジウムは，3+, 4+，および 5+ の電荷を取り得る。地下水環境中では V^{4+} の状態で溶解して運搬され，還元的な環境で V^{3+} として沈殿するため，還元的な黒色頁岩においても含有量が高くなる（中山，2014）。

口絵 7 は，表層岩のバナジウムの分布を示す地球化学図である。**表 14-3** のバナジウム含有量と比較すると，含バナジウムミネラルウォーター産地の分布は，地表の高バナジウム地域に位置していることがわかる。富士山周辺で特にバナジウム含有量が高いが，水源の水がバナジウム含有量の高い玄武岩中に保持され，新しい火山岩地域であるため，還元的な土壌や堆積岩に触れることなく湧き出したことが高バナジウム含有量の理由と考えられる。

さて，このようにして，雨水が淡水となり，河川を経由して海へと至ることになる（一部の地下水には，海底の湧水として直接海に放出されるものもある）。つまり，陸の岩石の成分（塩）が海に運ばれる。次の節では，陸の淡水の隣のサブシステムである海洋の水について説明しよう。

3. 海水

海水は地表の水の 97 % を占める，地表最大のリザーバーである。現在の海水は，総量が 1.5×10^{21} kg 程度で，平均で 3.5 重量 % 程度の塩を溶かしている。海水は，ほとんどが海に存在しているが，かつての海水が陸の隆起にともなって地層中に取り込まれ地下水となった古海水（こかいすい）とよばれる海水も存在している。塩の主な成分は淡水のミネラル分と同じであるが，その濃度比は淡水とは異なっている（**表 14-4**）。総塩分は，水平方向にも深さ方向にも変化があるが，主要な塩を構成する，Na, K, Mg の比率はほぼ変わらないことが特徴である。主

表 14-4　海水の主要成分と河川からの流入量

	海水(mg/L)	海水中総量*(A)(mg)	河川（全球）(mg/L)	河川流入量（B）(mg/年)	A/B　年
SiO_2			10.4	3.89×10^{17}	
Ca^{2+}	4.12×10^{2}	5.77×10^{23}	13.4	5.01×10^{17}	1.15×10^{6}
Mg^{2+}	1.29×10^{3}	1.81×10^{24}	3.35	1.25×10^{17}	1.44×10^{7}
Na^{+}	1.08×10^{4}	1.51×10^{25}	5.15	1.93×10^{17}	7.85×10^{7}
K^{+}	3.80×10^{2}	5.32×10^{23}	1.3	4.86×10^{16}	1.09×10^{7}
Cl^{-}	1.95×10^{4}	2.73×10^{25}	5.75	2.15×10^{17}	1.27×10^{8}
SO_4^{2-}	9.05×10^{2}	1.27×10^{24}	8.25	3.09×10^{17}	4.11×10^{6}
HCO_3^{-}	2.80×10	3.92×10^{22}	52	1.94×10^{18}	2.02×10^{4}

成分以外の元素を現在の技術で化学分析した海水組成には，多かれ少なかれ周期表のすべての天然元素とプルトニウムが検出されている（野崎，2005）。接触した物質を溶かし込む水の性質と，その水の到達地点である海の性質が表れているといえる。

「なぜ海の水はしょっぱいのか」という問いには，溶けている塩の起源を答える必要がある。その起源は3つあると考えられている。1つは，原始地球に初めて液体の海が誕生した際に海底となった場所の岩石の成分である。現在，原始地球の水の原料物質として有力と考えられているのは，炭素質コンドライトとよばれる隕石である。探査機はやぶさ2が小惑星リュウグウから持ち帰った試料の分析から，炭素質コンドライトには，地球の大気，海，および生物の原料物質である水素と炭素と窒素が豊富に含まれていることが明らかになった。リュウグウのような小天体が，原始地球に衝突してこれらの原料物質を地球にもたらしたと考えられている。衝突時には2000℃を超える高温状態が生じ，そこで炭素質コンドライトの物質と地表の岩石が化学反応を起こすと，炭素は岩石の酸化鉄の酸素を使ってほぼCO_2に，硫黄は亜硫酸（SO_2）となることが熱力学計算で予測されている（Hashimoto 2007, 丸山ほか 2022 など）。水素は水蒸気となり，冷却すると液体の水または氷となって地表に降着する。この水に SO_2 が溶けることによって，硫酸酸性の雨と海が作られたと考えられている。硫酸の雨や海には，岩石は比較的容易に溶解して酸を中和する。その時に溶けた岩石の成分が原始地球の海洋の塩となった。44 億年前には液体の水が地表に存在していたらしい，ということは, 地球最古の鉱物粒子であるジルコンの分析から推定されている。

2 つ目の塩の起源は，前節で説明した淡水中の塩である。海水に比べれば濃度は低いが，淡水が塩を海に運搬している。水循環の蒸発→降雨→河川→海のサイクルを考えると，淡水が運んだ塩は海で濃縮されて濃度が高められるように思われる。地球の歴史の過程で海洋の化学組成が変化しているのではないか？ということは，なんとなく想像できるだろう。河川から流入する塩と海水の組成の関係を定量的に扱ってみると（**表 14-4**），淡水からの塩の供給だけでも数千万年程度の時間で現在の海水の塩をまかなえることがわかる。ゼロから出発しても, Na^+ は 8000 万年程度, K^+, Mg^{2+} は 1000 万年程度で現在の海洋の濃度に達する。しかし，原始海洋における塩の起源も考えると，5000 万年前の海が淡水だった，ということは想定しがたい。そう考えると，海水から塩を除去する過程の存在が浮かび上がってくる。

3 つ目の塩の起源は，海底の温泉である熱水活動である。中央海嶺は海底の大火山山脈であり，マグマの熱をエネルギーとして，海底の岩石と岩石に浸潤する海水との間に化学反応が起きている。この化学反応では，岩石から熱水に溶け出す成分と，海水から岩石に固定される成分の両方がある。また，SO_2, Cl, および CO_2 を含む火山ガスも海中に放出され，海水中の陰イオンの供給源となっている。

上述の塩の起源から考察すると，海から塩を除去する過程も存在するはずである。その1つは，先に述べたCaに関する化学的風化のシステムで，陸から供給されたCa^{2+}は炭酸塩鉱物として海水から除去される。また，中央海嶺の熱水変質で岩石に付加される成分も海水から除去される塩に含めることができる。一般的には，岩石からCa^{2+}が溶出し，Mg^{2+}は海水から岩石に移動する傾向がある。

これらの過程に加えて，蒸発岩の形成も海水から塩を除去する重要な要素である。閉じた海が形成されると，太陽エネルギーにより駆動される蒸発作用により，塩が析出して地層（岩塩層）として固定される。閉じた海の形成は，プレートの運動と深く関係していて，大陸移動にともない大陸が接近し衝突する直前，または，大陸が分裂して新しい海が作られる時には閉じた海が形成されやすい。例えば，地中海は，596万～533万年前（中新世メッシニアン期）に外海との海峡が閉じて干上がって，大量の岩塩層が生成された。この出来事は，生態系にとっては環境の激変であり，メッシニアン塩分危機として知られている。

このように，地球史において，海水の組成は塩の供給と除去の両方の作用を被りながら変化してきたと考えられている。まだ不明な点も多いが，原始地球では現在よりも塩濃度は高く，現在に向かって減少したと考えられている。地層から得られた証拠としては，22億年前の海水を保持していると考えられる鉱物中の泡（流体包有物）の分析から，塩分が現在の6倍程度であったとする報告がある（Saito et al., 2016）。

4. 温泉水と熱水

日本では温泉法により「温泉」が温度や成分の観点から定義されているが，ここでは，比較的温度の高い地下水全般を温泉として紹介する。また，タイトルにある「熱水」とは，地表に噴出した際に沸点を超えるような高温の地下水であるとする。

温泉水や熱水の個性は，その温度と化学成分に表れている。その個性が作られる原因は，温度を上げる熱源と化学的特徴を作る原料にある。温泉と聞いて最初に思い浮かべるのは，火山との関係であろう。火山のマグマや火山ガスを熱源として高温となった地下水を，火山性の温泉とよんでいる。火山性温泉は，マグマと火山ガスを熱源として岩石を地下水で煮込み，火山ガス（二酸化炭素，亜硫酸ガス，塩素ガスなど）をスパイスとして加えた煮込みスープのようなものである。スパイス抜きで岩石との反応だけで生成される温泉水は，岩石の成分の水への溶解度で組成が決まるため，多様性は比較的小さい。単純アルカリ泉とよばれる温泉がこれに相当する。ただし，岩石がかんらん岩の場合には，強アルカリ性で遊離水素を含む特徴的な泉質が生成されることが知られている。長野県白馬八方温泉がこのタイプに相当する。

このような温泉に火山ガスのスパイスが加わると，温泉水は弱アルカリ性から強酸性まで変化し，岩石の成分が溶け出しやすくなり，温泉の多様性が増すことになる。火山ガスは，それ自体が熱エネルギーの運び手の役割をもつ場合も多い。1つの温泉街でも源泉によって泉質がすべて異なるような場合もあるが，これは主に，個々の地下水層への火山ガスの混入の程度の違いを反映している可能性が高い。

熱水も，地下にマグマが存在する火山地域で生成する。地上の1気圧では100℃で沸騰する水が，地下の圧力では沸点が上昇するため100℃以上の温度でも液体として存在する。これを熱水とよんでいる。熱水の利用方法としてよく知られているのは地熱発電である。熱水を地下からパイプを通じて取り出し，地上の熱交換器で水を沸騰させ，その蒸気でタービンを回して発電する。熱交換器を通った熱水は，別のパイプから再び地下へ戻されるようになっている。熱水は鉱床生成にも重要な役割をもち，**第9章**で扱った鉱床の多くは，熱水に溶けた成分が沈殿して元素が濃集することで生成されている。

火山やマグマが直接関係せずに生成される温泉も存在し，これは非火山性温泉とよばれている。マグマが存在しない地域でも，地表から地下に向かい，平均3℃/100m程度で温度は上昇するため，単純計算で1000m程度の深さでは，15＋(1000/100)×3＝45℃程度となり，入浴に適した温度になる。地下に花こう岩が存在する場合には，カリウムの放射性崩壊熱により，若干，地温が上がることもある。

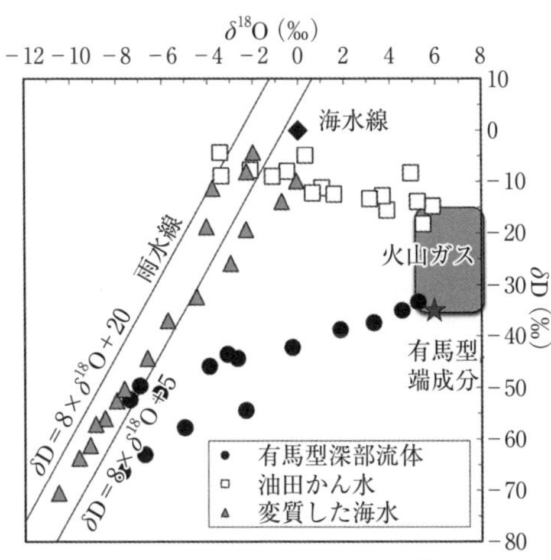

図14-4　水の起源を判別する $\delta^{18}O$-δD 図
（風早ほか，2014）

非火山性温泉にはもう1つの成因があることが，水素同位体と酸素同位体を使って温泉水の起源を調べる方法から明らかになった（**図14-4**）。その起源は，先に説明した沈み込み帯を経由した水循環で，沈み込んだプレートから放出されたH_2Oと考えられている。兵庫県の有馬温泉がこのタイプで，沈み込んだフィリピン海プレートから放出されたH_2Oと雨水の混合泉と考えられている（風早ほか，2014）。**第6章**で紹介した内陸地震やプレート境界地震との関連が研究されている流体がこの温泉水に相当する。

5. 水と資源

ここまで, 水に関してシステムを拡げて解説をしてきたが, ジオストーリーの観点から, 私たちの生活と関わりが深い話題として, 水が作る資源を取り上げる。水資源という言葉は, 淡水が資源として重要である, という意味でしばしば用いられているが, ここでは, 水が資源を作りだすという例を2つ紹介しよう。

(1) リチウム資源

リチウムは, 現代の産業において非常に重要な元素の1つである。その主な用途はリチウムイオン電池の製造で, リチウムイオン電池は, スマートフォン, ノートPCなどの電子機器や電気自動車, また, 再生可能エネルギーの貯蔵システムや航空機用の電力システムなど, さまざまな分野で利用されている。将来の, より高性能な電源においてもリチウムを用いた電池が有望視されている。

リチウムは, マグマや溶液に入りやすい性質をもつため, 花こう岩中にリチウムに富む鉱物が含まれる場合がある。現在採掘されているリチウムは, 陸地に取り残された海水や岩石中のリチウムを溶かし込んだ淡水が, 太陽エネルギーにより蒸発・濃縮された塩水や塩湖から採取されている。リチウム鉱床は, 火成活動と水循環により形成されたといってよいだろう。

チリのアタカマ塩湖や景観で有名なボリビアのウユニ塩湖が代表的なリチウム塩湖である。アタカマでは, 2200 mg/L と非常に高い Li 含有量が報告されている（村上, 2010)。このような現在稼働中のリチウム鉱床は偏在する傾向にあり, すでにリチウム資源の争奪戦が始まっている。海水中のリチウム濃度は 0.18 mg/L 程度と高くないが, その資源量は2500億トンと膨大である。近年では海水からのリチウム回収も試みられているが，大量の海水からリチウムを濃縮する必要があり，リチウム鉱床として稼働するためには，高効率・低コストの回収技術の確立が必要である。

（2）天然水素

化石燃料から脱却したエネルギー利用の一環として，水素（H_2）が注目されている。地球では，水素原子は比較的豊富に存在しているが，そのほとんどは酸素と結合してH_2Oとなっている。水素を生産するということは，基本的にH_2Oから酸素を引きはがすということになる。現状では，電気分解や過去に生物が作った有機物から水素を取り出すことで水素を生産している。このような状況の下で注目され始めたのが天然水素である。以下，エネルギー・金属鉱物資源機構（JOGMEC）のレポート（小杉，2023）から，天然水素の状況について紹介する。

天然水素は，トルコ，オマーン，スペイン，日本（長野県白馬八方温泉）などの世界各地の陸上地域，および海底（中央海嶺付近の熱水鉱床）において観測されている。天然水素はメタンやヘリウムと混合していることが多く，マリやトルコ以外では高純度の水素ガスは珍しい。天然水素の生成プロセスとしては，水の放射性分解，かんらん岩の蛇紋岩化反応，地球深部（コア，下部マントル）からの排出，火山活動，岩石の破壊にともなう電子付与などさまざまな非生物起源のプロセスと，生成量は少ないが生物起源のプロセス（熱変成と微生物由来）がある。

生成した水素の一部は，地中の断層や割れ目を伝わったり，岩石中を浸透して上昇し，地中にとどまらず地表から漏出することもあれば，地中浅部で微生物による利用や，深部で岩石やガスとの反応により失われることもある。

地下深部のかんらん岩や花こう岩などの根源岩で生成した水素が移動・上昇するが，貯留層となる孔隙に富む岩相，空隙が少ない岩塩層や石灰岩層などの比較的緻密な岩相，およびトラップに適した背斜等の地質構造があれば水素はそこに集積し，天然ガスと同様に掘削により生産できる可能性がある。また，化石燃料と比較して天然水素の生成タイムスケールはとても短いため，根源岩からの直接生産や，熱水の注入による生成促進という可能性も考えられている。

天然水素は，地下で水素が生成されていることは確かであるが，貯留層がどれだけ存在するのか，見合うコストで採掘が可能なのか，実用化のための検証はまだこれからの資源である。天然水素の成因は，液体の水と岩石の多様性，およびプレート運動により継続する変動と深く関係している。この資源を活かすことができるかどうか，私たちが地球ならではの贈り物を活用できるかどうかという点でも，興味深い現象ではないだろうか。

【課題】

お住まいの地域における水道水以外の水の利用法について調べて，水のジオストーリーを考えてみよう。

参考文献

『水資源の科学』 鹿園直建 オーム社 2012 年

水資源全般について扱い，ジオストーリー的な視点も多く紹介されている。

15 寺田寅彦と日本列島に住む人のジオストーリー

宮下 敦

《**目標&ポイント**》 寺田寅彦（1878 ~ 1935）は多才な人物であった。旧制第五高等学校（現在の熊本大学）で，夏目漱石（1867 ~ 1916）から語学や文学を，田丸卓郎（1872 ~ 1932）から数学と物理学を学んだ寺田は，終生，文系理系にとらわれない広い視野で数々の一流の研究や創作を行った。科学者としては，若いころはX線結晶学の分野で世界に先がけた成果をあげ，その後は地球物理学から複雑系の物理まで広がる「寺田物理学」とよばれるユニークな研究をした。その中には，プレートテクトニクスの源流となったヴェーゲナーの大陸移動説を日本に紹介し，それに基づいて，日本列島の移動による日本海の成因をモデル実験で考察した成果もある。先駆者としての寺田寅彦のジオストーリーを調べてみよう。

《**キーワード**》 寺田寅彦，ジオストーリー，自然観，地震，火山

1. 寺田の日本人観

今日もそうであるが，哲学や歴史学の分野で語られてきた日本人論は，えてしてヨーロッパやアメリカといった海外からの視点であったり，それに反論する形で日本の独自性に固執する形のものであったように思われる。寺田は，お雇い外国人から近代科学の手ほどきを受けた日本人自然科学者から少し後の世代である[1)]。直輸入の近代科学を受容した日本人科学者たちと違い，寺田の著作には，西欧の自然科学を受け入れつつ，独自の視点や考え方で自然科学を見直そうという姿勢がかいま見ら

1）田丸卓郎（後の東京帝国大学教授）は，お雇い外国人の直接指導を受けた田中舘愛橘（1856 ~ 1952）の教え子である。

れる。

図 15-1　寺田寅彦
(1878 ～ 1935)
国立国会図書館ウェブサイト (https://www.ndl.go.jp/portait/datas/6078/)

寺田は，関東大震災に遭遇し，その調査研究も行ったので，地震，火山，気象による災害や，それが日本人に与えてきた影響についての随筆も書き残している。日本列島という変動帯に住む人たちの特性を自然科学の面からみるという試みの1つで，日本におけるジオストーリーの嚆矢（こうし）ということができる。本章では，寺田の考察を基に，日本列島の自然と日本人との関係を考えよう。

2. 地震と自然観

寺田の晩年の著作の1つに『日本人の自然観』(寺田，1935) がある。一口に日本の自然といっても東北地方と九州地方では，そこに住む人の自然観は違うであろうと断ったうえで，日本列島の地球科学的な特徴として，「動かぬもののたとえに引かれるわれわれの足もとの大地が時として大いに震え動く，そういう体験を持ち伝えて来た国民と，そうでない国民とが自然というものに対する観念においてかなりに大きな懸隔を示しても不思議はないわけであろう。このように恐ろしい地殻活動の現象はしかし過去において日本の複雑な景観の美を造り上げる原動力となった大規模の地変のかすかな余韻であることを考えると，われわれは現在の大地のおりおりの動揺を特別な目で見直すこともできはしないかと思われる」と書いている。日本に住む人は，大地は震え動くという考えを無意識に身に付けているというのである。ある日突然，地を裂き，山を崩し，川をせき止め，津波を引き起こす自然現象を，大地に潜む何かが起こすという考え方は，ごく自然なものであろう。そして，人間という小さな存在に対して，無限とも思える大地を震え動かすものについて畏敬の念をもつのも自然な感情であろう。また，そうした現象がない土地に住む人たちとは，大地に潜むものの見方が違ってくることも当然と思われる。自然は災いももたらすが，恩恵ももたらす，という寺田の視点は，優れて今日的である。

寺田は，「神話と地球物理学」（寺田，1933）という随筆の中で，日本神話をジオストーリーとして読み解く試みをしている（宮下，2023）。例えば，「出雲風土記には，神様が陸地の一片を綱でもそろもそろと引き寄せる話がある。ヴェーゲナーの大陸移動説[2]では大陸と大陸，また大陸と島嶼との距離は恒同ではなく長い年月のあいだにはかなり変化するものと考えられる。それで，この国曳きの神話でも，単に無稽な神仙譚ばかりではなくて，何かしらその中に或る事実の胚芽を含んでいるかもしれないという想像を起こさせるのである。あるいはまた，二つの島の中間の海が漸次に浅くなって交通が容易になったというような事実があって，それがこういう神話と関連していないとも限らないのである」と述べている。ある地域の地形の特徴を，陸地の水平移動によって説明しようというのは，「大地に潜む超越的な存在によって，大地は動くものである」という，変動帯に住む人でなくてはできない発想かもしれない。ただ，日本神話についての寺田の試みはアイデアの提出のみで，実証的に検証しようという意図は感じられず，文献史学においても例として列挙されるのみで評価は高くない（宮下，2023）。しかし，寺田のねらいは，全くの的外れとはいえないところがある。以下では，寺田の考えに分散する火山についてのジオストーリーについて調べてみよう。

3. 富士山のジオストーリー

寺田は『日本人の自然観』の中で火山の形について，「日本の山水美が火山に負うところが多いということは周知のことである。国立公園と

---

2) 寺田は，1923年（大正12年）4月に，日本天文学会で大陸移動説を解説している（鈴木，2003）。同じ年の9月1日に関東大震災が起こった。「ウェゲナー」は英語に基づくカナ表記で，南ドイツの発音に近いのは「ヴェーゲナー」。

して推された風景のうちに火山に関係したもののはなはだ多いということもすでに多くの人の指摘したところである。火山はしばしば女神に見立てられる。実際，美しい曲線美の変化を見せない火山はないようである。火山そのものの姿が美しいのみならず，それが常に山と山との間の盆地を求めて噴出するために四周の景観に複雑多様な特色を付与する効果を持っているのである。」と述べている。

「美しい曲線美の変化」の秀麗さの代表は富士山であろう。富士山の形を簡略化したピクトグラム（**図 15-2**）を示しただけで，日本に住む人にとっては，すぐに富士山を連想することができる。富士山の美しさは，万葉集の時代から詩歌に詠まれ，平安時代からは画題としても扱われるようになった。

図 15-2　富士山のピクトグラム

日本に住む人にとって富士山は，古来，信仰の対象であった。東京都町田市の田端遺跡は縄文時代中期（5000 年前頃）のストーンサークルで，縄文人の墓地である。このストーンサークルは楕円形をしているが，その長軸が富士山の方向を向いているとされている。実際に現地で観察すると，手前の丹沢山系にさえぎられ，かろうじて富士山の頂上部が見える。この見え方は，ほぼ同じ時期の山梨県上野原町牛石（うしいし）遺跡のストーンサークルなどでも共通である。一方で，富士山西麓の同じく縄文時代中期の静岡県富士宮市千居（せんご）遺跡は，富士山を面前にした配石遺構をもっている。富士山の周辺に住む縄文人にとって，富士山を含めたランドマー

図 15-3　東京都町田市田端遺跡

列石の並びは楕円形をしており，軸の方向をよく見ると富士山頂上部がわずかに見える。

クの山は祖霊が住むところで，他界すると人は山に還る存在であった。少し時代が下って，静岡県富士宮市の古墳時代前期の前方後方墳である丸ヶ谷戸（まるがいと）遺跡は，墳墓の長軸方向が富士山頂を拝するようになっており，縄文時代の富士山を拝する信仰を引き継いでいる。同様に，埼玉県行田市の「さきたま古墳群」の中には，前方後方墳の長軸が富士山の方向と関係をもつものがあるとされている（北條，2017）。

富士山に限らず，古来，山に住む祖霊は，生きている人たちを見守り，助ける存在であった。柳田國男が指摘する豊作をもたらす来方神としての田の神のイメージ（柳田，1946）も，こうした祖霊の山の信仰から生まれたものであろう。

江戸時代後期になると，富士山は人々を再び見守る存在になり，江戸を中心に富士山を拝する富士講が生まれた。このころの富士山の図像は，静岡県富士宮市から見られるような姿（**図15-4**）で，剣が峰を中に置き，両側に高まりをもつ三峰の形で描かれることが多い。中央の峰が阿弥陀如来の象徴であり，両側の峰が脇侍の菩薩と見立てる。これを拝することで阿弥陀の救いを受けることができる，というのが富士講である。関東地方の各地には富士塚が築かれ，この富士講の広がりが，葛飾北斎の富岳の浮世絵を生んだ。

このような富士山と日本に住む人の長い歴史上の関係が，世界遺産としての富士山の価値とされている。しかし，国語読本での扱い（阿部，1992）でみられるように，日本の象徴のように扱われるようになったのは，明治時代以降で，歴史的には新しい現象であったとされている。

図15-4　富士宮市から望む富士山

4. 伊豆七島の火山とジオストーリー

寺田は「日本人の自然観」(寺田，1965）の結語として，「以上の所説を要約すると，日本の自然界が空間的にも時間的にも複雑多様であり，それが住民に無限の恩恵を授けると同時にまた不可抗な威力をもって彼らを支配する，その結果として彼らはこの自然に服従することによってその恩恵を充分に享楽することを学んできた，この特別な対自然の態度が日本人の物質的ならびに精神的生活の各方面に特殊な影響を及ぼした，というのである。」とまとめている。地震が起きず，火山がない安定大陸に住む人と，ジオダイバーシティが高く複雑な地形や地下構造をもつ沈み込みプレート境界に住む人では，自然観が異なるだろうという指摘は，うなずけるものであろう。

寺田のいう火山の恩恵と威力が日本に住む人たちに影響を与えた例を，伊豆半島下田市の伊古奈比咩（いこなひめ）神社を例にみてみよう。伊古奈比咩神社は，下田市の白浜海岸の北端にある式内社（名神大社）で，地元では白浜神社として親しまれている。少し長いが引用すると，鎌倉時代に成立したとされる三宅記に基づく由緒書では，「白濱神社の御祭神の三島大神（別名事代主神）は，その昔（今から二千年以上も昔のことです。）南の方から海を渡ってこの伊豆にやって来ました。伊豆でも特にこの白浜に着かれたのは，その白砂の浜があまりにも美しかったからです。そして白浜に着いた三島大神は，この伊豆の地主であった富士山の神様に会って伊豆の土地を譲っていただきました。さらに，三島大神は伊豆の土地が狭かった為お供の見目の神様，若宮の神様，剣の御子と，伊豆の竜神，海神，雷神の助けをかりて，島焼き，つまり島造りを始めました。最初に，一日一晩で小さな島をつくりました。初めの島なので初島と名づけました。次に，神々が集まって相談する島である神集島（現在の神津島)，次に，大きな島の大島，次に海の塩を盛って白くつくった新島，次にお供の見目，若宮，剣の御子の家をつくる島，三宅島，次に三島大神の蔵を置くための御蔵島，次に沖の方に沖の島，次に小さな小島，次に天狗の鼻のような王鼻島，最後に十番目の島，十島（現在の利島）をつくりました。七日で十の島をつくりあげた三島大神は，その島々に后を置き，子供をつくりました。」とある。

まず，神社のある白浜海岸は，文字通り白い砂でできている美しい海岸である。伊勢神宮の白石持ち（しらいしもち）行事にみられるように，神道では白い石や砂を貴ぶ。白浜海岸の白砂は，伊豆半島を作る白浜層群に含まれる白い軽石やサンゴなどの白い色の化石が集まったもので，神迎えや神送りの場として天然の材料を提供している。美しい海岸は伊豆の火山活動の恩恵である。

三島大神は，伊豆諸島，特に三宅（御焼）島の火山活動を神格化した神と考えられる。伊豆諸島は，度重なる火山噴火によって新島ができたり，島の形が変わったり，ということを繰り返しているが，これを「島焼」という神の顕現としてみていたわけである。伊豆諸島の噴火は，1986年（昭和61年）の伊豆大島全島避難や2000年（平成12年）の三宅島全島避難など，現代でも島の住民には大きな脅威であり，古来より恐れられていた。日本書紀天武13年10月壬辰条に，「是夕有鳴聲如鼓聞于東方有人目伊豆島西北二面自然増益三百餘丈更為一島則如鼓音者神造是島響也」（京都で東から鳴響，伊豆大島噴

図15-5　白濱神社火達祭
伊豆諸島の火山を遥拝する（伊豆半島ジオパークウェブサイト[3]）。
（(一社）美しい伊豆創造センター提供）

3）https://izugeopark.org/wp/wp-content/uploads/2018/03/shimoda_shirahama_shrine_200_130.pdf（「伊豆ジオパーク白濱神社」で検索）

火）とあり，大音響をともなった何らかの火山活動があったことがわかる。また，伊豆諸島の火山を作る岩石はバイモーダルで，三宅島のような黒い玄武岩質マグマを主体とするものと，新島のように白い流紋岩質マグマを主体としたものの2種類がある。玄武岩質マグマと流紋岩質マグマは，化学組成と，それに起因する溶岩流や噴火様式が全く違う。海の塩が原因ではないが「白くつくった新島」という表現は，中世の文献といえども伊豆諸島の火成活動の特徴をよくつかんでいることがわかる。

伊古奈比咩神社本殿は，海岸に接する小高い火達(ひたち)山の上にあり，社殿奥の禁足地からは奈良・平安時代に神祭りに使用された土師器や須恵器が発掘され，火達山遺跡として下田市指定史跡になっている。また，火達山崖下の白浜海岸の大明神岩には鳥居がある。神社の例祭では火祭りである火達祭と大明神岩からの御幣流しの神事が行われる。野本(1990)は，火達祭や御幣流しは，火達山で火山神（三島大神）を迎えて供物を海中投供していた古代祭祀の名残をもっており，伊古奈とよばれる巫女集団が，伊豆七島，特に三宅島（御焼島）を遥拝鎮撫するもの，と指摘している。実際に大明神岩に立つと，伊豆大島から三宅島までの伊豆諸島を遠望することができる。

火を噴く荒ぶる島である伊豆諸島の火山活動とそれにともなう地震は，周辺に住む人々には，新しい土地を作って恩恵をもたらすとともに，脅威を与え続けている。これを祀り鎮めるために火山島嶼祭祀が行われていた場が伊古奈比咩神社であった。それは，大地の変動を起こすものを迎えて饗応し，それが気に入るものを捧げて送り返す儀式であっただ

図 15-6　伊古奈比咩神社大明神岩（左端の鳥居が立っている所）から伊豆諸島を望む

ろう。怨霊や祟神によって説明する中世以前は，柳田國男が指摘するように，日本列島に住む人たちにとって，海の神や田の神といった人間に恩恵と畏怖をもたらすものは，迎えたり送ったりする存在であったのだろう（柳田，1946）。寺田が指摘したように，火山の存在が，古代からの日本人の自然観，特に火山による「恩恵と不可抗な威力」として影響を与えていたことが見て取れる実例ということができる。

5. 寺田の視点について

ドイツ・ゲッチンゲンを舞台にした芥川賞受賞作の小説「貝に続く場所にて」（石沢，2021）では，寺田と考えられる物静かに深く思考する人物が描かれている。実際，寺田は1909年3月から1911年6月までヨーロッパに留学し，ゲッチンゲンにも滞在した。「日本人の自然観」は，ドイツのような地震や火山の少ないヨーロッパでの体験も元に書かれていると考えられる。そして，その筆致は前述の小説に書かれたように冷静な分析で，他国の自然と人間との関係も観察したうえで，相対的に日本に住む人たちの特徴を抽出している.「日本人は特別な民族である」というような日本人観とは一線を画する視点は特筆すべきことである。寺田は，ジオストーリーは，「特別な場所であることを示すストーリー」ではなく，あくまで，その地域と人とのつながりを物語るものである，と考えていたのだろう。

寺田の目指した自然科学は，寺田物理学とよばれ，現在の複雑系や非線形の物理学の原型とされることがある。寺田は，演繹的階層構造をもつ物理学に軸足を置き，X線結晶学に代表される研究成果もあげている。しかし，寺田の興味は，火山や地震といった日本列島で起きるさまざまなジオロジー的な現象にも向かっている。複合構造の特徴をもち複雑に見える自然現象でも，根気よく取り組めば自然の仕組みをとらえられると考えていたのではないだろうか？

いずれにしても，ジオストーリーの先駆者としての寺田寅彦作品を読んでいると，科学者としての視点と，芸術を含めた人間理解に関する視点のどちらをも両立させていることがわかる。優れたジオストーリーを編むためには，さまざまな分野の知性を集めて総合する力が必要である。

【課題】

現代の地球温暖化問題や災害・紛争が多発する世界に対して，寺田寅彦はどのように考え，どのような随筆を書いただろうか？また，寅彦が生きた戦前の日本の状況と比べた場合，普遍的といえる要素は何か，考えてみよう。

参考文献

寺田寅彦作品の多くは著作権が切れているため，インターネット上で誰でも読むことができる。伝記的なものについては，門下生であった矢島祐利や中谷宇吉郎のものを含め数多くのものが出ており，寺田の考え方にふれることができる。

引用文献

著者名をアルファベット順に表示。

阿部　一（1992）.「近代日本の教科書における富士山の象徴性」地理学評論，65A-3, 238-249.

青木賢人（2008）.「第四紀と氷河時代」高橋日出男・小泉武栄 編『自然地理学概論』朝倉書店，87-97.

阿蘇ジオパーク推進室（2012）.「阿蘇ユネスコジオパーク」http://aso-geopark.jp（参照：2023/08/14）.

ブラウンス・ダフィット（西松 二郎 訳）（1882）. 理科会粋 第四帙 東京近傍地質編，東京大学.

千々和　到（2007）.『板碑と石塔の祈り』日本史リブレット 31，山川出版社.

中央防災会議（2006）. 災害教訓の継承に関する専門調査会報告書「1923 関東大震災」https://www.bousai.go.jp/kyoiku/kyokun/kyoukunnokeishou/rep/1923_kanto_daishinsai/index.html（参照：2025/1/31）

第四紀地殻変動研究グループ（1968）.「第四紀地殻変動図」第四紀研究，7, 182-187.

遠藤邦彦・石綿しげ子・堀伸三郎・中尾有利子（2013）.「東京低地と沖積層―軟弱地盤の形成と縄文海進―」地学雑誌，122, 968-991.

遠藤邦彦・千葉達朗・杉中佑輔・須貝俊彦・鈴木毅彦・上杉　陽・石綿しげ子・中山俊雄・舟津太郎・大里重人・鈴木正章・野口真利江・佐藤明夫・近藤玲介・堀伸三郎（2019）.「武蔵野台地の新たな地形区分」第四紀研究，58, 353-375.

遠藤邦彦・小宮雪晴・野内秀明・野口真利江（2022）.『縄文海進　海と陸の変遷と人々の適応』冨山房インターナショナル.

FAO（2019）. AQUASTAT Main Database, Food and Agriculture Organization of the United Nations（FAO）.
https://tableau.apps.fao.org/views/ReviewDashboard-v1/country_dashboard?%3Adisplay_count=n&%3Aembed=y&%3AisGuestRedirectFromVizportal=y&%3Aorigin=viz_share_link&%3AshowAppBanner=false&%3AshowVizHome=n（参照：2023/07/27）

グレイ・ムレイ（2005）.「ジオダイバーシティ：地球・環境科学における新たなパ

ラダイム」地球環境，10, 127-134.（古屋敷久実訳）

葉賀七三男（1985）.「わが国の産金・産銀の推移」日本の金銀鉱床第三集，217-228.

Haines, T. S. and Lloyd, J. W. (1985). Controls on silica in groundwater environments in the United Kingdom. Journal of Hydrology, 81, 277-295.

半谷高久・小倉紀雄（1995）.『第3版 水質調査法』丸善出版.

Hashimoto, G.L., Abe, Y. and Sugita S. (2007). The chemical composition of the early terrestrial atmosphere: Formation of a reducing atmosphere from CI-like material. Journal of Geophysical Research 112, E05010. DOI: 10.1029/2006JE002844.

林　歳彦（2009）.「金属鉱床と探査」2009/11 金属資源レポート，53-89. https://mric.jogmec.go.jp/wp-content/old_uploads/reports/resources-report/2009-11/MRv39n4-07.pdf（参照：2025/1/31）.

広瀬　武（2001）.『公害の原点を後世に - 入門・足尾鉱毒事件』随想舎.

北條芳隆（2017）.『古墳の方位と太陽』ものが語る歴史 36，同成社.

Honza, E. & Fujioka, K. (2004). Formation of arcs and backarc basins inferred from the tectonic evolution of Southeast Asia since the Late Cretaceous. Tectonophysics, 384, 23-53.

Hosono, T., Hartmann, J., Louvat, P., Amann, T., Washington, K. E., West, A. J., Okamura, K., Bottcher, M. E., and Gaillardet, H. (2018). Earthquake-induced structural deformations enhance long-term solute fluxes from active volcanic systems. Scientific Reports, 8, 14809. DOI:10.1038/s41598-018-32735-1.

石沢麻依（2021）.『貝に続く場所にて』講談社.

石橋克彦（2002）.「フィリピン海スラブ沈み込みの境界条件としての東海・南海巨大地震—史料地震学による概要—」京都大学防災研究所研究集会 13K-7 報告書，1-9.

伊藤宏之（2023）.「中世板碑の世界」地図中心，607, 3-5.

岩松　暉（2007）.「今なぜジオパークか」地質ニュース，635, 6-14.

泉　岳樹・松山　洋（2017）.『自然地理学フィールド調査』古今書院.

貝塚爽平（1977）.『日本の地形』岩波書店.

貝塚爽平（1979）.『東京の自然史（増補第二版）』紀伊國屋書店.（2011，講談社学術文庫）

貝塚爽平（1992）．『平野と海岸を読む』岩波書店．
貝塚爽平編（1993）．『東京湾の地形・地質と水』築地書館．
貝塚爽平編（2000）．『日本の地形 4 関東・伊豆小笠原』東京大学出版会．
貝塚爽平・成瀬　洋・太田陽子・小池一之（1995）．『日本の平野と海岸』岩波書店．
貝塚爽平・小池一之・遠藤邦彦・山崎晴雄・鈴木毅彦編（2000）．『日本の地形 4 関東・伊豆小笠原』東京大学出版会．
片山郁夫（2016）．「沈み込み帯での水の循環様式」火山，61, 69-77．
風早康平ほか（2014）．「西南日本におけるスラブ起源深部流体の分布と特徴」日本水文科学会誌，44, 3-16．
岸本美緒（1998）．『東アジアの「近世」』世界史リブレット 13，山川出版社．
木内四郎兵衛（1950）．「土壌気象の研究―恒温層深度と温度に関する考察―」地学雑誌，59, 88-92．
小葉田淳（1968）．『日本鉱山史の研究』岩波書店．
小鯛桂一（1984）．「岩盤透水性のグラフ表示」地質調査所月報，35, 419-434．
小出良幸（2010）．「島弧－海溝系における付加体の地質学的位置づけと構成について」札幌学院大学人文学会紀要，92, 1-23．
小池一之（2000）．「東京湾の埋立と人工渚」貝塚爽平ほか編『日本の地形 4 関東・伊豆小笠原』東京大学出版会，217-218．
小池一之・町田　洋編（2001）．『日本の海成段丘アトラス』東京大学出版会．
国土交通省．「ハザードマップ ポータルサイト」https://disaportal.gsi.go.jp（参照：2025/1/31）
今昔マップ on the web．https://ktgis.net/kjmapw（参照：2025/1/31）
小杉安由美（2023）．「天然水素の動向」https://oilgas-info.jogmec.go.jp/info_reports/1009585/1009871.html（参照：2025/1/31）
久保純子（1993）．「東京低地水域環境地形分類図」文部省科学研究費「近代化による環境変化の地理情報システム」成果．
久保純子（1994）．「東京低地の水域・地形の変遷と人間活動」大矢雅彦編『防災と環境保全のための応用地理学』古今書院，141-158．
久保純子（1997）．「相模川下流平野の埋没段丘からみた酸素同位体ステージ 5a 以降の海水準変化と地形発達」第四紀研究，36, 147-163．
久保純子（2008）．「平野と海岸の地形」高橋日出男・小泉武栄編『自然地理学概論』

朝倉書店，106-116.
国見利夫・高野良仁・鈴木　実・斎藤　正・成田次範・岡村盛司（2001）．「水準測量データから求めた日本列島100年間の地殻上下変動」国土地理院時報，96, 23-37.
町田　洋編（2003）．『第四紀学』朝倉書店.
町田　洋・新井房夫（2003）．『新編 火山灰アトラス 日本列島とその周辺』東京大学出版会.
町田　洋・松田時彦・海津正倫・小泉武栄編（2006）．『日本の地形 5 中部』東京大学出版会.
鞠子　正（2008）．『鉱床地質学 − 金属資源の地球科学』古今書院.
丸山茂徳・戎崎俊一・金井昭夫・黒川　顕（2022）．『冥王代生命学』朝倉書店.
丸山茂徳・大森聡一・千秋博紀・河合研志，B.F. Windley（2011）．「太平洋型造山帯」地学雑誌，120, 115-223.
松田磐余（2009）．『江戸・東京地形学散歩（増補改訂版）災害史と防災の視点から』之潮.
松島義章（2010）．『貝が語る縄文海進―南関東，+ 2℃の世界（増補版）』有隣新書.
Matsuyama, H. and Miyano, H. (2011). Diagnostic study on warming mechanism of spring water temperature based on field observations and numerical simulation—A case study of Masugatanoike spring, Tokyo, Japan—. Hydrological Research Letters, 5, 78-82.
松山　洋・長井彩綾・野坂　詩（2023）．「阿蘇カルデラ内の湧水，河川水における2016年熊本地震前後の水質変化」水文・水資源学会誌，36, 200-213.
宮下　敦（2018）．「初等中等教育現場から見た日本の地形地学関係の教科書についてその1 概念・用語の注意点と対策」地形，39, 263-276.
宮下　敦（2023）．「寺田寅彦の日本神話解釈について」地学教育と科学運動，91, 29-32.
水谷武司（1996）．「台風災害の発生要因と経年変化」地理学評論，69A, 744-756.
村上浩康（2010）．「リチウム資源」地質ニュース，670, 22-26.
Murakami, M., Hirose, K., Yurimoto, H., Nakashima, S., & Takafuji, N. (2002). Water in Earth's lower mantle, Science, 295(5561), 1885-1887. doi: 10.1126/science.1065998.
村岸　純・佐竹健治・石辺岳男・原田智也（2015）．「1703 元禄関東地震における東京湾最奥部の津波被害の再検討」歴史地震，30, 149-157.
長田友也（2018）.「縄文時代晩期の中部日本における社会動態の可能性」国立歴史民俗博物館研究報告，208, 165-190.
長野伊那谷観光局ウェブサイト（陣馬形山）. https://www.inadanikankou.jp（参照：2025/1/31）
内閣府『令和6年版防災白書』https://www.bousai.go.jp/kaigirep/hakusho/r6.html（参照：2025/1/31）
内閣府「我が国で発生する地震」https://www.bousai.go.jp/jishin/pdf/hassei-jishin.pdf（参照：2025/1/31）
中山　建（2014）.「バナジウム資源とその生成環境」資源地質，64, 31-53.
中澤智子・佐々木裕子・小林　浩・小宮山美弘（2005）.「市販ミネラルウォーター中のバナジウム含有量」日本食品保蔵科学会誌，31, 319-323.
Nanjo, K. Z., Hirata, N., Obara, K., and Kasahara, K. (2012). Decade-scale decrease in b value prior to the M9-class 2011 Tohoku and 2004 Sumatra quakes Geophysical Research Letters, 39, L20304. https://doi.org/10.1029/2012GL052997
成宮博之・中山大地・松山　洋（2006）.「東京都内の湧水における過去20年間の水温変化について」地理学評論，79, 857-868.
日本地下水学会・井田徹治（2009）.『見えない巨大水脈 地下水の科学―使えばすぐには戻らない「意外な希少資源」―』講談社.
Nishikawa, T., Ide, S. and Nishimura, T. (2023). A review on slow earthquakes in the Japan Trench Progress in Earth and Planetary Sciences, 10, https://doi.org/10.1186/s40645-022-00528-w
仁科淳司（2019）.『やさしい気候学 第4版 気候から理解する世界の自然環境』古今書院.
農研機構.「歴史的農業環境閲覧システム」https://habs.rad.naro.go.jp（参照：2025/1/31）
野本寛一（1990）.『神々の風景 - 信仰環境論の試み』白水社.
野村勝弘・谷川晋一・雨宮浩樹・安江健一（2017）.「日本列島の過去約十万年間の隆起量に関する情報整理」AEA-Data/Code 2016-015 日本原子力研究開発機構.
野崎義行（2005）.「海水の元素組成」「陸水の地球化学」，河村公隆・野崎義行編『大気水圏の地球化学』培風館.

小原一成（2007）.「スロー地震と水」地学雑誌，116, 114-132.

Obara, K., Hirose, H., Yamamizu, F., and Kasahara, K. (2004). Episodic slow slip events accompanied by non-volcanic tremors in southwest Japan subduction zone. Geophysical Research Letters, 31, L23602.

Obara, K. & Hirose, H. (2006). Non-volcanic deep low-frequency tremors accompanying slow slips in the southwest Japan subduction zone. Tectonophysics, 417, 33-51.

小倉紀雄（2000）.「地球温暖化の陸水水質への影響」陸水学雑誌，61, 59-63.

大野希一（2011）.「大地の遺産を用いた地域振興－島原半島ジオパークにおけるジオストーリーの例－」地学雑誌，120, 834-845.

Okuchi, T. (1997). Hydrogen partitioning into molten iron at high pressure: implications for Earth's core. Science, 278, 1781-1784.

大熊　孝（1981）.『利根川治水の変遷と水害』東京大学出版会.

大森 聡一（2021）.『ダイナミックな地球　改訂版』 放送大学教育振興会.

太田陽子（1985）.「海成段丘―室戸半島西岸」貝塚爽平ほか編『写真と図でみる地形学』東京大学出版会，64-65.

太田陽子・成瀬　洋・田中眞吾・岡田篤正編（2004）.『日本の地形 6 近畿・中国・四国』東京大学出版会.

大坪志子（2015）.『縄文玉文化の研究―九州ブランドから縄文文化の多様性を探る―』雄山閣.

青梅市教育委員会（1998）.『都下村落行政の成立と展開―青梅市成木調査報告書―』青梅市史資料集第四十八号.

Rudwick, M. J. S. (1976). The Emergence of a visual language for geological science 1760-1840. History of Science; Cambridge, 14, 149-195.

斎藤靖二（1992）.『日本列島の生い立ちを読む』自然景観の読み方 8，岩波書店.

Saito, T., Shibuya, T., Komiya, T., Kitajima, K., Yamamoto, S., Nishizawa, M., Ueno, Y., Kurosawa, M. and Maruyama S. (2016). PIXE and microthermometric analyses of fluid inclusions in hydrothermal quartz from the 2.2Ga Ongeluk Formation, South Africa: Implications for ancient seawater salinity. Precambrian Research, 286, 337-351.

阪口　豊・高橋　裕・大森博雄（1986）.『シリーズ 日本の自然 3 日本の川』岩波書店.

Sano, Y., Hara, T., Takahata, N., et al. (2014). Helium anomalies suggest a fluid pathway from mantle to trench during the 2011 Tohoku-Oki earthquake. Nature Communications Commun, 5, 3084. https://doi.org/10.1038/ncomms4084
鹿園直健（1988).『地の底のめぐみ - 黒鉱の科学』裳華房.
鹿園直健(1997).『地球システムの化学 − 環境・資源の解析と予測』東京大学出版会.
鹿園直健（2012).『水資源の科学』オーム社.
島田竜登（2006).「18 世紀における国際銅貿易の比較分析 - オランダ東インド会社とイギリス東インド会社」早稲田政治経済学雑誌，362, 54-70.
島野安雄（1997).「阿蘇カルデラ内における湧水の水文化学的研究」文星紀要，8, 43-67.
島野安雄・永井　茂（1990).「阿蘇外輪山北麓地域の湧水・河川水等の水文化学的研究」文星紀要，1, 23-34.
下里康代・菊地浩吉（2016).「ジオパークにおける時空間的ジオストーリーの地域融合への貢献－石川県・白山手取川ジオパークを事例にして－」観光科学研究，9, 33-39.
鈴木　敏（1888).『東京地質図および説明書』地質調査所.
鈴木尭士（2003).『寺田寅彦の地球観 - 忘れてはならない科学者』高知新聞社.
高島正憲（2017).『経済成長の日本史：古代から近世の超長期 GDP 推計 730-1874』名古屋大学出版会.
武村雅之（2009).『未曾有の大災害と地震学－関東大震災－』古今書院.
田辺　晋（2013).「東京低地と中川低地における最終氷期最盛期以降の古地理」地学雑誌，122(6), 949-967.
田辺　晋（2019).「東京低地と中川低地における沖積層の形成機構」地質学雑誌，125, 55-72.
寺田寅彦（1933).「神話と地球物理学」文学，1, 828-831.
寺田寅彦（1935).「日本人の自然観」東洋思潮.
東木龍七（1926).「地形と貝塚分布より見たる関東低地の旧海岸線」地理学評論, 2, 597-607, 659-678, 746-773.
東京都防災会議（2022).「首都直下地震等による東京の被害想定」https://www.bousai.metro.tokyo.lg.jp/taisaku/torikumi/1000902/1021571.html（参照：2025/1/31）
東京都環境局自然環境部編（2002).『東京の湧水 湧水調査報告 平成 12 年度』東京

都環境局.
Tsuji, T., Ishibashi, J., Ishitsuka, K., and Kamata, R. (2017). Horizontal sliding of kilometre-scale hot spring area during the 2016 Kumamoto earthquake. Scientific Reports, 7, 42947. DOI: 10.1038/srep42947.
海津正倫（1994）.『沖積低地の古環境学』古今書院.
UNESCO Global Geopark Network (2016). UNESCO Global Geoparks: Guidelines and Criteria, Episodes, 39, 173-182.
若松加寿江（2018）.『そこで液状化が起こる理由（わけ）』東京大学出版会.
渡辺真人（2011）.「世界ジオパークネットワークと日本のジオパーク」地学雑誌, 120, 733-746.
Welch, B. L. (1947). The generalization of 'Student's' problem when several different population variances are involved. Biometrika, 34, 28-35.
山本伸次（2010）.「構造浸食作用」地学雑誌, 119, 963-998.
山崎晴雄（1978）.「立川断層とその第四紀後期の運動」第四紀研究, 16, 231-246.
山崎晴雄（2019）.『富士山はどうしてそこにあるのか』NHK 出版.
山崎晴雄・久保純子（2017）.『日本列島 100 万年史』講談社.
柳田国男（1946）.『先祖の話』筑摩書房.
安田　進・原田健二（2011）.「東京湾岸における液状化被害（速報）」地盤工学会誌, 59, 38-41.
Yoshimura, R., Oshiman, N., Uyeshima, M. et al. (2008). Magnetotelluric observations around the focal region of the 2007 Noto Hanto Earthquake (Mj 6.9), Central Japan. Earth Planet and Space, 60, 117-122.

索引

●配列は，欧文はアルファベット順，和文は50音順。＊は人名を表す。

●さ　行

●た　行

●な　行

●は　行

分担執筆者紹介

（執筆の章順）

久保　純子（くぼ・すみこ）

・執筆章→2・3

1959年　東京都に生まれる
1984年　東京都立大学大学院理学研究科地理学専攻修士課程　修了
1995年　博士（理学）東京都立大学
現在　早稲田大学教育・総合科学学術院教授
専攻　自然地理学・地形学

主な著書　日本の地形4　関東・伊豆小笠原（東京大学出版会）分担執筆
日本の地形・地盤デジタルマップ（東京大学出版会）共著
日本列島100万年史（講談社ブルーバックス）共著

松山　洋（まつやま・ひろし）

・執筆章→12・13

1965年　東京都生まれ
1994年　東京大学大学院理学系研究科博士後期課程中途退学
1997年　博士（理学）
現在　東京都立大学都市環境科学研究科教授
専攻　水文気象学，地理情報学

主な著書　UNIX/Windows/Mackintoshを使った 実践 気候データ解析 第二版（古今書院）共著
地図学の聖地を尋ねて－地形図片手にたどる測量の原点と地理教科書ゆかりの地－（二宮書店）編著
Geography of Tokyo（朝倉書店）共編著
大気と水の循環－水文気象を学ぶための14講－(朝倉書店) 共編著
図説 世界の地域問題100（ナカニシヤ出版）共編著

編著者紹介

大森　聡一（おおもり・そういち）

・執筆章→1・4・5・6・8・14

1966年　東京都に生まれる
1989年　早稲田大学教育学部理学科地学専修卒業
1997年　早稲田大学大学院理工学研究科資源及材料工学専攻博士課程単位取得退学
現在　放送大学 教授・博士（工学）
専攻　ジオロジー，岩石学
主な著書　地震発生と水　（東京大学出版会）分担執筆
Superplumes: Beyond Plate Tectonics（Springer）分担執筆
宇宙生命論　（東京大学出版会）分担執筆
図説地球科学の事典（朝倉書店）分担執筆

宮下　敦（みやした・あつし）

・執筆章→7・9・10・11・15

1960年　生まれる
1984年　早稲田大学理工学研究科資源及金属工学専攻修了（修士（工学））
2015年　博士（理学）
現在　成蹊大学理工学部教授／成蹊学園サステナビリティ教育研究センター副所長
専攻　地質学，岩石学，資源地質学，理科教育学
主な著書　ゼミナール地球科学 - よくわかるプレートテクトニクス（日本評論社）
宇宙をみせて－天体観望会ガイドブック（恒星社厚生閣）分担執筆
学習者に寄り添う教育を目指す（風間書房）分担執筆

放送大学教材　1960024-1-2511（テレビ）

ジオストーリー

発　行　　2025年3月20日　第1刷
編著者　　大森聡一・宮下　敦
発行所　　一般財団法人　放送大学教育振興会
〒105-0001　東京都港区虎ノ門1-14-1　郵政福祉琴平ビル
電話　03（3502）2750

市販用は放送大学教材と同じ内容です。定価はカバーに表示してあります。
落丁本・乱丁本はお取り替えいたします。

Printed in Japan　ISBN978-4-595-32533-5　C1344